高等院校数学课程
辅导学练结合丛书

概率论与数理统计

学练结合

主　编　解忧资料编写组
副主编　杨　珍

北京航空航天大学出版社
BEIHANG UNIVERSITY PRESS

内容简介

本书为高等院校《概率论与数理统计》课程的同步辅导及学期复习用书。全书体例清晰，内容全面，重点突出，对知识难点和重点进行了详细梳理，并根据考点编写了经典习题，以便读者进行有针对性的练习。读者通过本书边学边练，可以更好地理解教材内容，掌握知识点，进而顺利通过学期课程考试。

本书适用于高等院校学生基础学习阶段和备考硕士研究生入学考试阶段使用。

图书在版编目(CIP)数据

概率论与数理统计学练结合 / 解忧资料编写组主编. -- 北京：北京航空航天大学出版社，2023.5

ISBN 978-7-5124-4093-7

Ⅰ.①概… Ⅱ.①解… Ⅲ.①概率率－高等学校－教学参考资料②数理统计－高等学校－教学参考资料 Ⅳ.①O21

中国国家版本馆 CIP 数据核字(2023)第 081159 号

概率论与数理统计学练结合

主　编　解忧资料编写组

副主编　杨　珍

策划编辑　杨国龙　　责任编辑　于　洋

*

北京航空航天大学出版社出版发行

北京市海淀区学院路 37 号(邮编 100191)　http://www.buaapress.com.cn

发行部电话：(010)82317024　传真：(010)82328026

读者信箱：qdpress@buaacm.com.cn　邮购电话：(010)82316936

北京宏伟双华印刷有限公司印装　各地书店经销

*

开本：787×1 092　1/16　印张：14.5　字数：353 千字

2023 年 5 月第 1 版　2023 年 5 月第 1 次印刷

ISBN 978-7-5124-4093-7　定价：49.00 元

前 言

学练结合系列图书是解忧资料编写组结合自身多年教学辅导实践而编写的大学公共课程的资料，依据读者学习过程中的难点和学习重点进行精心编写，并把各重点高校近几年期末考试和考研的题目进行针对性训练和讲解，以帮助读者考试轻松过关、考研旗开得胜。

《概率论与数理统计》为广大理工科学生必修课程之一，也是考研的重点科目。概率论与数理统计是描述“随机现象”并研究其数量规律的一门学科。主要内容包括概率论的基本概念、一元和多元随机变量及其分布、随机变量的数字特征、大数定律和中心极限定理、统计量及抽样分布、参数的点估计与区间估计、参数的假设检验等部分。

为了帮助读者掌握好这门课程，本书力求在知识体系和巩固习题上做到全面而重点突出，专门针对读者在学习中的知识难点和重点进行梳理，并根据考点编写习题进行针对性训练。编者通过对概率论与数理统计相关知识点的梳理整合，将相关重难点条分缕析的呈现给读者。在编写的过程中，编者格外注重读者的接受程度，对概念、定理的讲解力求深入浅出，举例鲜活；在知识和题目的讲解上注重思路分析和方法探求，侧重授之以渔和举一反三。

概率论与数理统计的应用非常广泛，几乎遍及自然科学，社会科学，工程技术，军事科学及生活实际等各领域。通过对本书的学习，读者可以掌握概率的定义和计算，能用随机变量概率分布及数字特征研究“随机现象”的规律，了解数理统计的基本理论与思想，并掌握常用的包括点估计、区间估计和假设检验等基本统计推断方法；可以帮助读者掌握用概率论的思想和观点观察、处理“随机”事件的方法；并对“数据”发生兴趣，能更好地处理各种数据资料。

本书由解忧资料编写组主持编写，杨珍担任副主编，其中杨珍编写了第1章、第3章和第4章。

编　者

2023年3月

目　录

第 1 章　随机事件和概率

知识扫描

随机事件和概率是全书开篇之序幕，各章之基石，考点较多、难度较低. 读者在复习时，可借助思维导图和列举的要点着重掌握.

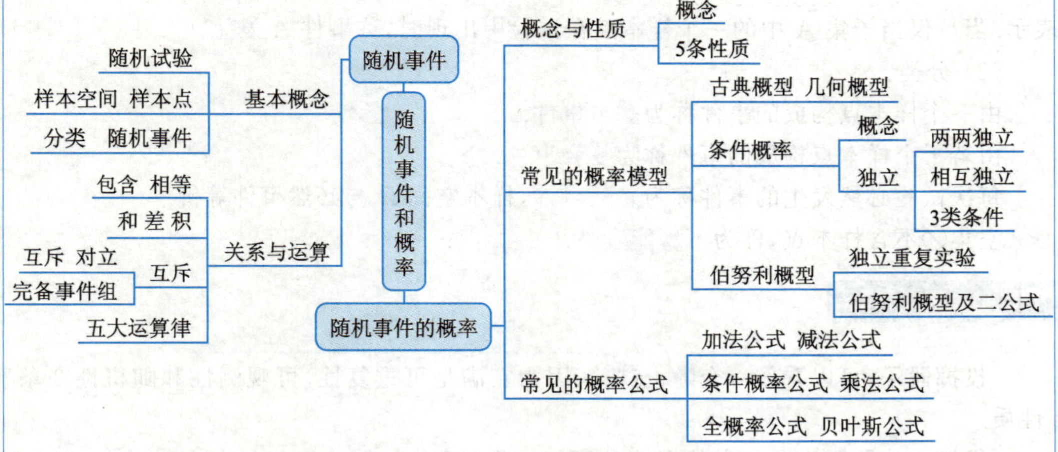

1. 了解样本空间(基本事件空间)的概念，理解随机事件的概念，掌握事件的关系与运算.

2. 理解概率、条件概率的概念，掌握概率的基本性质，会计算古典型概率和几何型概率，掌握概率的加法公式、减法公式、乘法公式、全概率公式，以及贝叶斯(Bayes)公式.

3. 理解事件的独立性的概念，掌握用事件独立性进行概率计算；理解独立重复试验的概念，掌握计算有关事件概率的方法.

第 1 节　随机事件

一、随机事件的概念

1. 随机试验

在一定条件下可能出现也可能不出现的现象称为随机现象. 对随机现象的试验和观测称为随机试验，用字母 E 表示，它满足下列条件：

(1) 可重复性：可在相同条件下重复不限次进行；

(2) 可观测性：每次试验所有可能结果明确可观测，且可能结果不止一个；

(3) 随机性：进行一次试验前无法预先确定出现哪一结果.

2. 样本空间与样本点(★)

试验的所有可能结果构成的集合称为样本空间，常用 Ω 表示.

样本空间的元素，即试验的每个可能结果称为样本点，常用 ω 表示，$\Omega=\{\omega\}$.

3. 随机事件(★)

(1) 概念：

试验 E 的样本空间的子集称为试验 E 的随机事件，简称为事件，常用字母 A，B，C 表示. 当且仅当子集 A 中的一个样本点在试验中出现时，称事件 A 发生.

(2) 分类：

由一个样本点构成的事件称为基本事件.

由若干个样本点构成的事件称为复合事件.

每次试验必然发生的事件称为必然事件，样本空间 Ω 与必然事件等价.

空集 $\varnothing$ 不含样本点，称为不可能事件.

以例明理 1-1

投掷骰子，可以看作一个随机试验，因为它满足可重复性、可观测性和随机性 3 条性质.

投掷一枚骰子出现的点数有 6 种可能结果，即 1，2，3，4，5，6，这便是 6 个样本点，构成一个样本空间 Ω. 若用数字表示投掷骰子出现对应点数，则样本空间 $\Omega=\{1,2,3,4,5,6\}$.

{出现点数是 3}是一个基本事件，因为它只包含一个样本点；{出现点数不小于 3}是一个包含 3 个样本点的复合事件，它们统称为随机事件.

投掷一枚骰子，出现点数是 2，便称事件{出现点数不小于 3}发生.

{出现点数不大于 6}是必然事件，因为它和样本空间等价；{出现点数大于 6}是不可能事件，它不包含任何样本点.

二、事件的关系及运算

1. 事件的基本关系与运算(★)

(1) 基本关系：

① 包含：若事件 A 发生一定导致事件 B 发生，则称事件 B 包含事件 A，记作 $A\subset B$（或 $B\supset A$）.

② 相等：若两事件 A 与 B 相互包含，则称事件 A 与 B 相等，记作 $A=B$.

以例明理 1 - 2

在以例明理 1 - 1 中：

设 $A=\{$出现点数 2$\}$，$B=\{$出现点数不大于 3$\}$，因为 A 发生时 B 必发生，所以 $A\subset B$（或 $B\supset A$）.

设 $A=\{$出现点数不大于 3$\}$，$B=\{$出现点数 1,2,3$\}$，则 $A=B$，这是因为 $A\subset B$，且 $B\supset A$.

(2) 基本运算：

① 和事件：

A 与 B 的和事件 $=\{$事件 A 与事件 B 中至少有一个发生$\}$，简称 A 与 B 的和，记作 $A\cup B$（或 $A+B$）；

$A_1,A_2,\cdots,A_n$ 的和 $=\{n$ 个事件 $A_1,A_2,\cdots,A_n$ 中至少有一个发生$\}$，记作 $A_1\cup A_2\cup\cdots\cup A_n$（或 $A_1+A_2+\cdots+A_n$），简记为 $\bigcup\limits_{i=1}^{n}A_i$.

② 积事件：

A 与 B 的积事件 $=\{$事件 A 与 B 同时发生$\}$，简称 A 与 B 的积，记作 $A\cap B$（AB）；

$A_1,A_2,\cdots,A_n$ 的积 $=\{n$ 个事件 $A_1,A_2,\cdots,A_n$ 同时发生$\}$，记作 $A_1\cap A_2\cap\cdots\cap A_n$（或 $A_1A_2\cdots A_n$），简记为 $\bigcap\limits_{i=1}^{n}A_i$.

③ 差事件：

A 与 B 的差事件 $=\{$事件 A 发生且事件 B 不发生$\}$，简称 A 与 B 的差，记作 $A-B$（或 A/B），则 $A-B=A-AB$.

以例明理 1 - 3

在以例明理 1 - 1 中：

设 $A=\{1,2,3\}$，$B=\{1,5\}$，则 $\begin{cases}A+B=\{1,2,3,5\}\\ AB=\{1\}\\ A-B=A-AB=\{2,3\}\end{cases}$.

2. 互　斥(★★)

(1) 互斥事件：

若事件 A 与 B 不能同时发生，即 $AB=\varnothing$，则称事件 A 与 B 互不相容（或互斥）.

(2) 对立事件（逆事件）：

若事件 A 与 B 互不相容，且它们中必有一事件发生，即 $AB=\varnothing$ 且 $A\cup B=\Omega$，称 A 与 B 是对立（或互逆）的.

事件 A 的对立事件，记作 $\overline{A}$.

对立事件的运算：$\begin{cases}A\overline{B}=A-AB\\ \overline{A}\ \overline{B}=\Omega-(A+B)=\overline{A}-\overline{A}B=\overline{B}-A\overline{B}\end{cases}$.

若事件 A 与 B 互不相容，则 $\overline{A}\ \overline{B}=\Omega-A-B$ 未必是 $\varnothing$，即 $\overline{A},\overline{B}$ 未必互不相容. 但当 A 与 B 对立时，则 $\overline{A}\ \overline{B}=\varnothing$，即 $\overline{A},\overline{B}$ 互不相容，且对立.

(3) 完备事件组(完全事件组)：

设试验 E 的样本空间为 Ω，事件 $A_1,A_2,\cdots,A_n$ 为 E 的一组事件，若它们两两互不相容，且 $\bigcup\limits_{i=1}^{n}A_i=\Omega$，则称 $A_1,A_2,\cdots,A_n$ 为样本空间 Ω 的一个(有限)划分(或分割)，也可称为一个完备事件组(或完全事件组).

以例明理 1-4

在以例明理 1-1 中：

每次投掷骰子只能出现一种点数，可看出每个基本事件是互不相容的.

设 $A=\{$出现点数不大于 3$\}$，$B=\{$出现点数大于 3$\}$，则二者是对立事件，这是因为 $AB=\varnothing$ 且 $A\cup B=\Omega$. 显然，$B=\overline{A}$.

出现点数 1,2,3,4,5,6，是对样本空间的一个划分，构成一个完备事件组.

3. 事件间的运算规律(★)

交换律：$A\cup B=B\cup A, AB=BA$.

结合律：$A\cup(B\cup C)=(A\cup B)\cup C, (AB)C=A(BC)$.

分配律：$A(B\cup C)=(AB)\cup(AC), A\cup(BC)=(A\cup B)(A\cup C)$.

吸收律：$\begin{cases}A\cup A=A, A\cap A=A, A\cup\varnothing=A, A\cap\varnothing=\varnothing\\ A\cup\Omega=\Omega, A\cap\Omega=A, A\cap(A\cup B)=A, A\cup(AB)=A\end{cases}$.

对偶律：$\overline{A\cup B}=\overline{A}\ \overline{B}, \overline{AB}=\overline{A}\cup\overline{B}, \overline{\bigcup\limits_{i=1}^{n}A_i}=\bigcap\limits_{i=1}^{n}\overline{A_i}, \overline{\bigcap\limits_{i=1}^{n}A_i}=\bigcup\limits_{i=1}^{n}\overline{A_i}$，又称德·摩根律.

以例明理 1-5

小明和妈妈玩了 3 次“石头剪子布”游戏，关于小明输赢的情况，请用统一的事件符号表示以下情况：

(1) 小明只赢了第 1 次游戏；

(2) 小明只赢了 1 次；

(3) 小明至少赢了 1 次；

(4) 小明最多赢了 1 次；

(5) 小明 3 次全赢；

(6) 至少有 1 次小明输了.

【解】

设 H_1,H_2,H_3 分别表示小明第1,2,3次游戏赢了;并设 A,B,C,D,F,G 分别表示(1)～(6)中的事件.

(1) 事件 A 发生,意味着第1次游戏小明赢了,后2次游戏小明输了,即事件 H_1 发生,事件 H_2,H_3 都不发生,故 $A=H_1\overline{H}_2\overline{H}_3$.

(2) 事件 B 发生,就是在3次游戏中小明赢了1次,并且另外2次小明输了,故

$$B=(H_1\overline{H}_2\overline{H}_3)\cup(\overline{H}_1H_2\overline{H}_3)\cup(\overline{H}_1\overline{H}_2H_3).$$

(3) 事件 C 发生,即在3次游戏中小明至少赢了1次,也就是在3次游戏中小明赢了1次($(H_1\overline{H}_2\overline{H}_3)\cup(\overline{H}_1H_2\overline{H}_3)\cup(\overline{H}_1\overline{H}_2H_3)$),或赢了2次($(H_1H_2\overline{H}_3)\cup(H_1\overline{H}_2H_3)\cup(\overline{H}_1H_2H_3)$),或赢了3次($H_1H_2H_3$),故

$$C=(H_1\overline{H}_2\overline{H}_3)\cup(\overline{H}_1H_2\overline{H}_3)\cup(\overline{H}_1\overline{H}_2H_3)\cup(H_1H_2\overline{H}_3)\cup(H_1\overline{H}_2H_3)\cup(\overline{H}_1H_2H_3)\cup(H_1H_2H_3).$$

事件 C 发生,意味着第1次游戏小明赢了(H_1),或第2次游戏小明赢了(H_2),或第3次游戏小明赢了(H_3),故 $C=H_1\cup H_2\cup H_3$.

事件 C 发生,意味着3次游戏小明不能都输了,故 $C=\overline{\overline{H}_1\overline{H}_2\overline{H}_3}$.

根据对偶律,$\overline{\overline{H}_1\overline{H}_2\overline{H}_3}=\overline{\overline{H}}_1\cup\overline{\overline{H}}_2\cup\overline{\overline{H}}_3=H_1\cup H_2\cup H_3$.

这个例子说明复杂的事件表达式是有可能简化的.

(4) 事件 D 发生,就是小明1次没赢($\overline{H}_1\overline{H}_2\overline{H}_3$)或只赢了1次($(H_1\overline{H}_2\overline{H}_3)\cup(\overline{H}_1H_2\overline{H}_3)\cup(\overline{H}_1\overline{H}_2H_3)$),故

$$D=\overline{H}_1\overline{H}_2\overline{H}_3\cup(H_1\overline{H}_2\overline{H}_3)\cup(\overline{H}_1H_2\overline{H}_3)\cup(\overline{H}_1\overline{H}_2H_3).$$

事件 D 发生,也就是在3次游戏中小明至少有2次都输了,故

$$D=(\overline{H}_1\overline{H}_2)\cup(\overline{H}_1\overline{H}_3)\cup(\overline{H}_2\overline{H}_3).$$

(5) 事件 F 发生,即小明第1,2,3次游戏都赢了,故 $F=H_1H_2H_3$.

(6) 事件 G 发生,就是在3次游戏中小明有1次没赢而另外2次赢了($(H_1H_2\overline{H}_3)\cup(H_1\overline{H}_2H_3)\cup(\overline{H}_1H_2H_3)$),或有2次输了而另外1次赢了($(H_1\overline{H}_2\overline{H}_3)\cup(\overline{H}_1H_2\overline{H}_3)\cup(\overline{H}_1\overline{H}_2H_3)$),或3次都输了($\overline{H}_1\overline{H}_2\overline{H}_3$),故

$$G=(H_1H_2\overline{H}_3)\cup(H_1\overline{H}_2H_3)\cup(\overline{H}_1H_2H_3)\cup(H_1\overline{H}_2\overline{H}_3)\cup(\overline{H}_1H_2\overline{H}_3)\cup(\overline{H}_1\overline{H}_2H_3)\cup(\overline{H}_1\overline{H}_2\overline{H}_3).$$

事件 G 发生,即小明不能3次游戏都赢了,故 $G=\overline{H_1H_2H_3}$. 事件 G 发生,即小明第1次游戏输了($\overline{H}_1$),或第2次游戏输了($\overline{H}_2$),或第3次游戏输了($\overline{H}_3$),故

$$G=\overline{H}_1\cup\overline{H}_2\cup\overline{H}_3.$$

根据对偶律,$\overline{H_1H_2H_3}=\overline{H}_1\cup\overline{H}_2\cup\overline{H}_3$.

以例明理 1－6

在以例明理 1－5 中，证明以下 3 个等式：

(1) $(H_1\overline{H}_2\overline{H}_3)\cup(\overline{H}_1H_2\overline{H}_3)\cup(\overline{H}_1\overline{H}_2H_3)\cup(H_1H_2\overline{H}_3)\cup(H_1\overline{H}_2H_3)\cup(\overline{H}_1H_2H_3)\cup(H_1H_2H_3)=H_1\cup H_2\cup H_3$；

(2) $\overline{H}_1\overline{H}_2\overline{H}_3\cup(H_1\overline{H}_2\overline{H}_3)\cup(\overline{H}_1H_2\overline{H}_3)\cup(\overline{H}_1\overline{H}_2H_3)=(\overline{H}_1\overline{H}_2)\cup(\overline{H}_1\overline{H}_3)\cup(\overline{H}_2\overline{H}_3)$；

(3) $(H_1H_2\overline{H}_3)\cup(H_1\overline{H}_2H_3)\cup(\overline{H}_1H_2H_3)\cup(H_1\overline{H}_2\overline{H}_3)\cup(\overline{H}_1H_2\overline{H}_3)\cup(\overline{H}_1\overline{H}_2H_3)\cup(\overline{H}_1\overline{H}_2\overline{H}_3)=\overline{H}_1\cup\overline{H}_2\cup\overline{H}_3$.

【证明】

证明第(1)个等式：

$$
\begin{aligned}
&(H_1\overline{H}_2\overline{H}_3)\cup(\overline{H}_1H_2\overline{H}_3)\cup(\overline{H}_1\overline{H}_2H_3)\cup(H_1H_2\overline{H}_3)\cup\\
&(H_1\overline{H}_2H_3)\cup(\overline{H}_1H_2H_3)\cup(H_1H_2H_3)\\
\xlongequal{\text{吸收律}}&[(H_1\overline{H}_2\overline{H}_3)\cup(H_1H_2\overline{H}_3)\cup(H_1\overline{H}_2H_3)\cup(H_1H_2H_3)]\cup\\
&[(\overline{H}_1H_2\overline{H}_3)\cup(H_1H_2\overline{H}_3)\cup(\overline{H}_1H_2H_3)\cup(H_1H_2H_3)]\cup\\
&[(\overline{H}_1\overline{H}_2H_3)\cup(H_1\overline{H}_2H_3)\cup(\overline{H}_1H_2H_3)\cup(H_1H_2H_3)]\\
\xlongequal{\text{分配律+结合律}}&\{H_1[\underbrace{(\overline{H}_2\overline{H}_3)\cup(H_2\overline{H}_3)}\cup\underbrace{(\overline{H}_2H_3)\cup(H_2H_3)}]\}\cup\\
&\{H_2[\underbrace{(\overline{H}_1\overline{H}_3)\cup(H_1\overline{H}_3)}\cup\underbrace{(\overline{H}_1H_3)\cup(H_1H_3)}]\}\cup\\
&\{H_3[\underbrace{(\overline{H}_1\overline{H}_2)\cup(H_1\overline{H}_2)}\cup\underbrace{(\overline{H}_1H_2)\cup(H_1H_2)}]\}\\
\xlongequal{\text{分配律+吸收律}}&[H_1(\overline{H}_3\cup H_3)]\cup[H_2(\overline{H}_3\cup H_3)]\cup[H_3(\overline{H}_2\cup H_2)]\\
\xlongequal{\text{吸收律}}&H_1\cup H_2\cup H_3.
\end{aligned}
$$

证明第(2)个等式：

$$
\begin{aligned}
&(\overline{H}_1\overline{H}_2\overline{H}_3)\cup(H_1\overline{H}_2\overline{H}_3)\cup(\overline{H}_1H_2\overline{H}_3)\cup(\overline{H}_1\overline{H}_2H_3)\\
\xlongequal{\text{吸收律}}&[(\overline{H}_1\overline{H}_2\overline{H}_3)\cup(H_1\overline{H}_2\overline{H}_3)]\cup[(\overline{H}_1\overline{H}_2\overline{H}_3)\cup(\overline{H}_1H_2\overline{H}_3)]\cup\\
&[(\overline{H}_1\overline{H}_2\overline{H}_3)\cup(\overline{H}_1\overline{H}_2H_3)]\\
=&(\overline{H}_1\overline{H}_2)\cup(\overline{H}_1\overline{H}_3)\cup(\overline{H}_2\overline{H}_3).
\end{aligned}
$$

证明第(3)个等式：

$$
\begin{aligned}
&(H_1H_2\overline{H}_3)\cup(H_1\overline{H}_2H_3)\cup(\overline{H}_1H_2H_3)\cup(H_1\overline{H}_2\overline{H}_3)\cup\\
&(\overline{H}_1H_2\overline{H}_3)\cup(\overline{H}_1\overline{H}_2H_3)\cup(\overline{H}_1\overline{H}_2\overline{H}_3)
\end{aligned}
$$

$$\xlongequal{\text{吸收律+结合律}}[\underbrace{(H_1H_2\overline{H}_3)\cup(H_1\overline{H}_2\overline{H}_3)}\cup\underbrace{(\overline{H}_1H_2\overline{H}_3)\cup(\overline{H}_1\overline{H}_2\overline{H}_3)}]\cup$$

$$[\underbrace{(H_1\overline{H}_2H_3)\cup(H_1\overline{H}_2\overline{H}_3)}\cup\underbrace{(\overline{H}_1\overline{H}_2H_3)\cup(\overline{H}_1\overline{H}_2\overline{H}_3)}]\cup$$

$$[\underbrace{(\overline{H}_1H_2H_3)\cup(\overline{H}_1H_2\overline{H}_3)}\cup\underbrace{(\overline{H}_1\overline{H}_2H_3)\cup(\overline{H}_1\overline{H}_2\overline{H}_3)}]$$

$$\xlongequal{\text{分配律+吸收律}}[(H_1\overline{H}_3)\cup(\overline{H}_1\overline{H}_3)]\cup[(H_1\overline{H}_2)\cup(\overline{H}_1\overline{H}_2)]\cup$$

$$[(\overline{H}_1H_2)\cup(\overline{H}_1\overline{H}_2)]$$

$$\xlongequal{\text{分配律+吸收律}}\overline{H}_3\cup\overline{H}_2\cup\overline{H}_1$$

$$\xlongequal{\text{交换律}}\overline{H}_1\cup\overline{H}_2\cup\overline{H}_3.$$

【证毕】

本题还可用 Venn 图法解决：

证明第(1)个等式：

等式左端的各项在 Venn 图 1－1 里表示如下：

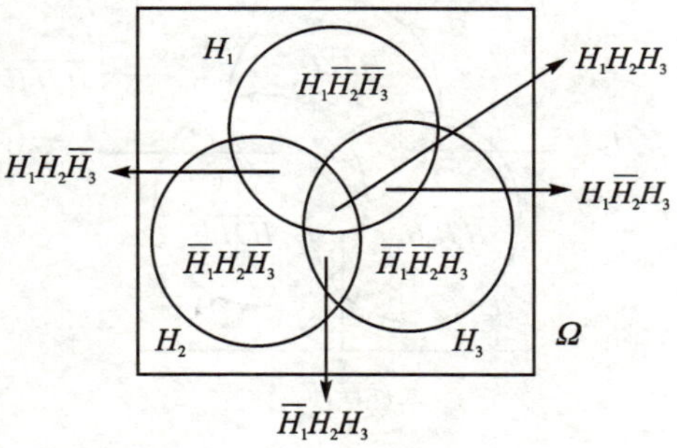

图 1－1

因此，等式(1)成立.

证明第(2)个等式：

等式左端的各项在 Venn 图 1－2 里表示如下：

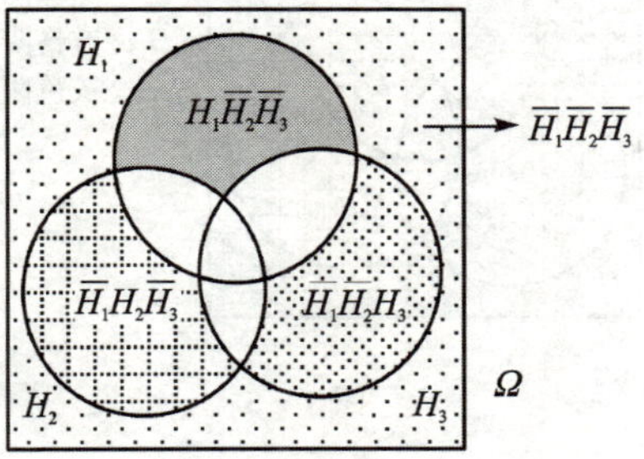

图 1－2

由此可见，等式左端各项的和是图中的全部阴影；

等式右端的各项在 Venn 图 1－3 里表示如下：

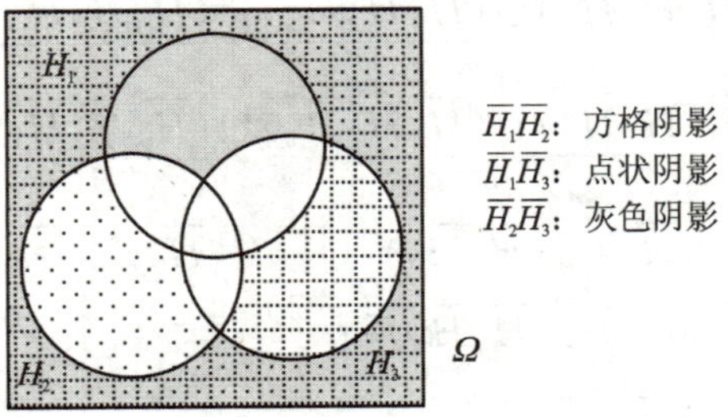

图 1－3

由此可见，等式右端各项的和是图中的全部阴影；

因此，等式(2)成立.

证明第(3)个等式：

等式左端的各项在 Venn 图 1－4 里表示如下：

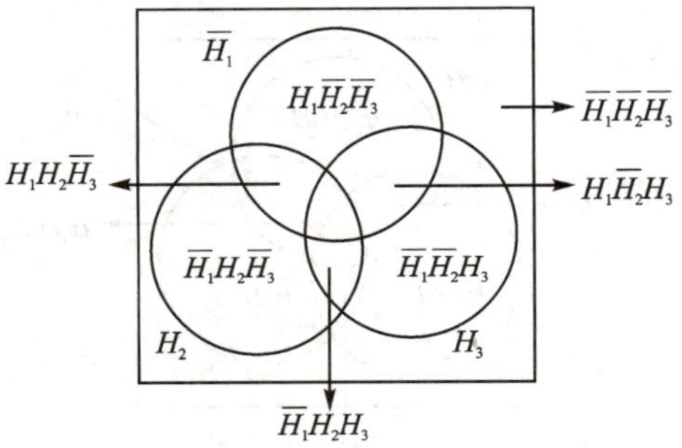

图 1－4

由此可见，等式左端各项的和是 $\Omega - H_1H_2H_3$；

等式右端的各项在 Venn 图 1－5 里表示如下：

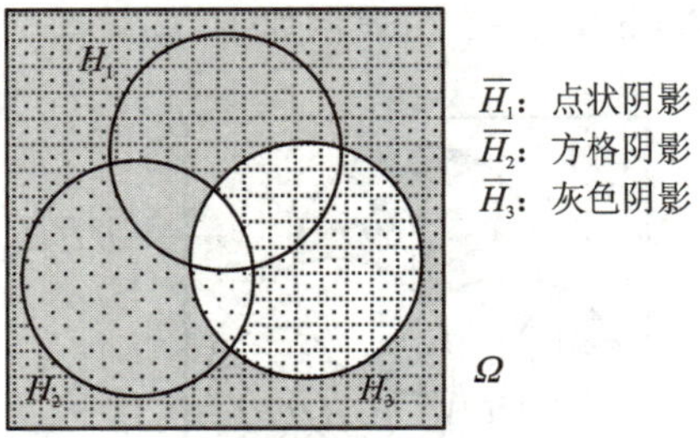

图 1－5

由此可见，等式右端各项的和是图中的全部阴影；

因此，等式(3)成立.

分类习题 1-1

1. 若事件 A,B,C 满足等式 $A\cup C=B\cup C$，则 $A=B$.（　　）

【答】应填×.

【析】用举反例法解决.

【解】当 $A,B\subset C,A\neq B$ 时，$A\cup C=B\cup C=C$，但 $A\neq B$.

2. 以 A 表示事件"甲种产品畅销，乙种产品滞销"，则其对立事件 $\overline{A}$ 为（　　）.

A. "甲种产品滞销，乙种产品畅销"

B. "甲，乙产品均畅销"

C. "甲种产品滞销"

D. "甲种产品滞销或乙种产品畅销"

【答】应选 D.

【析】先确定表示原始事件→简化事件.

【解】设 $B=\{$甲种产品畅销$\}$，$C=\{$乙种产品滞销$\}$，则由题设知 $A=BC$. 根据对偶律，知对立事件 $\overline{A}=\overline{BC}=\overline{B}\cup\overline{C}=\{$甲种产品滞销或乙种产品畅销$\}$. 因此，选 D.

第 2 节　随机事件的概率

一、概率的概念与性质

1. 定　义

设随机试验 E 的样本空间为 Ω，如果对于 E 的每一个事件 A，有唯一的实数 $P(A)$ 与之对应，且这个事件的函数 $P(\cdot)$ 满足以下条件：

(1) 非负性：对于任一事件 A，有 $P(A)\geqslant 0$；

(2) 规范性：对于必然事件 Ω，有 $P(\Omega)=1$；

(3) 可列可加性：若 $A_iA_j=\varnothing(i\neq j;i,j=1,2,\cdots)$，有 $P(\bigcup\limits_{i=1}^{\infty}A_i)=\sum\limits_{i=1}^{\infty}P(A_i)$，则称 $P(A)$ 为事件 A 的概率.

2. 性　质(★)

(1) 不可能事件概率为零，即 $P(\varnothing)=0$.

概率为零的事件未必是不可能事件. 比如：在线段上随机取一点，有可能取到其中点，但对应概率为零.

(2) 对于任一事件 A，满足 $0\leqslant P(A)\leqslant 1$，$P(A)=1-P(\overline{A})$. 概率和为 1 的两事件未必是对立事件.

(3) 有限可加性：设 $A_1,A_2,\cdots,A_n$ 两两互不相容，则 $P(\bigcup\limits_{i=1}^{n}A_i)=\sum\limits_{i=1}^{n}P(A_i)$.

以例明理 1-7

在以例明理 1-1 中，投掷骰子看出现点数为随机试验 E，样本空间 $\Omega=\{1,2,3,4,5,6\}$，E 的每一个事件，也即出现点数的某一情况发生的可能性都有唯一实数与之对应，即存在函数关系 $P(\cdot)$，显然它满足非负性（发生的可能性最小为 0，不会为负数）和规范性（Ω 一定发生，可能性为 100%），也满足可列可加性（例如：$\{1,2\}$ 发生的可能性是 $\{1\}$，$\{2\}$ 两事件发生的可能性之和），这个可能性便是概率.

概率为 0 的事件未必是不可能事件，如"在线段上任取一点，该点是中点"的概率为 0，但该事件并非不可能事件，故 $P(A)=0$ 推不出 A 是不可能事件，即推不出 $A=\varnothing$.

对立事件概率和为 1，如在以例明理 1-1 中，$A=\{$出现点数不大于 3$\}$，$B=\{$出现点数大于 3$\}$，二者是对立事件，满足 $P(A)=1-P(B)$.

（4）减法公式：（★★）

若 $A\subset B$，则有 $P(A)\leqslant P(B)$，且 $P(B-A)=P(B)-P(A)$.

对于任意两个事件 A,B，有 $P(A-B)=P(A)-P(AB)$，这个式子便是减法公式.

（5）加法公式：（★★）

对于任意两个事件 A,B，有 $P(A\cup B)=P(A)+P(B)-P(AB)$，这便是加法公式，同时可看出 $P(A\cup B)\leqslant P(A)+P(B)$.

一般地，对于任意 n 个事件 $A_1,A_2,\cdots,A_n$，有

$$P\left(\bigcup_{i=1}^{n}A_i\right)=\sum_{i=1}^{n}P(A_i)-\sum_{1\leqslant i<j\leqslant n}P(A_iA_j)+\sum_{1\leqslant i<j<k\leqslant n}P(A_iA_jA_k)+\cdots+(-1)^{n-1}P(A_1A_2\cdots A_n).$$

以例明理 1-8

概率性质(1)(2)(3)可用概率定义的 3 条性质来证明，比如有限可加性便可用可列可加性证明，减法公式可用概率的后 2 条性质证明，加法公式可用有限可加性和减法公式证明. 减法公式和加法公式的证明如下：

$$A\subset B\Rightarrow B=A\cup(B-A),A(B-A)=\varnothing\Rightarrow$$
$$P(B)=P(A)+P(B-A)\Rightarrow$$
$$P(B-A)=P(B)-P(A).$$

在此基础上，便可证明减法公式：

$$B-A=B-AB,AB\subset B\Rightarrow P(B-A)=P(B-AB)=P(B)-P(AB).$$

现在证明加法公式：

$$A\cup B=A\cup(B-AB),A(B-AB)=\varnothing,AB\subset B\Rightarrow$$
$$P(A\cup B)=P(A)+P(B-AB)=P(A)+P(B)-P(AB).$$

分类习题 1-2

1. 对于任意两个事件 A 和 B，有 $P(A-B)=$（　　）.

A. $P(A)-P(B)$　　B. $P(A)-P(B)+P(AB)$

C. $P(A)-P(AB)$　　D. $P(A)-P(\overline{B})-P(A\overline{B})$

【答】应选 C.

【析】直接考查减法公式.

2. 若事件 A 和 B 同时出现的概率 $P(AB)=0$,则(　　).

A. A 和 B 互斥　　B. AB 是不可能事件

C. AB 未必是不可能事件　　D. $P(A)=0$ 或 $P(B)=0$

【答】应选 C.

【析】考查概率为 0 事件的性质.

【解】方法一:

对于选项 A: A 和 B 互斥,即 $AB=\varnothing$,但由 $P(AB)=0$ 不能推出 $AB=\varnothing$,故 A 选项错误.

对于选项 B、C: 由 $P(AB)=0$ 不能推出 AB 是不可能事件,故 B 选项错误,C 选项正确.

对于选项 D: $P(AB)=P(A)P(B)$ 未必成立,因而由 $P(AB)=0$ 得 $P(A)=0$ 或 $P(B)=0$ 也未必成立,故 D 选项错误.

方法二:举例法(用到第 2 章内容).

举例:设随机变量 X 服从 $(0,2)$ 上的均匀分布,取 $A=\{X\leqslant 1\}$, $B\{X\geqslant 1\}$,则 $P(AB)=P\{X=1\}=0$,但 $AB=\{X=1\}$ 并非不可能事件,即 A 和 B 不互斥,且 $P(A)=P(B)=\frac{1}{2}$. 故,A、B、D 三个选项都错误,故 C 选项正确.

3. 设当事件 A 与 B 同时发生时,事件 C 必发生,则(　　).

A. $P(C)<P(A)+P(B)-1$　　B. $P(C)>P(A)+P(B)-1$

C. $P(C)=P(AB)$　　D. $P(C)=P(A\cup B)$

【答】应选 B.

【析】考查概率关系,主要利用包含的概念和加法公式.

【解】因事件 A 与 B 同时发生时,事件 C 必发生,所以 $AB\subset C$,从而 $P(AB)\leqslant P(C)$,又由 $P(A+B)=P(A)+P(B)-P(AB)$ 及 $P(A+B)\leqslant 1$,知 $P(C)\geqslant P(AB)=P(A)+P(B)-P(A+B)\geqslant P(A)+P(B)-1$,故选 B.

4. 设随机事件 A,B 及其事件 $A\cup B$ 的概率分别为 0.4,0.3 和 0.6,若 $\overline{B}$ 表示 B 的对立事件,那么积事件 $A\overline{B}$ 的概率 $P(A\overline{B})=$________.

【答】应填 0.3.

【析】考查积事件的概率和加法公式.

【解】由 $P(A+B)=P(A)+P(B)-P(AB)$ 得

$$P(A\overline{B})=P(A)-P(AB)=P(A\cup B)-P(B)=0.6-0.3=0.3.$$

5. 设 A 和 B 是任意两个概率不为 0 的不相容事件,则下列结论正确的是(　　).

A. $\overline{A}$ 与 $\overline{B}$ 相容　　B. $\overline{A}$ 与 $\overline{B}$ 相容

C. $P(AB)=P(A)P(B)$　　D. $P(A-B)=P(A)$

【答】应选 D.

【析】考查互不相容的性质和概率关系.

【解】若事件 A 与 B 互不相容,则 $\overline{A}\,\overline{B}=\Omega-A-B$ 未必是 $\varnothing$,即 $\overline{A},\overline{B}$ 未必互不相容. 排除选项 A,B. 由 A 和 B 不相容,知 $AB=\varnothing$,且 $P(A),P(B)\neq 0$,即 C 选项错误;同时 $A-B=A-AB=A$,于是有 $P(A-B)=P(A)$. 因此,D 选项正确.

6. 设 A,B 为随机事件,$P(A)=0.7$,$P(A-B)=0.3$,则 $P(\overline{AB})=$______ .

【答】应填 0.6.

【析】考查对立事件的概率和减法公式.

【解】由 $P(A-B)=P(A)-P(AB)$,知 $P(AB)=P(A)-P(A-B)=0.7-0.3=0.4$,于是有 $P(\overline{AB})=1-P(AB)=1-0.4=0.6$.

7. 已知 $P(A)=P(B)=P(C)=\dfrac{1}{4}$,$P(AB)=0$,$P(AC)=P(BC)=\dfrac{1}{6}$,则事件 A,B,C 全不发生的概率为________.

【答】应填 $\dfrac{3}{8}$.

【析】考查积事件的概率和加法公式.

【解】由 $ABC\subset AB$,知 $0\leqslant P(ABC)\leqslant P(AB)=0$,即 $P(ABC)=0$,故所求

$$\begin{aligned}P(\overline{A}\,\overline{B}\,\overline{C})&=1-P(A+B+C)\\&=1-[P(A)+P(B)+P(C)-P(AB)-P(AC)-\\&\quad P(BC)+P(ABC)]\\&=1-\left[\frac{1}{4}+\frac{1}{4}+\frac{1}{4}-0-\frac{1}{6}-\frac{1}{6}+0\right]=\frac{3}{8}.\end{aligned}$$

8. 设事件 A,B,C 有 $P(A)=P(B)=P(C)=\dfrac{1}{4}$,$P(AB)=P(BC)=0$,$P(AC)=\dfrac{1}{8}$,则三个事件中 A,B,C 至少出现一个的概率为________.

【答】应填 $\dfrac{5}{8}$.

【解】这道题是第 7 题的变式.

9. 已知 A,B 两个事件满足 $P(AB)=P(\overline{A}\,\overline{B})$,且 $P(A)=p$,则 $P(B)=$________.

【答】应填 $1-p$.

【析】考查对立事件参与的运算及概率计算,用到加法公式.

【解】由于 $P(\overline{A}\,\overline{B})=1-P(A+B)=1-P(A)-P(B)+P(AB)$,故由 $P(AB)=P(\overline{A}\,\overline{B})$,知 $1-P(A)-P(B)=0$,即 $P(B)=1-P(A)=1-p$.

二、常见的概率模型

1. 古典概型(★)

如果随机试验具有以下两个特点:

(1) 样本点有限:试验的样本空间 Ω 只包含有限个样本点.

(2) 可能性相同:在试验中每个基本事件发生的可能性相同.

则称这种试验为古典概型或等可能概型.

在古典概型中,若样本空间 Ω 包含 n 个样本点,A 包含 n_A 个样本点,则事件 A 发生的概率为

$$P(A)=\frac{|A|}{|\Omega|}=\frac{n_A}{n},$$

其中,$|A|$,$|\Omega|$ 分别表示 A 和 Ω 中的基本事件个数.

2. 几何概型(★)

若试验是将一个点随机投到某一区域 Ω 内,而这个点落到 Ω 内任意两个度量相等的子区域内的可能性相同,则这样的试验属于几何概型.

在几何概型中,事件 A 发生的概率为

$$P(A)=\frac{A\text{ 的度量}}{\Omega\text{ 的度量}}.$$

以例明理 1-9

在以例明理 1-1 中:投掷骰子查看点数这一试验便是一个古典概型.因为它满足样本点有限、每个样本点发生可能性相同两个特点.

几何概型是古典概型从孤立点到连续区域上的延伸.在数轴上随机取数(假定每个数被取到的可能性相同)的试验,便是一个几何概型,因为所取数在长度相同的两段区间上出现的可能性相同.

分类习题 1-3

1. 从 0,1,2,…,9 等十个数字中任意选出三个不同的数字,试求下列事件的概率:$A_1=\{$三个数字中不含 0 和 5$\}$;$A_2=\{$三个数字中不含 0 或 5$\}$.

【析】考查古典概型,关键是找准基本事件和题设事件包含的基本事件数,有时利用对立事件来计算会事半功倍.

【解】基本事件是 10 选 3 中的一种情况,总数是 C_{10}^3;不含 0 和 5 是 8 选 3,包含的基本事件数是 C_8^3;不含 0 或 5 即不含 0 与不含 5 两种情况里去除含 0 和 5 的情况,包含的基本事件数是 $2C_9^3-C_8^3$.

因此,$P(A_1)=\frac{C_8^3}{C_{10}^3}=\frac{7}{15}$,$P(A_2)=\frac{2C_9^3-C_8^3}{C_{10}^3}=\frac{14}{15}$.

$P(A_2)$也可用对立事件计算:$P(A_2)=1-P(\overline{A_2})=1-\frac{C_8^1}{C_{10}^3}=\frac{14}{15}$,其中 $\overline{A_2}=\{$三个数字中含 0 和 5$\}$,包含基本事件数是 C_8^1.

说明:考试时以上分析过程可忽略,直接列式计算即可.

2. 将 C,C,E,E,I,N,S 等七个字母随机地排成一行,那么恰好排成英文单词 $SCIENCE$ 的概率为________.

【答】应填$\frac{1}{1260}$.

【析】本题难点是确定题设事件包含的基本事件数，关键是两个 C 可以换位置，两个 E 也可以换位置.

【解】这是一个古典概型问题，将七个字母任意一种可能排列作为基本事件，则基本事件总数为 $7!$，而题设事件的基本事件数为 $1\times2\times1\times2\times1\times1\times1=4$，故所求概率为

$$\frac{4}{7!}=\frac{1}{1260}.$$

3. 一批产品共有 10 个正品和 2 个次品，任意抽取两次，每次抽一个，抽出后不放回，则第二次抽出的是次品的概率为________.

【答】应填 $\frac{1}{6}$.

【析】考查古典概型，难点是有些同学不知道抽签在概率上具有无序性，也即公平性而导致计算过慢.

【解】由抽签的公平性，第二次抽出次品的概率即为第一次抽得次品的概率 $\frac{2}{12}=\frac{1}{6}$. 验证如下：设 $A=\{$第二次抽出的是次品$\}$，$B=\{$第一次抽出正品，第二次抽出的是次品$\}$，$C=\{$第一，二次抽出的都是次品$\}$，则 $P(B)=\frac{10}{12}\times\frac{2}{11}$，$P(C)=\frac{2}{12}\times\frac{1}{11}$，故

$$P(A)=P(B)+P(C)=\frac{1}{6}.$$

4. 在区间 $(0,1)$ 中随机取两个数，则事件"两数之和小于 $\frac{6}{5}$"的概率为______.

【答】应填 $\frac{17}{25}$.

【析】考查几何概型，关键画图确定题设事件的量度，有时利用对立事件来计算会事半功倍.

【解】设这两个数为 x 和 y，则 (x,y) 的取值范围如图 1－6 所示的正方形区域 G，而事件"两数之和小于 $\frac{6}{5}$"即"$x+y<\frac{6}{5}$"使 (x,y) 的取值范围为图中阴影部分 D，根据几何概型所求概率为

图 1－6

$$P\{x+y<\frac{6}{5}\}=\frac{S_D}{S_G}=\frac{1-\frac{1}{2}\times\left(\frac{4}{5}\right)^2}{1^2}=\frac{17}{25}.$$

5. 随机地向半圆 $0<y<\sqrt{2ax-x^2}\ (a>0)$ 内掷一点，点落在半圆内任何区域的概率与区域的面积成正比，则原点和该点的连线与 x 轴的夹角小于 $\frac{\pi}{4}$ 的概率为_______.

【答】应填 $\frac{1}{2}+\frac{1}{\pi}$.

【析】考查几何概型.

【解】如图 1－7 所示，过圆点 O 作线段 OC，使其与 x 轴的夹角为 $\frac{\pi}{4}$. 记图中阴影部分区域为 D，则根据几何概型的定义，所求概率

$$P=\frac{S_D}{S_{半圆}}=\frac{\frac{1}{2}a^2+\frac{1}{4}\pi a^2}{\frac{1}{2}\pi a^2}=\frac{1}{2}+\frac{1}{\pi}.$$

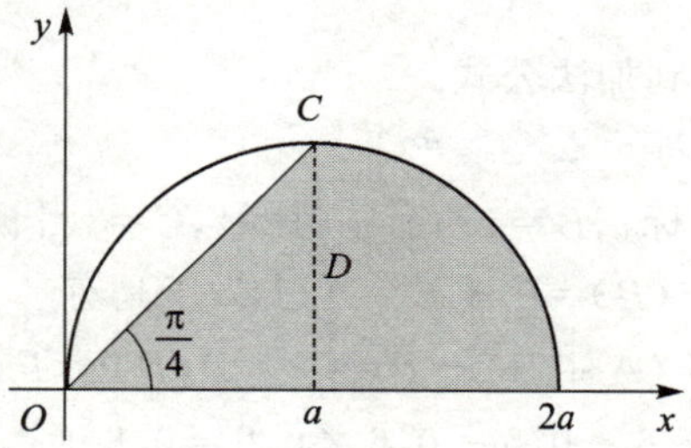

图 1－7

3. 条件概率(★★★)

(1) 概念：设 A,B 为试验 E 的任意两个事件，$P(A)\neq 0$，则称 $\frac{P(AB)}{P(A)}$ 为事件 A 发生条件下事件 B 发生的条件概率，记为 $P(B|A)$，即

$$P(B|A)=\frac{P(AB)}{P(A)}.$$

(2) 独立：

① 描述定义：若事件 A,B 的发生互不影响，则称事件 A,B 相互独立.

精确定义：如果 $P(A)>0$，若事件 A,B 满足 $P(B|A)=P(B)$；或如果 $P(B)>0$，若事件 A,B 满足 $P(A|B)=P(A)$，则称 A,B 相互独立，也即 $P(AB)=P(A)P(B)$.

② 两两独立：若事件 $A_1,A_2,\cdots,A_n\ (n\geqslant 2)$ 中任意两个事件都相互独立，则称这 n 个事件 $A_1,A_2,\cdots,A_n$ 两两相互独立；

nn 独立：如果 n 个事件中任意 $k\ (2\leqslant k\leqslant n)$ 个事件的积事件的概率等于这 k 个事件概率的积，则称这 n 个事件 $A_1,A_2,\cdots,A_n$ 是(nn)相互独立的.

③ 充分条件：若 $P(A)=0,1$，则事件 A 与任意事件独立.

必要条件：若 A,B 独立，则 A 与 $\overline{B}$，$\overline{A}$ 与 B，$\overline{A}$ 与 $\overline{B}$ 都相互独立.

充要条件：事件 A,B 相互独立 $\Leftrightarrow P(AB)=P(A)P(B)\Leftrightarrow P(B|A)=P(B)$ 或 $P(A|B)=P(A)\Leftrightarrow P(\overline{B}|A)=P(\overline{B})$，$P(\overline{A}|B)=P(\overline{A})$，$P(A|\overline{B})=P(A)$，或 $P(\overline{A}|\overline{B})=P(\overline{A})$.

以例明理 1-10

小明小亮在家玩"筷子投壶"游戏，两人在无干扰的情况下先后用一个筷子投一个壶，每人投一次完毕算一轮游戏结束，假定二人投壶命中率固定. 一轮游戏中有人投中壶，问是小明的概率. 这样便构造一个条件概率的模型.

由于二人投壶不受干扰，因而一轮游戏中小明投中和小亮投中是两个独立事件.

分类习题 1-4

1. 甲，乙两人独立的对同一目标射击一次，其命中率分别为 0.5 和 0.6，已知目标被命中，则它是甲射中的概率为________.

【答】应填 0.75.

【析】考查条件概率，用到加法公式.

注意：它是甲射中的不排斥乙也射中了.

【解】记 $A=\{$甲命中目标$\}$，$B=\{$乙命中目标$\}$，$C=\{$目标被命中$\}$，则由题意知 A,B 相互独立，且 $P(A)=0.6$，$P(B)=0.5$，$C=A\cup B$，于是有

$$\begin{aligned}P(C)&=P(A+B)=P(A)+P(B)-P(A)P(B)\\&=0.6+0.5-0.6\times0.5=0.8.\end{aligned}$$

因此，所求概率为 $P(A|C)=\dfrac{P(AC)}{P(C)}=\dfrac{P(A)}{P(C)}=\dfrac{0.6}{0.8}=0.75.$

2. 设 10 件产品有 4 件不合格品，从中任取两件，已知所取两件产品中有一件是不合格品，则另一件也是不合格品的概率为________.

【答】应填 $\dfrac{1}{5}$.

【析】考查条件概率，用到对立事件.

【解】设 $A=\{$所取得两件都是不合格品$\}$，$B=\{$两件产品中至少有一件是不合格品$\}$，则有 $P(A)=\dfrac{C_4^2}{C_{10}^2}=\dfrac{2}{15}$，$P(B)=1-P(\overline{B})=1-\dfrac{C_6^2}{C_{10}^2}=\dfrac{2}{3}$，$P(AB)=P(A)=\dfrac{2}{15}$，

故所求概率为 $P(A|B)=\dfrac{P(AB)}{P(B)}=\dfrac{\frac{2}{15}}{\frac{2}{3}}=\dfrac{1}{5}$.

3. 假设一批产品中一、二、三等品各占 60%，30%，10%，从中随意取出一件，结果不是三等品，则取到的是一等品的概率为________.

【答】应填 $\dfrac{2}{3}$.

【析】考查条件概率，主要用到对立事件.

【解】记 $A_1=\{$取到的是一等品$\}$，$A_3=\{$取到的是三等品$\}$，则由题设，知 $P(A_1)=60\%$，$P(A_3)=10\%$，故所求概率为

$$P(A_1|\overline{A_3})=\frac{P(A_1\overline{A_3})}{P(\overline{A_3})}=\frac{P(A_1)}{1-P(A_3)}=\frac{60\%}{1-10\%}=\frac{2}{3}.$$

4. 已知随机事件 A 的概率 $P(A)=0.5$，随机事件 B 的概率 $P(B)=0.6$，及条件概率 $P(B|A)=0.8$，则和事件 $A\cup B$ 的概率 $P(A\cup B)=$________.

【答】应填 0.7.

【析】考查和事件的概率，主要用到加法公式和条件概率.

【解】

$$\begin{aligned}P(A\cup B)&=P(A)+P(B)-P(AB)\\&=P(A)+P(B)-P(A)P(B|A)\\&=0.5+0.6-0.5\times0.8=0.7.\end{aligned}$$

5. 设 A,B 为两随机事件，且 $B\subset A$，则下列选项正确的是(　　).

A. $P(A+B)=P(A)$　　B. $P(AB)=P(A)$

C. $P(B|A)=P(B)$　　D. $P(B-A)=P(B)-P(A)$

【答】应选 A.

【析】考查包含的概率性质，主要用到条件概率和减法公式.

【解】由 $B\subset A$，知 $A+B=A$，于是有 $P(A+B)=P(A)$，故 A 选项正确. 又由 $B\subset A$，知 $AB=B$，从而 $P(AB)=P(B)$，$P(B|A)=\dfrac{P(AB)}{P(A)}=\dfrac{P(B)}{P(A)}$，$P(B-A)=P(B)-P(AB)=P(B)-P(B)=0$，可见 B,C,D 均不正确，应排除.

6. 假设 $P(A)=0.4$，$P(A\cup B)=0.7$，那么

(1) 若 A 与 B 互不相容，则 $P(B)=$________；

(2) 若 A 与 B 相互独立，则 $P(B)=$________.

【答】应填 0.3；0.5.

【析】考查互不相容和相互独立的性质，用到加法公式.

【解】由 $P(A\cup B)=P(A)+P(B)-P(AB)$，知 $P(B)=P(A\cup B)-P(A)+P(AB)$.

(1) 若 A 与 B 互不相容，则 $AB=\varnothing$，从而 $P(AB)=0$，故 $P(B)=P(A\cup B)-P(A)=0.7-0.4=0.3$.

(2) 若 A 与 B 相互独立，则 $P(AB)=P(A)P(B)$，故 $P(A\cup B)=P(A)+P(B)-P(A)P(B)$，从而 $P(B)=\dfrac{P(A\cup B)-P(A)}{1-P(A)}=\dfrac{0.7-0.4}{1-0.4}=0.5$.

7. 设 $0<P(A)<1$，$0<P(B)<1$，$P(A|B)+P(\overline{A}|\overline{B})=1$，则(　　).

A. 事件 A 和 B 互不相容　　B. 事件 A 和 B 互相对立

C. 事件 A 和 B 互不独立　　D. 事件 A 和 B 相互独立

【答】应选 D.

【析】考查独立，主要用到对立事件的运算和条件概率.

【解】由 $P(A|B)+P(\overline{A}|\overline{B})=1$，知 $P(A|B)=1-P(\overline{A}|\overline{B})=P(A|\overline{B})$，即

$\frac{P(AB)}{P(B)}=\frac{P(A\overline{B})}{P(\overline{B})}$,亦即$\frac{P(AB)}{P(B)}=\frac{P(A)-P(AB)}{1-P(B)}$,于是有 $P(AB)-P(AB)P(B)=P(B)P(A)-P(B)P(AB)$,即 $P(AB)=P(A)P(B)$,亦即 A 和 B 相互独立,故选 D.

4. 伯努利概型

(1) 独立重复试验:

在多次试验中,如果各次试验的事件相互独立,且同一事件在各次试验中发生的概率相同,则称这些试验是相互独立的.

(2) 伯努利概型:

设试验 E 只有两个结果 $A,\overline{A}$,且 $P(A)=p(0<p<1)$. 将试验 E 独立地重复进行 n 次,称其为 n 重伯努利(Bernoulli)试验,这种数学模型称为伯努利概型.

① 在 n 重伯努利试验中,事件 A 恰好发生 k 次($k=0,1,2,\cdots,n$)的概率为 $P_n(k)=C_n^k p^k(1-p)^{n-k}=\frac{n!}{k!\ (n-k)!}p^k(1-p)^{n-k}$,此公式称为二项概率公式. 一般可将 C_n^k 简记为$\binom{n}{k}$.

② 在 n 重伯努利试验中,试验进行 k 次,A 在第 k 次试验时第 r 次发生的概率为$p=C_{k-1}^{r-1}p^r(1-p)^{k-r}$,$k=r,r+1,\cdots$.

以例明理 1-11

在以例明理 1-1 中,设 $A=\{$出现点数 2$\}$,进行独立重复试验,考察 A 发生的次数便得到伯努利概型.

分类习题 1-5

1. 设在一次试验中事件 A 发生的概率为 p,现进行 n 次独立试验,则 A 至少发生一次的概率为________;而事件 A 至多发生一次的概率为________.

【答】应填 $1-(1-p)^n$;$[1+(n-1)p](1-p)^{n-1}$.

【析】考查伯努利概型,主要用到二项概率公式.

【解】由伯努利概型的概率计算公式知,A 恰好发生 k 次的概率为 $P_k=C_n^k p^k(1-p)^{n-k}$,从而 A 至少发生一次的概率为

$$P_{\geqslant 1}=1-P_0=1-C_n^0 p^0(1-p)^{n-0}=1-(1-p)^n;$$

而事件 A 至多发生一次的概率为

$$\begin{aligned}P_{\leqslant 1}&=P_0+P_1=C_n^0 p^0(1-p)^{n-0}+C_n^1 p(1-p)^{n-1}\\&=(1-p)^n+np(1-p)^{n-1}.\end{aligned}$$

2. 设三次独立试验中,事件 A 出现的概率相等,若已知 A 至少出现一次的概率等于$\frac{19}{27}$,则事件 A 在一次试验中出现的概率为________.

【答】应填$\frac{1}{3}$.

【析】考查伯努利概型,主要用到二项概率公式.

【解】设 A 在一次试验中出现的概率为 p，则由伯努利概型的概率计算公式知，三次独立试验中，A 恰好发生 k 次的概率为 $P_k=C_3^k p^k(1-p)^{3-k}$，从而 A 至少出现一次的概率为 $P_{\geq 1}=1-P_0=1-C_3^0 p^0(1-p)^{3-0}=1-(1-p)^3=\frac{19}{27}$，解得 $p=\frac{1}{3}$.

3. 一射手对同一目标独立的进行四次射击，若至少命中一次的概率为 $\frac{80}{81}$，则射手的命中率为________.

【答】应填 $\frac{2}{3}$.

【析】考查伯努利概型，主要用到二项概率公式.

【解】设该选手的命中率为 p，则由题意，有 $1-C_4^0\ p^0(1-p)^4=\frac{80}{81}$，即 $(1-p)^4=\frac{1}{81}$. 解得 $p=\frac{2}{3}$ 或 $p=\frac{4}{3}$，由于命中率不会大于1，故 $p=\frac{2}{3}$.

三、常用的概率公式

(1) 加法公式(前面已列出)(★)：$P(A\cup B)=P(A)+P(B)-P(AB)$.

(2) 减法公式(前面已列出)(★)：$P(A-B)=P(A)-P(AB)$.

(3) 条件概率公式(前面已列出)(★★)：$P(B|A)=\frac{P(AB)}{P(A)}$.

(4) 乘法公式(★★)：

对于事件 A,B，如果 $P(A),P(B)\neq 0$，则有

$$P(AB)=P(A)P(B|A)=P(B)P(A|B).$$

一般地，当 $P(A_1A_2\cdots A_n)>0$ 时，有

$$P(A_1A_2\cdots A_n)=P(A_1)P(A_2|A_1)P(A_3|A_1A_2)\cdots P(A_n|A_1A_2\cdots A_{n-1}).$$

(5) 全概率公式(★★★)：

如果事件组 $B_1,B_2,\cdots,B_n$ 为样本空间 Ω 的完备事件组，且 $P(B_i)>0(i=1,2,\cdots,n)$，则对于任一事件 A，有

$$P(A)=\sum_{i=1}^{n}P(B_i)P(A|B_i).$$

此式称为全概率公式，其实质是概率的有限可加性，该公式也可改为：设事件 $B_1,B_2,\cdots,B_n$ 互不相容，且 $P(B_i)>0(i=1,2,\cdots,n)$，若事件 $A\subset\bigcup_{i=1}^{n}B_i$，则

$$P(A)=\sum_{i=1}^{n}P(B_i)P(A|B_i).$$

(6) 贝叶斯(Bayes)公式(★★★)：

在全概率公式的条件下，如果 $P(A)>0$，则有

$$P(B_j|A)=\frac{P(B_j)P(A|B_j)}{\sum_{i=1}^{n}P(B_i)P(A|B_i)},j=1,2,\cdots,n.$$

此式称为贝叶斯公式,其实质是条件概率,即 $P(B_j|A)=\dfrac{P(AB_j)}{P(A)}$.

分类习题 1-6

1. 三个箱子,第一个箱子中有 4 个黑球 1 个白球,第二个箱子中有 3 个白球 3 个黑球,第三个箱子中有 3 个黑球 5 个白球.现随机地取一个箱子,再从这个箱子中取出 1 个球,这个球为白球的概率等于________.已知取出的球是白球,则此球属于第二个箱子的概率是________.

【答】应填 $\dfrac{53}{120}$;$\dfrac{20}{53}$.

【析】考查全概率公式和贝叶斯公式,难点是确定完备事件组.该题取的是第 1,2,3 个箱子,便构成一个划分.

【解】记 $B=\{$从箱子中取出的是白球$\}$,$A=\{$取的是第 i 个箱子$\}$,$i=1,2,3$,

则 $P(A_i)=\dfrac{1}{3}(i=1,2,3)$,$P(B|A_1)=\dfrac{1}{5}$,$P(B|A_2)=\dfrac{1}{2}$,$P(B|A_3)=\dfrac{5}{8}$.由全概率公式得取出的这个球为白球的概率为

$$P(B)=P(A_1)P(B|A_1)+P(A_2)P(B|A_2)+P(A_3)P(B|A_3)=\frac{53}{120}.$$

由贝叶斯公式得,当取出的球是白球时,此球属于第二个箱子的概率为

$$P(A_2|B)=\frac{P(A_2)P(B|A_2)}{P(B)}=\frac{20}{53}.$$

2. 假设有两箱同种零件:第一箱内装有 50 件,其中 10 件一等品;第二箱内装有 30 件,其中 18 件一等品.现从两箱中随机挑出一箱,然后从该箱中先后随机取出两个零件(取出的零件均不放回).试求:

(1) 先取出的零件是一等品的概率 p;

(2) 在先取出的零件是一等品的条件下,第二次取出的零件仍然是一等品的概率 q.

【析】考查全概率公式和贝叶斯公式.

【解】设 $H_i=\{$被挑出的是第 i 箱$\}(i=1,2)$,$A_j=\{$第 j 次取出的零件是一等品$\}$ $(j=1,2)$.

由已知条件:H_1,H_2 构成完备事件组,且

$$P(H_1)=P(H_2)=\frac{1}{2};P(A_1|H_1)=\frac{10}{50}=\frac{1}{5},P(A_1|H_2)=\frac{18}{30}=\frac{3}{5}.$$

(1) 由全概率公式得:

$$\begin{aligned}p=P(A_1)&=P(H_1)P(A_1|H_1)+P(H_2)P(A_1|H_2)\\&=\frac{1}{2}\times\frac{1}{5}+\frac{1}{2}\times\frac{3}{5}=\frac{2}{5}.\end{aligned}$$

(2) 由条件概率的定义和全概率公式,得

$$\begin{aligned}q=P(A_2|A_1)&=\frac{P(A_1A_2)}{P(A_1)}\\&=\frac{1}{p}[P(H_1)P(A_1A_2|H_1)+P(H_2)P(A_1A_2|H_2)]\end{aligned}$$

$$=\frac{5}{2}\left(\frac{1}{2}\times\frac{10\times 9}{50\times 49}+\frac{1}{2}\times\frac{18\times 17}{30\times 29}\right)=\frac{690}{1\,421}\approx 0.485\,57.$$

3. 玻璃杯成箱出售,每箱 20 只,假设各箱含 0,1,2 只残次品的概率是 0.8,0.1 和 0.1,一顾客欲购买一箱玻璃杯,在购买时,售货员随意取一箱,而顾客开箱随机察看 4 只,若无残次品,则购买下该玻璃杯,否则退回.试求:

(1) 顾客买下该箱玻璃杯的概率 α;

(2) 在顾客买下的一箱中,确实没有残次品的概率 β.

【析】考查全概率公式和贝叶斯公式.

【解】设 $B_i=\{$箱中恰好有 i 件残品次品$\}(i=0,1,2)$,$A=\{$顾客买下所察看的一箱$\}$.

由条件知:B_0,B_1,B_2 构成完备事件组,且

$$P(B_0)=0.8,P(B_1)=0.1,P(B_2)=0.1;$$

$$P(A|B_0)=1,P(A|B_1)=\frac{C_{19}^4}{C_{20}^4}=\frac{4}{5},P(A|B_2)=\frac{C_{18}^4}{C_{20}^4}=\frac{12}{19}.$$

(1) 由全概率公式得

$$\alpha=P(A)=\sum_{i=0}^{2}P(B_i)P(A|B_i)=0.8\times 1+0.1\times\frac{4}{5}+0.1\times\frac{12}{19}$$

$$=\frac{448}{475}\approx 0.94.$$

(2) 由贝叶斯公式得

$$\beta=P(B_0|A)=\frac{P(B_0)P(A|B_0)}{P(A)}=\frac{0.8\times 1}{\frac{448}{475}}=\frac{95}{112}\approx 0.85.$$

小试牛刀

一、填空题

1. 设工厂 A 和工厂 B 的产品的次品率分别为 1% 和 2%,现从由 A 厂和 B 厂的产品分别占 60% 和 40% 的一批产品中随机抽取一样,发现是次品,则该次品是 A 厂生产的概率是________.

2. 袋中有 50 个乒乓球,其中 20 个是黄球,30 个是白球,今有两人依次随机从袋中各取一球,取回后不放回,则第二个人取得黄球的概率是________.

3. 设 A,B 是任意两个随机事件,则 $P\{(\overline{A}+B)(A+B)(\overline{A}+\overline{B})(A+\overline{B})\}=$________.

4. 设两两相互独立的三事件 A,B,C 满足条件:$ABC=\varnothing,P(A)=P(B)=P(C)<\frac{1}{2}$,且已知 $P(A\cup B\cup C)=\frac{9}{16}$,则 $P(A)=$________.

5. 设两个相互独立的事件 A 和 B 都不发生的概率为 $\frac{1}{9}$,A 发生 B 不发生的概率与

B 发生 A 不发生的概率相等,则 $P(A)=$________.

6. 在区间(0,1)中随机的取两个数,则这两个数之差的绝对值小于$\frac{1}{2}$的概率为________.

7. 设 A,B,C 是随机事件,A 与 C 互不相容,$P(AB)=\frac{1}{2}$,$P(C)=\frac{1}{3}$,则 $P(AB|\overline{C})=$________.

8. 设袋中有红、白、黑球各 1 个,从中有放回地取球,每次取 1 个,直到 3 种颜色的球都取到时停止,则取球次数恰好为 4 的概率为________.

9. 设随机事件 A 与 B 相互独立,A 与 C 相互独立,$BC=\varnothing$.若 $P(A)=P(B)=\frac{1}{2}$,$P(AC|AB\cup C)=\frac{1}{4}$,则 $P(C)=$________.

10. 随机事件 A,B,C 相互独立,且 $P(A)=P(B)=P(C)=\frac{1}{2}$,则 $P(AC|A\cup B)=$________.

11. 设 A,B,C 为随机事件,且 A 与 B 互不相容,A 与 C 互不相容,B 与 C 相互独立,$P(A)=P(B)=P(C)=\frac{1}{3}$,则 $P(B\cup C|A\cup B\cup C)=$________.

12. 从数 1,2,3,4 中任意取一个数,记为 X,再从 $1,2,\cdots,X$ 中任取一个数,记为 Y,则 $P\{Y=2\}=$________.

二、选择题

1. 已知 $0<P(B)<1$,且 $P[(A_1+A_2)|B]=P(A_1|B)+P(A_2|B)$,则下列选项成立的是(　　).

A. $P[(A_1+A_2)|\overline{B}]=P(A_1|\overline{B})+P(A_2|\overline{B})$

B. $P(A_1B+A_2B)=P(A_1B)+P(A_2B)$

C. $P(A_1+A_2)=P(A_1|\overline{B})+P(A_2|\overline{B})$

D. $P(B)=P(A_1)P(B|A_1)+P(A_2)P(B|A_2)$

2. 设 A,B 为任意两个事件,且 $A\subset B$,$P(B)>0$,则下列选项必然成立的是(　　).

A. $P(A)<P(A|B)$　　B. $P(A)\leqslant P(A|B)$

C. $P(A)>P(A|B)$　　D. $P(A)\geqslant P(A|B)$

3. 设 A,B 是随机事件,且 $0<P(A)<1$,$P(B)>0$,$P(B|A)=P(B|\overline{A})$,则必有(　　).

A. $P(A|B)=P(\overline{A}|B)$　　B. $P(A|B)\neq P(\overline{A}|B)$

C. $P(AB)=P(A)P(B)$　　D. $P(AB)\neq P(A)P(B)$

4. 设 A,B,C 是三个相互独立的随机事件,且 $0<P(C)<1$,则在下列给定的四对事件中不相互独立的是(　　).

A. $\overline{A+B}$ 与 C　　B. $\overline{AC}$ 与 $\overline{C}$

C. $\overline{A-B}$ 与 $\overline{C}$　　D. $\overline{AB}$ 与 $\overline{C}$

5. 设 A,B,C 三个事件两两独立，则 A,B,C 相互独立的充分必要条件是(　　).

A. A 与 BC 独立　　B. AB 与 $A\cup B$ 独立

C. AB 与 BC 独立　　D. $A\cup C$ 与 $A\cup B$ 独立

6. 对于任意事件 A 和 B，与 $A\cup B=B$ 不等价的是(　　).

A. $A\subset B$　　B. $\overline{B}\subset\overline{A}$

C. $A\overline{B}=\varnothing$　　D. $\overline{A}B=\varnothing$

7. 将一枚硬币独立地掷两次，引进事件 $A_1=\{$掷第一次出现正面$\}$，$A_2=\{$掷第二次出现正面$\}$，$A_3=\{$正反面各出现一次$\}$，$A_4=\{$正面出现两次$\}$，则事件(　　).

A. A_1,A_2,A_3 相互独立　　B. A_2,A_3,A_4 相互独立

C. A_1,A_2,A_3 两两独立　　D. A_2,A_3,A_4 两两独立

8. 对于任意事件 A 和 B(　　).

A. 若 $AB\neq\varnothing$，则 A,B 一定独立　　B. 若 $AB\neq\varnothing$，则 A,B 有可能独立

C. 若 $AB=\varnothing$，则 A,B 一定独立　　D. 若 $AB=\varnothing$，则 A,B 一定不独立

9. 设 A,B 为随机事件，且 $P(B)>0$，$P(A|B)=1$，则必有(　　).

A. $P(A\cup B)>P(A)$　　B. $P(A\cup B)>P(B)$

C. $P(A\cup B)=P(A)$　　D. $P(A\cup B)=P(B)$

10. 某人向同一目标独立重复射击，每次射击命中目标的概率为 $p(0<p<1)$，则此人第4次射击恰好第2次命中目标的概率为(　　).

A. $3p(1-p)^2$　　B. $6p(1-p)^2$　　C. $3p^2(1-p)^2$　　D. $6p^2(1-p)^2$

11. 设事件 A 与事件 B 互不相容，则(　　).

A. $P(\overline{A}\,\overline{B})=0$　　B. $P(AB)=P(A)P(B)$

C. $P(A)=1-P(B)$　　D. $P(\overline{A}\cup\overline{B})=1$

12. 设随机事件 A 与 B 相互独立，$P(B)=0.5$，$P(A-B)=0.3$，则 $P(B-A)=$(　　).

A. 0.1　　B. 0.2　　C. 0.3　　D. 0.4

13. 若 A,B 为任意两个随机事件，则(　　).

A. $P(AB)\leqslant P(A)P(B)$　　B. $P(AB)\geqslant P(A)P(B)$

C. $P(AB)\leqslant\dfrac{P(A)+P(B)}{2}$　　D. $P(AB)\geqslant\dfrac{P(A)+P(B)}{2}$

14. 设 A,B 为两个随机变量，且 $0<P(A)<1$，$0<P(B)<1$，如果 $P(A|B)=1$，则(　　).

A. $P(\overline{B}|\overline{A})=1$　　B. $P(A|\overline{B})=0$

C. $P(A\cup B)=1$　　D. $P(B|A)=1$

15. 设 A,B 为随机事件，若 $0<P(A)<1$，$0<P(B)<1$，则 $P(A|B)>P(A|\overline{B})$ 的充分必要条件是(　　).

A. $P(B|A)>P(B|\overline{A})$　　B. $P(B|A)<P(B|\overline{A})$

C. $P(\overline{B}|A)>P(B|\overline{A})$　　D. $P(\overline{B}|A)<P(B|\overline{A})$

16. 设 A,B,C 为三个随机事件，且 A 与 C 相互独立，B 与 C 相互独立，则 $A\cup B$ 与 C 相互独立的充分必要条件是(　　).

A. A 与 B 相互独立　　B. A 与 B 互不相容

C. AB 与 C 相互独立　　D. AB 与 C 互不相容.

17. 设 A,B 为随机事件，则 $P(A)=P(B)$ 的充分必要条件是(　　)

A. $P(A\cup B)=P(A)+P(B)$　　B. $P(AB)=P(A)P(B)$

C. $P(A\overline{B})=P(\overline{BA})$　　D. $P(AB)=P(\overline{A}\,\overline{B})$

18. 设 A,B,C 为三个随机事件，且 $P(A)=P(B)=P(C)=\frac{1}{4}$，$P(AB)=0$，$P(AC)=P(BC)=\frac{1}{12}$，则 A,B,C 中恰有一个事件发生的概率为(　　).

A. $\frac{3}{4}$　　B. $\frac{2}{3}$　　C. $\frac{1}{2}$　　D. $\frac{5}{12}$

19. 设 A,B 为随机事件，且 $0<P(B)<1$，下列命题中不成立的是(　　).

A. 若 $P(A|B)=P(A)$，则 $P(A|\overline{B})=P(A)$

B. 若 $P(A|B)>P(A)$，则 $P(\overline{A}|\overline{B})>P(\overline{A})$

C. 若 $P(A|B)>P(A|\overline{B})$，则 $P(A|B)>P(A)$

D. 若 $P(A|A\cup B)>P(\overline{A}|A\cup B)$，则 $P(A)>P(B)$

三、解答题

1. 考虑一元二次方程 $x^2+Bx+C=0$，其中 B,C 分别是将一枚骰子接连掷两次先后出现的点数，求方程有实数根的概率 p 和有重根的概率 q.

2. 设有来自 3 个地区的各 10 名、15 名和 25 名考生的报名表，其中女生的报名表分别为 3 份、7 份和 5 份. 随机地取一个地区的报名表，从中先后抽出两份.

(1) 求先抽到的一份是女生表的概率 p；

(2) 已知后抽到的一份是男生表，求先抽到的一份是女生表的概率 q.

3. 设 A,B 是任意两事件，其中 A 的概率不等于 0 和 1，证明：$P(B|A)=P(B|\overline{A})$ 是事件 A 与 B 独立的充分必要条件.

小试牛刀参考答案与解析

一、填空题

1.【答】应填 $\frac{3}{7}$.

【解】设事件 A={抽取的产品是 A 厂生产的}，B={抽取的产品是 B 厂生产的}，C={抽取的产品是次品}，则有 $P(A)=0.6$，$P(B)=0.4$，$P(C|A)=0.01$，$P(C|B)=0.02$，故由贝叶斯公式，得

$$P(A|C)=\frac{P(A)P(C|A)}{P(A)P(C|A)+P(B)P(C|A)}=\frac{3}{7}.$$

2.【答】应填 $\frac{2}{5}$.

【解】方法一：抽签的公平性.

第一个取球人从袋中取得黄球的概率为$\frac{2}{5}$，那么，若将此球还回袋中，显然第二个人取得黄球的概率仍为$\frac{2}{5}$，但若不将此球还回袋中，第二个人是否与第一个人"等可能"地取得黄球呢？实际上是相同的，若记住这一原理，立即可以填上$\frac{2}{5}$，并且推而广之，第三人、第四人，从袋中取得黄球的概率也为$\frac{2}{5}$.

因此，由抽签的公平性，第二个人取得黄球的概率为$\frac{20}{50}=\frac{2}{5}$.

方法二：全概率公式.

设$A=\{$第一个人取出的是黄球$\}$，$B=\{$第一个人取出的是白球$\}$，$C=\{$第二个人取出的是黄球$\}$，则$P(A)=\frac{2}{5}$，$P(B)=\frac{3}{5}$，$P(C|A)=\frac{19}{49}$，$P(C|B)=\frac{20}{49}$，由全概率公式知：

$$P(C\mid A)+P(B)\cdot P(C\mid B)=\frac{2}{5}\times\frac{19}{49}+\frac{3}{5}\times\frac{20}{49}=\frac{2}{5}.$$

3.【答】应填 0.

【解】

$$\begin{aligned}&P\{(\overline{A}+B)(A+B)(\overline{A}+\overline{B})(A+\overline{B})\}\\&=1-P\{\overline{(\overline{A}+B)(A+B)(\overline{A}+\overline{B})(A+\overline{B})}\}\\&=1-P\{\overline{(\overline{A}+B)}+\overline{(A+B)}+\overline{(\overline{A}+\overline{B})}+\overline{(A+\overline{B})}\}\\&=1-P\{A\cdot\overline{B}+\overline{A}\cdot\overline{B}+AB+\overline{A}B\}\\&=1-P\{(A+\overline{A})\cdot\overline{B}+(A+\overline{A})B\}\\&=1-P\{(A+\overline{A})\cdot(\overline{B}+B)\}\\&=1-P\{\Omega\}=0.\end{aligned}$$

4.【答】应填$\frac{1}{4}$.

【解】根据加法公式，

$$P(A\cup B\cup C)=P(A)+P(B)+P(C)-P(AB)-P(AC)-P(BC)+P(ABC)\qquad(1-1)$$

由于A,B,C两两相互独立，$ABC=\varnothing$. $P(A)=P(B)=P(C)$，故$P(AB)=P(AC)=P(BC)=P^2(A)$；$P(ABC)=P(\varnothing)=0$，因而式(1-1)化为$P(A\cup B\cup C)=3P(A)-3P^2(A)=\frac{9}{16}$，解得$P(A)=\frac{3}{4}$，$P(A)=\frac{1}{4}$.

根据题设，$P(A)<\frac{1}{2}$，故$P(A)=\frac{1}{4}$.

5.【答】应填$\frac{2}{3}$.

【解】依题意，有$P(\overline{A}\,\overline{B})=\frac{1}{9}$，$P(A\overline{B})=P(B\overline{A})$. 因为事件$A,B$相互独立，故有

$P(\overline{A})P(\overline{B})=\frac{1}{9}$. 又有 $P(A\overline{B})=P(B\overline{A})$，有 $P(A)-P(AB)=P(B)-P(AB)$，即 $P(A)=P(B)$，于是有$[P(\overline{A})]^2=\frac{1}{9}$，$P(A)=\frac{2}{3}$. 综上，应填$\frac{2}{3}$.

6. 【答】应填$\frac{3}{4}$.

【解】记 $A=\{$两数之差的绝对值小于$\frac{1}{2}\}$，则由题意，此为几何概型试验，故所求概率为 $P(A)=\frac{A\text{ 的面积}}{\Omega\text{ 的面积}}=\frac{3}{4}$. (见图 1-8).

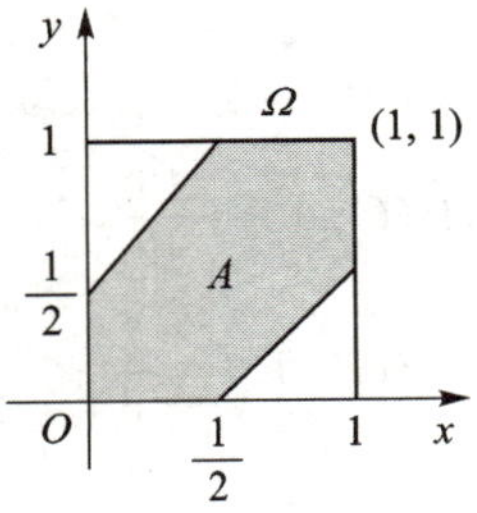

图 1-8

7. 【答】应填$\frac{3}{4}$.

【解】因 A 与 C 互不相容，故 $P(AC)=0$. 又由 $ABC\subset AC$，知 $P(ABC)=0$，因此

$$P(AB|\overline{C})=\frac{P(AB\overline{C})}{P(\overline{C})}=\frac{P(AB)-P(ABC)}{1-P(C)}=\frac{\frac{1}{2}}{1-\frac{1}{3}}=\frac{3}{4}.$$

8. 【答】应填$\frac{2}{9}$.

【解】方法一：

设 A 表示事件“直到 3 种颜色的球都取到时停止，取球次数恰好为 4”，由题设知从袋中有放回地取 4 次球，共有 3 个基本结果. 事件 A 包含的基本结果数为 $3\times3\times2$，所以

$$\frac{3\times3\times2}{3^4}=\frac{2}{9}.$$

方法二：

设 A 表示事件“直到 3 种颜色的球都取到时停止，取球次数恰好为 4”，A_1 表示事件“第 4 次取到红球”，A_2 表示事件“第 4 次取到白球”，A_3 表示事件“第 4 次取到黑球”，则 $P(A_1)=P(A_2)=P(A_3)=\frac{1}{3}$. 注意到在 A_1 发生的条件下，A 发生当且仅当前 3 次取到 2 个白球 1 个黑球或 2 个黑球 1 个白球，从而 $P(A|A_1)=2\times\frac{3}{3^3}=\frac{2}{9}$. 类似地有 $P(A|A_2)=P(A|A_3)=\frac{2}{9}$，所以

$$P(A)=P(A_1)P(A|A_1)+P(A_2)P(A|A_2)+P(A_3)P(A|A_3)=\frac{2}{9}.$$

方法三：

设 X 表示事件“直到三种颜色的球都取到时停止，所需的取球次数”，那么事件$\{X\leqslant 4\}$=“前 4 次取出的球中各种颜色的球都有”，事件$\{X\leqslant 3\}=\{X=3\}$=“前 3 次取出的球中，三种颜色的球各有 1 个”，从而 $P\{X\leqslant 4\}=\frac{3\times 12}{3^4}=\frac{4}{9}$，$P\{X\leqslant 3\}=\frac{3\times 2\times 1}{3^3}=\frac{2}{9}$，因此所求的概率为

$$P\{X=4\}=P\{X\leqslant 4\}-P\{X\leqslant 3\}\leqslant\frac{2}{9}.$$

9.【答】应填$\frac{1}{4}$.

【解】由题设知，

$$\begin{aligned}P(AB\cup C)&=P(AB)+P(C)-P(ABC)\\&=P(A)P(B)+P(C)=\frac{1}{4}+P(C),\end{aligned}$$

$$P(AC)=P(A)P(C)=\frac{1}{2}P(C).$$

由于 $AC\subset AB\cup C$，所以 $P(AC|AB\cup C)=\frac{P(AC)}{P(AB\cup C)}$，从而得方程$\frac{\frac{1}{2}P(C)}{\frac{1}{4}+P(C)}=\frac{1}{4}$，解得

$$P(C)=\frac{1}{4}.$$

10.【答】应填$\frac{1}{3}$.

【解】由题设知

$$P(A\cup B)=P(A)+P(B)-P(AB)=\frac{1}{2}+\frac{1}{2}-\frac{1}{2}\times\frac{1}{2}=\frac{3}{4},$$

$$P(AC)=P(A)P(C)=\frac{1}{4}.$$

由于 $AC\subset A\cup B$，所以 $P(AC|A\cup B)=\frac{P(AC)}{P(A\cup B)}=\frac{1}{3}$.

11.【答】应填$\frac{5}{8}$.

【解】方法一：

因为

$$\begin{aligned}P(B\cup C)&=P(B)+P(C)-P(BC)\\&=P(B)+P(C)-P(B)P(C)=\frac{5}{9},\end{aligned}$$

$$P(A\cup B\cup C)=P(A)+P(B\cup C)-P(A\cap(B\cup C))$$

$$=P(A)+P(B\cup C)=\frac{8}{9},$$

所以 $P(B\cup C|A\cup B\cup C)=\frac{5}{8}$. 综上，应填$\frac{5}{8}$.

方法二：

根据题意，$P(AB)=0,P(AC)=0,P(BC)=P(B)P(C)=\frac{1}{9}$，所求概率由条件概率公式得

$$\begin{aligned}&P\{(B\cup C)\mid(A\cup B\cup C)\}\\&=\frac{P\{(B\cup C)\cap(A\cup B\cup C)\}}{P\{A\cup B\cup C\}}\\&=\frac{P\{\varnothing\cup B\cup C\}}{P\{A\cup B\cup C\}}=\frac{P\{B\cup C\}}{P\{A\cup B\cup C\}}\\&=\frac{P(B)+P(C)-P(BC)}{P(A)+P(B)+P(C)-P(AB)-P(BC)-P(AC)+P(ABC)}\\&=\frac{P(B)+P(C)-P(BC)}{P(A)+P(B)+P(C)-P(BC)},\end{aligned}$$

将 $P(A)=P(B)=P(C)=\frac{1}{3},P(BC)=P(B)P(C)=\frac{1}{9}$代入得

$$P\{B\cup C|(A\cup B\cup C)\}=\frac{\frac{1}{3}+\frac{1}{3}-\frac{1}{9}}{1-\frac{1}{9}}=\frac{5}{8}.$$

综上，应填$\frac{5}{8}$.

12.【答】应填$\frac{13}{48}$.

【解】记 X 的取值为 i，则 $X=i$ 的概率为 $P(X=i)$，由全概率公式可知：

$$\begin{aligned}P\{Y=2\}&=\sum_{i=2}^{4}P\{X=i\}P\{Y=2|X=i\}\\&=\sum_{i=2}^{4}\frac{1}{4}\times\frac{1}{i}=\frac{13}{48}.\end{aligned}$$

二、选择题

1.【答】应选 B.

【解】由 $P[(A_1+A_2)]B]=P(A_1|B)+P(A_2|B)$，知$\frac{P(A_1B+A_2B)}{P(B)}=\frac{P(AB)}{P(B)}+\frac{P(A_2B)}{P(B)}$，即 $P(A_1B+A_2B)=P(A_1B)+P(A_2B)$，故选 B.

2.【答】应选 B.

【解】由 $A\subset B$，知 $AB=A$，故由 $0<P(B)\leqslant 1,P(A|B)=\frac{P(AB)}{P(B)}=\frac{P(A)}{P(B)}\geqslant$

$P(A)$，因而选 B.

3.【答】应选 C.

【解】由条件概率公式以及条件 $P(B|A)=P(B|\overline{A})$ 知 $\frac{P(AB)}{P(A)}=\frac{P(\overline{A}B)}{P(\overline{A})}$，所以 $P(AB)(1-P(A))=P(A)P(\overline{A}B)=P(A)(P(B)-P(AB))$，则 $P(AB)=P(A)P(B)$.

因此，C 为正确选项.

4.【答】应选 B.

【解】由于 A,B,C 是三个相互独立的随机事件，故其中任意两个事件的和、差、交、并、逆与另一个事件或其逆是相互独立的，根据这一性质 A、C、D 三项中的两事件是相互独立的.因而均为干扰项.

5.【答】应选 A.

【解】A,B,C 事件相互独立等价于：

$$\begin{aligned}P(ABC)&=P(A)P(BC)=P(B)P(AC)\\&=P(AB)P(C)=P(A)P(B)P(C).\end{aligned}$$

A,B,C 事件两两独立等价于：

$$P(AB)=P(A)P(B),P(BC)=P(B)P(C),P(AC)=P(A)P(C).$$

必要性：相互独立⇒两两独立.

因为 A,B,C 事件相互独立，所以有

$$P(AB)=P(A)P(B),P(BC)=P(B)P(C),P(AC)=P(A)P(C),$$

故必要性成立.

充分性：两两独立⇒相互独立.

因为 A,B,C 事件两两独立，所以

$$P(AB)=P(A)P(B),P(BC)=P(B)P(C),P(AC)=P(A)P(C),$$

而 A,B,C 三事件相互独立需要满足

$$\begin{aligned}P(ABC)&=P(A)P(BC)=P(B)P(AC)\\&=P(AB)P(C)=P(A)P(B)P(C),\end{aligned}$$

因此需要增加一条件使得 $P(ABC)=P(A)P(B)P(C)$. 而 A 选项是 A 与 BC 独立，即 $P(A(BC))=P(A)P(BC)$，又由于 $P(BC)=P(B)P(C)$，所以 $P(A(BC))=P(A)P(BC)=P(A)P(B)P(C)$. 其他三个选项都无法推出 $P(ABC)=P(A)P(B)P(C)$，故选 A.

6.【答】应选 D.

【解】显然，$A\cup B=B$ 表明 $A\subset B$，而 $A\subset B\Leftrightarrow\overline{B}\subset\overline{A}\Leftrightarrow A\overline{B}=\varnothing$. 因此，只有 $\overline{A}B=\varnothing$ 不与 $A\cup B=B$ 等价.

7.【答】应选 C.

【解】显然若 A_4 发生，则 A_1 及 A_2 必发生，因此 A_4 与 A_2 不独立，故 B、D 结论不正确；若 A_3 发生，则 A_1 与 A_2 中有且仅有一个发生，故 A_1,A_2,A_3 不相互独立；A_1 与 A_2 是相互独立的，A_1 与 A_3 是相互独立的，同样 A_2 与 A_3 也是相互独立的，故选 C.

8.【答】应选 B.

【解】如果事件 A,B 互不相容（或相容），不能断定事件 A,B 一定相互独立或不独

立，故选项 A、C、D 未必成立. 故应选 B.

9.【答】应选 C.

【解】由于 $P(A|B)=\dfrac{P(AB)}{P(B)}$，而 $P(A|B)=1$，所以 $P(AB)=P(B)$，从而 $P(A\cup B)=P(A)+P(B)-P(AB)=P(A)$，故选项 C 正确.

10.【答】应选 C.

【解】记 $A=$"此人第 4 次射击恰好第 2 次命中目标"，$B=$"此人前 3 次射击恰好命中目标 1 次"，$C=$"此人第 4 次射击命中"，则显然有 $A=BC$，且 B,C 相互独立，于是 $P(B)=C_3^1 p(1-p)^2$，$P(C)=p$ 从而 $P(A)=P(B)P(C)=3p^2(1-p)^2$，故选 C.

11.【答】应选 D.

【解】事件 A 与事件 B 互不相容，即 $A\cap B=\varnothing$，故

$$P(\overline{A}\cup\overline{B})=1-P(A\cap B)=1.$$

12.【答】应选 B.

【解】方法一：

因为 $P(A-B)=P(A)-P(AB)=P(A)-P(A)P(B)$，且 $P(A)-0.5P(A)=0.3$，所以 $P(A)=0.6$，则 $P(B-A)=P(B)-P(A)P(B)=0.2$.

方法二：

因为 $P(A-B)=P(A\overline{B})=P(A)P(\overline{B})$，即 $0.5\cdot P(A)=0.3$，所以 $P(A)=0.6$，则 $P(B-A)=P(B\overline{A})=P(B)P(\overline{A})=0.2$.

13.【答】应选 C.

【解】方法一：

由于 $AB\subset A$，$AB\subset B$，故 $P(AB)\leqslant P(A)$，$P(AB)\leqslant P(B)$，从而

$$P(AB)\leqslant\frac{P(A)+P(B)}{2}.$$

方法二：

本题也可通过举反例看出 A、B、D 都是不正确的. 比如考虑事件 A,B，若这两个事件满足 $P(A)>0$，$P(B)>0$，且 $P(AB)=0$，则 B 和 D 不成立；再考虑事件 A,B，若这两个事件满足 $A\supset B$，$0<P(A)<1$，$0<P(B)<1$，则 A 不成立.

14.【答】应选 A.

【解】方法一：

由题设可知 $P(\overline{A}|B)=0$，从而 $P(B\overline{A})=0$，于是 $P(B|\overline{A})=\dfrac{P(B\overline{A})}{P(\overline{A})}=0$，所以 $P(\overline{B}|\overline{A})=1$，故选 A.

方法二：

由题设知 $P(B)=P(AB)$，从而 $P(\overline{B})=P(\overline{AB})=P(\overline{A}\cup\overline{B})=P(\overline{A})+P(\overline{B})-P(\overline{A}\,\overline{B})$，于是 $P(\overline{A})=P(\overline{A}\,\overline{B})$，所以 $P(\overline{B}|\overline{A})=\dfrac{P(\overline{A}\,\overline{B})}{P(\overline{A})}=1$，故选 A.

方法三：

由题设知 $P(B)=P(AB)$，从而 $P(B)=P(A)P(B|A)$. 又 $P(B)=P(A)P(B|A)+$

$P(\overline{A})P(B|\overline{A})$，从而 $P(B|\overline{A})=0$，所以 $P(\overline{B}|\overline{A})=1$，故选 A.

方法四：

本题可以容易地举出反例说明选项 B、C、D 都是错误的结论. 例如，设 $B\subset A$，且 $P(B)=\frac{1}{4}$，$P(A)=\frac{1}{2}$，则 $P(A|\overline{B})=\frac{1}{3}$，$P(A\cup B)=\frac{1}{2}$，$P(B|A)=\frac{1}{2}$，可见选项 B、C、D 都是错误的结论，故选 A.

15.【答】应选 A.

【解】方法一：

由 $P(A|B)>P(A|\overline{B})$，得 $P(AB)P(\overline{B})>P(A\overline{B})P(B)$. 结合 $P(A\overline{B})=P(A)-P(AB)$，$P(\overline{B})=1-P(B)$，可得 $P(AB)>P(A)P(B)$，因此 $P(AB)[1-P(A)]>P(A)[P(B)-P(AB)]$，即 $P(AB)P(\overline{A})>P(A)P(B\overline{A})$，故 $\frac{P(AB)}{P(A)}>\frac{P(B\overline{A})}{P(\overline{A})}$，所以 $P(B|A)>P(B|\overline{A})$，故选 A.

方法二：

由方法一得 $P(AB)>P(A)P(B)$，所以 $P(B|A)=\frac{P(AB)}{P(A)}>P(B)$，

$$P(B|\overline{A})=\frac{P(\overline{A}B)}{P(\overline{A})}=\frac{P(B)-P(AB)}{P(\overline{A})}<\frac{P(B)-P(A)P(B)}{P(\overline{A})}=P(B),$$

因此 $P(B|A)>P(B|\overline{A})$. 故选 A.

方法三：

由全概率公式及题设可得

$$P(A)=P(AB)+P(A\overline{B})=P(B)P(A|B)+P(\overline{B})P(A|\overline{B})$$
$$<P(A|B)[P(B)+P(\overline{B})]=P(A|B),$$

从而 $P(\overline{A})>P(\overline{A}|B)$，

$$P(B|A)=\frac{P(AB)}{P(A)}>\frac{P(AB)}{P(A|B)}=P(B),$$

$$P(B|\overline{A})=\frac{P(\overline{A}B)}{P(\overline{A})}>\frac{P(\overline{A}B)}{P(\overline{A}|B)}=P(B),$$

所以 $P(B|A)>P(B|\overline{A})$. 故选 A.

16.【答】应选 C.

【解】$A\cup B$ 与 C 相互独立的充分必要条件是 $P((A\cup B)C)=P(A\cup B)P(C)$. 而

$$P((A\cup B)C)=P(AC\cup BC)=P(AC)+P(BC)-P(ABC)$$
$$=P(A)P(C)+P(B)P(C)-P(ABC),$$
$$P(A\cup B)P(C)=[P(A)+P(B)-P(AB)]P(C)$$
$$=P(A)P(C)+P(B)P(C)-P(AB)P(C),$$

因此等式 $P((A\cup B)C)=P(A\cup B)P(C)$ 成立的充要条件是 $P(ABC)=P(AB)P(C)$，即 AB 与 C 相互独立. 故选 C.

17.【答】应选 C.

【解】由概率的运算性质知 $P(A\cup B)=P(A)+P(B)-P(AB)$，因此等式 $P(A\cup B)=P(A)+P(B)$成立的充分必要条件是 $P(AB)=0$，比如设 $P(A)=0.1,P(B)=0.2$ 且 A 与 B 互不相容，则有 $P(A\cup B)=P(A)+P(B)$，但此时 $P(A)\neq P(B)$，所以选项 A 是错误的. 对于选项 B，等式 $P(AB)=P(A)P(B)$成立的充分必要条件是 A 与 B 相互独立，这与 $P(A)=P(B)$没有必然联系，故选项 B 不正确. 对于选项 C，由概率的运算性质，

$$P(A\overline{B})=P(A)-P(AB),P(B\overline{A})=P(B)-P(AB),$$

可见 $P(A\overline{B})=P(B\overline{A})$当且仅当 $P(A)=P(B)$，故 C 是正确选项. 对于选项 D，由于

$$\begin{aligned}P(\overline{A}\,\overline{B})&=P(\overline{A\cup B})=1-P(A\cup B)\\&=1-P(A)-P(B)+P(AB),\end{aligned}$$

所以 $P(AB)=P(\overline{A}\,\overline{B})$的充分必要条件是 $P(A)+P(B)=1$，这个条件与 $P(A)=P(B)$没有必然联系，因此选项 D 不正确. 综上，应选 C.

18.【答】应选 D.

【解】方法一：

事件"A,B,C 中恰有一个事件发生"可用 A,B,C 表示为 $A\overline{B}\,\overline{C}\cup B\overline{A}\,\overline{C}\cup C\overline{A}\,\overline{B}$，又由于事件 $A\overline{B}\,\overline{C},B\overline{A}\,\overline{C},C\overline{A}\,\overline{B}$ 两两互不相容，从而 $P(A\overline{B}\,\overline{C}\cup B\overline{A}\,\overline{C}\cup C\overline{A}\,\overline{B})=P(A\overline{B}\,\overline{C})+P(B\overline{A}\,\overline{C})+P(C\overline{A}\,\overline{B})$，下面计算三个概率 $P(A\overline{B}\,\overline{C}),P(B\overline{A}\,\overline{C}),P(C\overline{A}\,\overline{B})$.

$$\begin{aligned}P(A\overline{B}\,\overline{C})&=P(A-(B\cup C))=P(A)-P(A(B\cup C))\\&=P(A)-P(AB\cup AC)\\&=P(A)-[P(AB)+P(AC)-P(ABC)]=\frac{1}{4}-\frac{1}{12}=\frac{1}{6},\end{aligned}$$

同样地，

$$P(B\overline{A}\,\overline{C})=P(B)-[P(AB)+P(BC)-P(ABC)]=\frac{1}{6},$$

$$P(C\overline{A}\,\overline{B})=P(C)-[P(AC)+P(BC)-P(ABC)]=\frac{1}{12},$$

所以所求的概率为 $P(A\overline{B}\,\overline{C}\cup B\overline{A}\,\overline{C}\cup C\overline{A}\,\overline{B})=\frac{1}{6}+\frac{1}{6}+\frac{1}{12}=\frac{5}{12}$. 故选 D.

方法二：

事件"A,B,C 中恰有一个事件发生"可表示为 $A\cup B\cup C-AB\cup AC\cup BC$，又由于事件 $A\cup B\cup C$ 包含事件 $AB\cup AC\cup BC$，从而

$$P(A\cup B\cup C-AB\cup AC\cup BC)=P(A\cup B\cup C)-P(AB\cup AC\cup BC),$$

而

$$P(A\cup B\cup C)=P(A)+P(B)+P(C)-P(AB)-P(AC)-P(BC)+P(ABC)=\frac{7}{12},$$

$$P(AB\cup AC\cup BC)=P(AB)+P(AC)+P(BC)-2P(ABC)=\frac{2}{12},$$

所以所求的概率为 $P(A\cup B\cup C-AB\cup AC\cup BC)=\frac{7}{12}-\frac{2}{12}=\frac{5}{12}$. 故选 D.

19.【答】应选 D.

【解】(1)对选项 A,有三种方法进行判断.

方法一:

若 $P(A|B)=P(A)$,那么 $P(AB)=P(A)P(B)$,从而

$$P(A\overline{B})=P(A)-P(AB)=P(A)-P(A)P(B)=P(A)P(\overline{B}).$$

因此 $\dfrac{P(A\overline{B})}{P(\overline{B})}=P(A)$,即 $P(A|\overline{B})=P(A)$,所以选项 A 是真命题.

方法二:

利用事件独立性,能判断选项 A 是真命题. 若 $P(A|B)=P(A)$,那么 A 与 B 相互独立,从而 A 与 $\overline{B}$ 也相互独立,知 $P(A|\overline{B})=P(A)$.

方法三:

根据全概率公式,有

$$\begin{aligned}P(A)&=P(A\mid B)P(B)+P(A\mid\overline{B})P(\overline{B})\\&=P(A)P(B)+P(A\mid\overline{B})P(\overline{B}),\end{aligned}$$

从而 $P(A|\overline{B})P(\overline{B})=P(A)[(1-P(B)]=P(A)P(\overline{B})$,即得

$$P(A\mid\overline{B})=P(A).$$

(2) 对选项 B,也有三种方法进行判断.

方法一:

若 $P(A|B)>P(A)$,那么 $P(AB)>P(A)P(B)$,从而

$$P(A\overline{B})=P(A)-P(AB)<P(A)-P(A)P(B)=P(A)P(\overline{B}).$$

因此 $P(A|\overline{B})<P(A)$,结合 $P(\overline{A}\,\overline{B})=1-P(A|\overline{B})$,$P(\overline{A})=1-P(A)$,可得 $P(A|\overline{B})>P(A)$,所以选项 B 是真命题.

方法二:

若 $P(A|B)>P(A)$,那么 $P(AB)>P(A)P(B)$,从而

$$\begin{aligned}P(\overline{A}\,\overline{B})&=1-P(A\cup B)=1-P(A)-P(B)+P(AB)>\\&\quad 1-P(A)-P(B)+P(A)P(B)\\&=[1-P(A)][1-P(B)]=P(\overline{A})P(\overline{B}).\end{aligned}$$

因此 $P(\overline{A}|\overline{B})>P(\overline{A})$.

方法三:

根据全概率公式,有

$$\begin{aligned}P(A)&=P(A\mid B)P(B)+P(A\mid\overline{B})P(\overline{B})>\\&\quad P(A)P(B)+P(A\mid\overline{B})P(\overline{B}),\end{aligned}$$

从而 $P(A|\overline{B})P(\overline{B})<P(A)[1-P(B)]=P(A)P(\overline{B})$,即得 $P(A|\overline{B})<P(\overline{A})$,因此 $P(\overline{A}|\overline{B})>P(\overline{A})$.

(3) 对选项 C,也有以下两种方法进行判断.

方法一:

若 $P(A|B)>P(A|\overline{B})$,即 $\dfrac{P(AB)}{P(B)}>\dfrac{P(A\overline{B})}{P(\overline{B})}$,则 $P(AB)[1-P(B)]>[P(A)-$

$P(AB)]P(B)$,所以 $P(AB)>P(A)P(B)$,从而 $P(A|B)>P(A)$.故选项C是真命题.

方法二:

根据全概率公式,有

$$P(A)=P(A|B)P(B)+P(A|\overline{B})P(\overline{B})<$$
$$P(A|B)P(B)+P(A|B)P(\overline{B})=P(A|B),$$

即 $P(A|B)>P(A)$.

(4) 对选项D,可用下述方法进行判断.

若 $P(A|A\cup B)>P(\overline{A}|A\cup B)$,那么 $\dfrac{P(A)}{P(A\cup B)}>\dfrac{P(\overline{A}B)}{P(A\cup B)}$,从而 $P(A)>P(\overline{A}B)=P(B)-P(AB)$.由此得不出 $P(A)>P(B)$的结论.例如,若取 $B=A$,那么 $P(A|A\cup B)=1$,$P(\overline{A}|A\cup B)=0$,从而 $P(A|A\cup B)>P(\overline{A}|A\cup B)$,但此时 $P(A)=P(B)$.

综上,选项D是假命题.

三、解答题

1.【解】一枚色子(骰子)掷两次,其基本事件总数为36.方程组有实根的充分必要条件是$B^2\geqslant 4C$,$C\leqslant \dfrac{B^2}{4}$,易见表1-1所列。

表1-1

B	1	2	3	4	5	6
使 $C\leqslant B^2/4$ 的基本事件个数	0	1	2	4	6	6
使 $C=B^2/4$ 的基本事件个数	0	1	0	1	0	0

因此,使方程组有实根的基本事件个数为 $1+2+4+6+6=19$.于是 $p=\dfrac{19}{36}$.同理,使方程组有重根的基本事件个数为 $1+1=2$,于是 $q=\dfrac{2}{36}=\dfrac{1}{18}$.

2.【解】设 $H_i=\{$报名表是第 i 区考生的$\}(i=1,2,3)$,$A_i=\{$第 j 次抽到的报名表是男生表$\}(j=1,2)$,则

$$P(H_1)=P(H_2)=P(H_3)=\frac{1}{3};$$

$$P(A_1|H_1)=\frac{7}{10},P(A_1|H_2)=\frac{8}{15},P(A_1|H_3)=\frac{20}{25}.$$

(1) $p=P(\overline{A}_1)=\sum\limits_{i=1}^{3}P(H_i)P(\overline{A}_1|H_i)=\dfrac{1}{3}\left(\dfrac{3}{10}+\dfrac{7}{15}+\dfrac{5}{25}\right)=\dfrac{29}{90}$.

(2) 由全概率公式得

$$P(A_2|H_1)=\frac{7}{10},P(A_2|H_2)=\frac{8}{15},P(A_2|H_3)=\frac{20}{25}.$$

$$P(\overline{A}_1A_2|H_1)=\frac{7}{30},P(\overline{A}_1A_2|H_2)=\frac{8}{30},P(\overline{A}_1A_2|H_3)=\frac{5}{30}.$$

$$P(A_2)=\sum_{i=1}^{3}P(H_i)\cdot P(A_2\mid H_i)=\frac{1}{3}\left[\frac{7}{10}+\frac{8}{15}+\frac{20}{25}\right]=\frac{61}{90}.$$

$$P(\overline{A}_1A_2)=\sum_{i=1}^{3}P(H_i)P(\overline{A}_1A_2\mid H_i)=\frac{1}{3}\left(\frac{7}{30}+\frac{8}{30}+\frac{5}{30}\right)=\frac{2}{9}.$$

因此，$q=P(\overline{A}_1\mid A_2)=\dfrac{P(\overline{A}_1A_2)}{P(A_2)}=\dfrac{\frac{2}{9}}{\frac{61}{90}}=\dfrac{20}{61}.$

3.【证明】由于 A 的概率不等于 0 和 1，知题中的两个条件概率都存在.

必要性：

由事件 A 与 B 独立，知事件 $\overline{A}$ 与 B 也独立，因此，$P(B\mid A)=P(B)$，$P(B\mid \overline{A})=P(B)$，从而 $P(B\mid A)=P(B\mid \overline{A})$.

充分性：

由 $P(B\mid A)=P(B\mid \overline{A})$，可见 $\dfrac{P(AB)}{P(A)}=\dfrac{P(\overline{A}B)}{P(\overline{A})}=\dfrac{P(B)-P(AB)}{1-P(A)}$，$P(AB)[1-P(A)]=P(A)P(B)-P(A)P(AB)$，从而 $P(AB)=P(A)P(B)$，因此 A 和 B 独立.

第 2 章　随机变量及其分布

知识扫描

随机变量及其分布是全书的重点，也是后续各章的基石，很多概念在后面会反复出现，读者务必要重视起来。这一章节考点较多、难度较高，读者在复习时，可借助思维导图和列举的要点着重掌握.

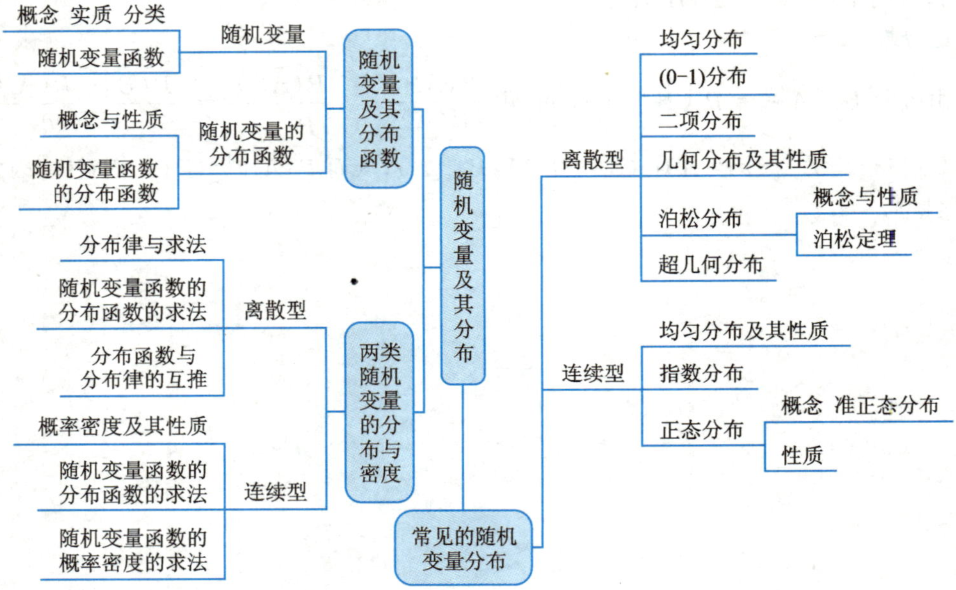

1. 理解随机变量的概念，理解分布函数的概念及性质，会计算与随机变量相联系的事件的概率.

2. 理解离散型随机变量及其概率分布的概念，掌握(0－1)分布、二项分布、几何分布、超几何分布、泊松(Poisson)分布及其应用.

3. 了解泊松定理的结论和应用条件，会用泊松分布近似表示二项分布.

4. 理解连续型随机变量及其概率密度的概念，掌握均匀分布、正态分布、指数分布及其应用，其中参数为 $\lambda(\lambda>0)$ 的指数分布的概率密度为

$$f(x)=\begin{cases}0, & x\leqslant 0\\ \lambda e^{-\lambda x}, & x>0\end{cases}.$$

5. 会求随机变量函数的分布.

第 1 节　随机变量及其分布函数

一、随机变量

1. 定　义(★)

设试验 E 的样本空间为 $\Omega=\{\omega\}$. 如果对于任意 $\omega\in\Omega$,都有一个实数 $X(\omega)$ 与之对应,则称 $X=X(\omega),\omega\in\Omega$ 为随机变量. 随机变量通常用 X,Y,Z 等字母表示.

2. 实　质(★)

随机变量实际上是定义在样本空间 Ω 上的实值函数,即样本点和数的对应,这里的数其实是用以替代样本点的一种表述.

注意:随机试验的各个结果按照一定的概率出现,因此随机变量的取值也有一定的概率. 这是与高等数学中的普通函数的差别所在.

3. 分　类(★)

(1) 离散型随机变量:

如果随机变量 X 的所有可能的取值是离散的(有限多个或可列无限多个),并且以确定的概率取这些不同的值,则称 X 为离散型随机变量.

(2) 连续型随机变量:

如果随机变量 X 的所有可能的取值是连续的,且每个取值的概率都是零,而在整个 X 可能取值范围内的概率和为 1,则称 X 为连续型随机变量(描述型定义).

4. 随机变量的函数(★★)

设 X 是一个随机变量,将其视为自变量,则函数 $Y=g(X)$ 也是一个随机变量,称之为随机变量 X 的函数.

以例明理 2-1

一个箱子中有 8 个黑球、4 个白球,在一次取球过程中,取到白球记 3 分,取到黑球记 1 分. 样本空间为 $\Omega=\{\omega_1,\omega_2\}$,其中 ω_1,ω_2 分别为事件{取到白球}和{取到黑球},若用 X 表示在一次取球时的得分,则 X 是一个随机变量,它的所有可能取值是 1,3. $\{X=1\}\equiv\{\omega\mid X(\omega)=1\}=\{\text{取到白球}\}$.

X 的所有可能取值是孤立的(1 和 3),且 $X=1$ 与 $X=3$ 的概率分别为 $\frac{2}{3}$ 和 $\frac{1}{3}$,为确定的概率,所以 X 是离散型随机变量.

若 Y 和 X 存在函数关系,如 $Y=\frac{1}{3}X$,则 Y 称为随机变量 X 的函数.

公共汽车每 20 min 一班，小林在车站等车，记 Y 为小林等车的时间，则 Y 是一个随机变量，它的取值范围为 $[0,20)$，取值是连续的，而且每个取值的概率是 0，整个取值范围内的和概率为 1，所以 Y 是连续型随机变量.

二、随机变量的分布函数

1. 定　义(★★★)

设 X 为随机变量，对于任意实数 x，令 $F(x)=P\{X\leqslant x\}$，$-\infty<x<\infty$，称 $F(x)$ 为随机变量 X 的分布函数.

2. 性　质(★★)

(1) $F(x)$ 是单调不减函数，即当 $x_1<x_2$ 时，有 $F(x_1)\leqslant F(x_2)$.

(2) 对于任意 x，$F(x)$ 是右连续的，即 $F(x+0)=F(x)$（$F(x+0)$ 即 $F(x^+)$）.

(3) $0\leqslant F(x)\leqslant 1$，$F(-\infty)=\lim\limits_{x\to-\infty}F(x)=0$，$F(+\infty)=\lim\limits_{x\to+\infty}F(x)=1$.

(4) 对于任意 $x_1,x_2(x_1<x_2)$，有 $P\{x_1<X\leqslant x_2\}=F(x_2)-F(x_1)$.

3. 随机变量函数的分布函数(★★★)

随机变量 X 的函数 $Y=g(X)$ 的分布函数为 $F_Y(y)=P\{Y\leqslant y\}=P\{g(X)\leqslant y\}=P\{X\in D_y\}$，其中 D_y 是由 $g(X)\leqslant y$ 解出的.

以例明理 2-2

在以例明理 2-1 中：

$X=\begin{cases}3, & 取到白球\\1, & 取到黑球\end{cases}$，$Y=\dfrac{1}{3}X$，设 x 是任意实数，当 $x<1$ 时，事件 $\{X\leqslant x\}=\varnothing$，因此，$F(x)=P\{X\leqslant x\}=P\{\varnothing\}=0$.

当 $1\leqslant x<3$ 时，事件

$$\begin{aligned}\{X\leqslant x\}&=\{X<1\}\cup\{X=1\}\cup\{1<X\leqslant x\}\\&=\varnothing\cup\{X=1\}\cup\varnothing=\{X=1\}=\{取到黑球\},\end{aligned}$$

因此 $F(x)=P\{X\leqslant x\}=P\{X=1\}=P\{取到黑球\}=\dfrac{2}{3}$.

当 $x\geqslant 3$ 时，事件

$$\begin{aligned}\{X\leqslant x\}&=\{X<1\}\cup\{X=1\}\cup\{1<X<3\}\cup\{X=3\}\cup\{3<X\leqslant x\}\\&=\varnothing\cup\{X=1\}\cup\varnothing\cup\{X=3\}\cup\varnothing\\&=\{取到黑球\}\cup\{取到白球\},\end{aligned}$$

因此，$F(x)=P\{X\leqslant x\}=P\{X=1\}+P\{X=3\}=\dfrac{2}{3}+\dfrac{1}{3}=1$.

于是，X 的分布函数为 $F(x)=\begin{cases}0, & x<1\\ \dfrac{2}{3}, & 1\leqslant x<3\\ 1, & x\geqslant 3\end{cases}$，如图 2－1 所示.

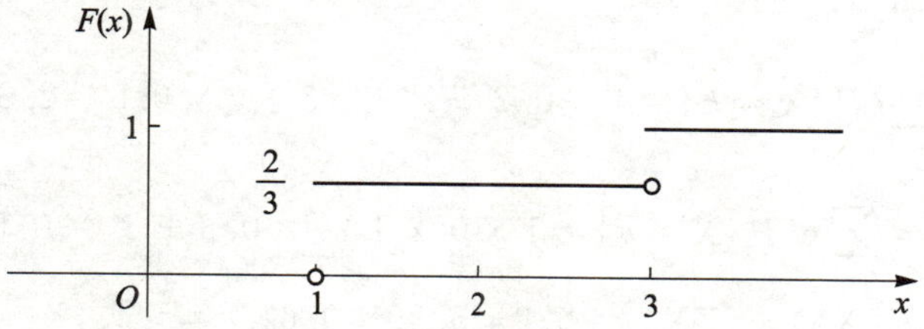

图 2－1

从而 Y 的分布函数为

$$F_Y(y)=P\{Y\leqslant y\}=P\left\{\frac{1}{3}X\leqslant y\right\}=P\{X\leqslant 3y\}$$

$$=F(3y)=\begin{cases}0, & y<\dfrac{1}{3}\\ \dfrac{2}{3}, & \dfrac{1}{3}\leqslant y<1.\\ 1, & x\geqslant 1\end{cases}$$

分类习题 2－1

1. 连续型随机变量取任何实数值的概率都等于 0.(　　)

【答】应填√.

【析】考查连续型随机变量的基本概念、分布函数的性质.

【解】这是连续型随机变量的一个结论. 因为任一连续型随机变量 X 的分布函数 $F(x)$ 必是连续函数，所以对任意实数 a，有 $P(X=a)=F(a)-F(a-0)=0$.

2. 已知随机变量 X 的概率分布为 $P\{X=1\}=0.2$，$P\{X=2\}=0.3$，$P\{X=3\}=0.5$.

(1) 写出 X 的分布函数 $F(x)$；

(2) 求 X 的数学期望与方差.

【析】将分布函数与第四章的期望方差一起考查，以解答题形式出现. 相关知识可在第四章查看.

【解】(1) 设 x 是任意实数，当 $x<1$ 时，事件 $\{X\leqslant x\}=\varnothing$，因此

$$F(x)=P\{X\leqslant x\}=P\{\varnothing\}=0.$$

当 $1\leqslant x<2$ 时，

$$F(x)=P\{X\leqslant x\}=P\{X=1\}=0.2.$$

当 $2\leqslant x<3$ 时，

$$F(x)=P\{X\leqslant x\}=P\{X=1\}+P\{X=2\}=0.5.$$

当 $x\geqslant 3$ 时，

$$F(x)=P\{X\leqslant x\}=P\{X=1\}+P\{X=2\}+P\{X=3\}=1.$$

因此,X 的分布函数 $F(x)=P\{X\leqslant x\}=\begin{cases}0, & x<1\\ 0.2, & 1\leqslant x<2\\ 0.5, & 2\leqslant x<3\\ 1, & x\geqslant 3\end{cases}$.

(2) X 的数学期望:

$$EX=\sum_{k=1}^{3}kP\{X=k\}=1\times 0.2+2\times 0.3+3\times 0.5=2.3,$$

$$E(X^2)=\sum_{k=1}^{3}k^2P\{X=k\}=1\times 0.2+2^2\times 0.3+3^2\times 0.5=5.9,$$

故 X 的方差 $DX=E(X^2)-(EX)^2=5.9-5.29=0.61$.

3. 设随机变量 X 的分布函数为 $F(x)=\begin{cases}0, & x<0\\ A\sin x, & 0\leqslant x\leqslant\frac{\pi}{2}\\ 1, & x>\frac{\pi}{2}\end{cases}$,则 $A=$________;

$P\left\{|X|<\frac{\pi}{6}\right\}=$________.

【答】应填 $1;\frac{1}{2}$.

【析】直接考查分布函数的定义与性质.

【解】因分布函数是右连续的,所以 $\lim\limits_{x\to\frac{\pi}{2}^+}F(x)=F\left(\frac{\pi}{2}\right)$,即 $1=A\sin\frac{\pi}{2}$,亦即 $A=1$;因为 $F(x)$在 $x=\frac{\pi}{6}$处连续,故 $P\left\{X=\frac{\pi}{6}\right\}=0$. 于是有

$$P\left\{|X|<\frac{\pi}{6}\right\}=P\left\{-\frac{\pi}{6}<X<\frac{\pi}{6}\right\}=P\left\{-\frac{\pi}{6}<X\leqslant\frac{\pi}{6}\right\}$$
$$=F\left(\frac{\pi}{6}\right)-F\left(-\frac{\pi}{6}\right)=\frac{1}{2}.$$

第 2 节　两类随机变量的分布与密度

一、离散型随机变量及其函数的概率分布和分布函数

1. 离散型随机变量及其函数的概率分布(★★★)

(1) 定义:

设 X 为离散型随机变量,其所有可能取的值为 $x_k(k=1,2,\cdots)$,X 取各个可能值的概率为 p_k,即事件$\{X=x_k\}$的概率为 $P\{X=x_k\}=p_k,k=1,2,\cdots$,并且 p_k 满足以下两个条件:$p_k\geqslant 0,k=1,2,\cdots$;$\sum\limits_{k=1}^{\infty}p_k=1$. 则称 $P\{X=x_k\}=p_k,k=1,2,\cdots$为离散型随机

变量 X 的概率分布或分布律.

离散型随机变量 X 的概率分布也可以做成表格的形式，具体如表 2－1 所列：

表 2－1

X	x_1	x_2	x_3	…
P	p_1	p_2	p_3	…

(2) 离散型随机变量函数的概率分布的求法：

设 X 为离散型随机变量，其概率分布为 $P\{X=x_k\}=p_k,k=1,2,\cdots$，且关于 x 的函数 $g(x)$ 连续，则对于 X 的函数 $Y=g(X)$，有 $P\{Y=g(x_k)\}=p_k,k=1,2,\cdots$.

因为求 $Y=g(X)$ 的概率分布时，要将 $g(x_i)(i=1,2,\cdots)$ 中值相等的概率合并在一起，所以不妨设 $g(x_i)(i=1,2,\cdots)$ 中所有互不相等的值为 $y_1,y_2,\cdots,y_i,\cdots$，则随机变量 $Y=g(X)$ 的概率分布为

$$P\{Y=y_i\}=\sum_{g(x_k)=y_i} p_k,i=1,2,\cdots.$$

若将 $\sum\limits_{g(x_k)=y_i} p_k$ 记为 $\sum\limits_{g(x_k)=y_i} p_k=p_i$，则可将随机变量 $Y=g(X)$ 的概率分布写成如表 2－2 所列的形式：

表 2－2

Y	y_1	y_2	y_3	…
P	p_1	p_2	p_3	…

2. 离散型随机变量及其函数的分布函数(★★★)

(1) 离散型随机变量的分布函数：

设离散型随机变量 X 的所有概率不为 0 的取值 $x_k(k=1,2,\cdots)$ 满足 $x_k<x_{k+1}$，则 X 的分布函数为

$$F(x)=P\{X\leqslant x\}=\sum_{x_k\leqslant x}P\{X=x_k\}=\sum_{\{k\mid x_k\leqslant x\}}p_k$$
$$=\begin{cases}0, & x<x_1\\ p_1, & x_1\leqslant x<x_2\\ p_1+p_2, & x_2\leqslant x<x_3\\ \vdots, & \vdots\end{cases}.$$

它是一个阶梯函数.

特别地，$P\{X\in D\}=\sum\limits_{x_k\in D}P\{X=x_k\}=\sum\limits_{x_k\in D}p_k$.

对于任意实数 $a,b(a<b)$，有 $\begin{cases}P\{a<X\leqslant b\}=F(b)-F(a)\\ P\{X=a\}=F(a)-F(a-0)\end{cases}$.

(2) 离散型随机变量函数的分布函数：

设 X 为离散型随机变量，则关于 X 的随机变量函数 $Y=g(X)$ 的分布函数的求法有如下两种：

方法一：概率分布法.

先求出 Y 的概率分布，再由分布函数的定义求出 Y 的分布函数.

方法二：取值反解法.

先按定义写出 Y 的分布函数的表达式，再将 Y 替换为 $g(X)$，反解出 X 关于 y 的取值范围 D_y，再将落在 D_y 的 X 取值对应的概率加在一起，即求出 Y 的分布函数. 具体如下式：

$$\begin{aligned}F_Y(y)&=P\{Y\leqslant y\}=P\{g(X)\leqslant y\}\\&=P\{X\in D_y\}=\sum_{x_k\in D_y}P\{X=x_k\}.\end{aligned}$$

3. 由离散型随机变量的分布函数求其概率分布(★★★)

设离散型随机变量 X 的分布函数为 $F(x)$，其突变点 $x_k(x_k\leqslant x_{k+1})$，$k=1,2,\cdots$，即为 X 概率不为 0 的取值点，且 X 的概率分布为

$$P\{X=x_k\}=\begin{cases}F(x_1), & k=1\\ F(x_k)-F(x_{k-1}), & k=2,3,\cdots\end{cases}.$$

以例明理 2-3

已知 X 是一个离散型随机变量，它的概率分布如表 2-3 所列：

表 2-3

X	-1	0	1
P	0.3	0.5	0.2

X 的分布函数为

$$F_X(x)=P\{X\leqslant x\}=\begin{cases}0, & x<-1\\ 0.3, & -1\leqslant x<0\\ 0.8, & 0\leqslant x<1\\ 1, & x\geqslant 1\end{cases}.$$

若 $Y=3X-1$，有以下两种方法求 Y 的概率分布.

方法一：概率分布法.

Y 的可能取值为 $-4,-1,2,8$，其中

$$P\{Y=-4\}=P\{X=-1\}=0.3;$$
$$P\{Y=-1\}=P\{X=0\}=0.5;$$
$$P\{Y=2\}=P\{X=1\}=0.2.$$

因此 Y 的概率分布如表 2-4 所列：

表 2-4

Y	-4	-1	2
P	0.3	0.5	0.2

由离散型随机变量分布函数的定义可得 Y 的分布函数为

$$F_Y(y)=P\{Y\leqslant y\}=\begin{cases}0, & y<-4\\ 0.3, & -4\leqslant y<-1\\ 0.8, & -1\leqslant y<2\\ 1, & y\geqslant 2\end{cases}.$$

方法二：取值反解法.

$$\begin{aligned}F_Y(y)&=P\{Y\leqslant y\}=P\{3X-1\leqslant y\}\\&=P\left\{X\leqslant\frac{y+1}{3}\right\}=F_X\left(\frac{y+1}{3}\right)\\&=\begin{cases}0, & (y+1)/3<-1\\ 0.3, & -1\leqslant (y+1)/3<0\\ 0.8, & 0\leqslant (y+1)/3<1\\ 1, & (y+1)/3\geqslant 1\end{cases}=\begin{cases}0, & y<-4\\ 0.3, & -4\leqslant y<-1\\ 0.8, & -1\leqslant y<2\\ 1, & y\geqslant 2\end{cases}.\end{aligned}$$

进一步地，由 Y 的分布函数求其概率分布为

$$P\{Y=y_k\}=\begin{cases}F_Y(-4), & k=1\\ F(-1)-F(-4), & k=2\\ F(2)-F(-1), & k=3\end{cases}=\begin{cases}0.3, & k=1\\ 0.5, & k=2.\\ 0.2, & k=3\end{cases}$$

用表格表示如表 2-5 所列.

表 2-5

Y	-4	-1	2
P	0.3	0.5	0.2

分类习题 2-2

1. 设随机变量 X 的分布函数为 $F(x)=P(X\leqslant x)=\begin{cases}0, & x<-1\\ 0.4, & -1\leqslant x<1\\ 0.8, & 1\leqslant x<3\\ 1, & x\geqslant 3\end{cases}$，则 X 的概率分布为________.

【答】应填 $\begin{bmatrix}-1 & 1 & 3\\ 0.4 & 0.4 & 0.2\end{bmatrix}$.

【析】考查由离散型随机变量的分布函数求其概率分布.

【解】由 $P\{X=x\}=F(x)-F(x-0)$，知只有在 $F(x)$ 的不连续点上 $P\{X=x\}$ 不为 0，故 X 可能的取值为 $-1,1,3$，又易见，

$$P\{X=-1\}=F(-1)-F(-1-0)=0.4-0=0.4,$$
$$P\{X=1\}=F(1)-F(1-0)=0.8-0.4=0.4,$$
$$P\{X=3\}=F(3)-F(3-0)=1-0.8=0.2.$$

所以 X 的概率分布为 $\begin{bmatrix}-1 & 1 & 3\\ 0.4 & 0.4 & 0.2\end{bmatrix}$.

2. 一汽车沿一街道行驶，需要经过三个均设有红绿信号灯的路口，每个信号灯为红或绿与其他信号灯为红或绿相互独立，且红绿两种信号显示的时间相等. 以 X 表示汽车首次遇到红灯前已通过的路口的个数.

(1) 求 X 的概率分布；

(2) 求 $E\left(\frac{1}{1+X}\right)$.

【析】考查离散型随机变量的概率分布、事件的相互独立性以及第四章随机变量函数的数学期望.

【解】(1) 由条件知，X 的可能值为 0,1,2,3. 以 $A_i(i=1,2,3)$ 表示事件"汽车在第 i 个路口首次遇到红灯"，则 A_1,A_2,A_3 相互独立，且 $P(A_i)=P(\overline{A_i})=\frac{1}{2}, i=1,2,3$.

于是

$$P\{X=0\}=P(A_1)=\frac{1}{2}, P\{X=1\}=P(\overline{A}_1A_2)=\frac{1}{2^2},$$

$$P\{X=2\}=P(\overline{A}_1\overline{A}_2A_3)=\frac{1}{2^3}, P\{X=3\}=P(A_1A_2A_3)=\frac{1}{2^3}.$$

因此 X 的概率分布如表 2-6 所列.

表 2-6

X	0	1	2	3
P	$\frac{1}{2}$	$\frac{1}{4}$	$\frac{1}{8}$	$\frac{1}{8}$

(2) 由(1)易知 $\frac{1}{1+X}$ 的概率分布如表 2-7 所列：

表 2-7

$\frac{1}{1+X}$	1	$\frac{1}{2}$	$\frac{1}{3}$	$\frac{1}{4}$
P	$\frac{1}{2}$	$\frac{1}{4}$	$\frac{1}{8}$	$\frac{1}{8}$

$$E\left(\frac{1}{1+X}\right)=\frac{1}{2}+\frac{1}{2}\times\frac{1}{4}+\frac{1}{3}\times\frac{1}{8}+\frac{1}{4}\times\frac{1}{8}=\frac{67}{96}.$$

二、连续型随机变量的概率密度和分布函数

1. 连续型随机变量的概率密度(★★★)

(1) 定义：

设连续型随机变量 X 的分布函数为 $F(x)$. 若存在非负函数 $f(x)$，使得对任一实数 x，有 $F(x)=\int_{-\infty}^{x} f(t)\mathrm{d}t$，则称 X 为连续型随机变量(精确型定义)，$f(x)$ 称为 X 的概率密度，记为 $X\sim f(x)$.

(2) 概率密度的性质：

① $f(x)\geqslant 0,\int_{-\infty}^{+\infty}f(x)\mathrm{d}x=1$.

② $P\{x\in D\}=\int_D f(x)\mathrm{d}x$.

③ 对于任意实数 $a,b(a<b)$，有

$$P\{a<X\leqslant b\}=P\{a\leqslant X<b\}=P\{a<X<b\}$$
$$=P\{a\leqslant X\leqslant b\}=F(b)-F(a)=\int_a^b f(x)\mathrm{d}x.$$

注意：对于连续型随机变量有 $P\{X=a\}=P\{X=b\}=0$.

④ 如果 $f(x)$在点 x 处连续，则有 $F'(x)=f(x)$.

2. 连续型随机变量函数的概率密度和分布函数(★★★)

(1) 连续型随机变量函数的分布函数的求法：

先按定义写出 Y 的分布函数的表达式 $F_Y(y)=\{Y\leqslant y\}$，再将 Y 替换为 $g(X)$，反解出 X 关于 y 的取值范围 D_y，再在 D_y 内对 $f(x)$关于 x 积分，所得结果即为 Y 的分布函数. 具体如下式：

$$F_Y(y)=P\{Y\leqslant y\}=P\{g(X)\leqslant y\}=P\{X\in D_y\}=\int_{D_y}f(x)\mathrm{d}x.$$

(2) 连续型随机变量函数的概率密度的求法：

设 X 为连续型随机变量，则关于 X 的随机变量函数 $Y=g(X)$的密度函数的求法有如下两种：

方法一：反函数法.

设 $f_X(x)$为 X 的概率密度，函数 $g(x)$为处处可导的严格单调函数，$g(x)$的反函数为 $h(y)$(由 $y=g(x)$反解出)，则随机变量 $Y=g(X)$的概率密度为

$$f_Y(y)=\begin{cases}f_X[h(y)]h'(y), & \alpha<y<\beta \\ 0, & \text{其他}\end{cases},$$

其中，$\alpha=\min\{g(-\infty),g(+\infty)\}$，$\beta=\max\{g(-\infty),g(+\infty)\}$.

方法二：分布函数求导法.

先由 X 的概率密度求出 $Y=g(X)$的分布函数 $F_Y(y)$，再对 $F_Y(y)$求导得到 Y 的概率密度 $f_Y(y)$.

以例明理 2－4

X 是一个连续型随机变量，它的概率密度为

$$f_X(x)=\begin{cases}\dfrac{2}{3}x, & 1\leqslant x<2 \\ 0, & \text{其他}\end{cases}.$$

若 $Y=2X-1$，有以下两种方法求 Y 的概率密度.

方法一：反函数法.

$g(x)=2x-1$ 为处处可导的严格单调函数，其反函数为 $h(y)=\dfrac{y+1}{2}$.

因此，Y 的概率密度为

$$f_Y(y)=\begin{cases}f_X[h(y)]|h'(y)|, & 1\leqslant\dfrac{y+1}{2}<2\\ 0, & \text{其他}\end{cases}=\begin{cases}\dfrac{y+1}{6}, & 1\leqslant y<3\\ 0, & \text{其他}\end{cases}.$$

方法二：分布函数求导法.

$$\begin{aligned}F_Y(y)&=P\{Y\leqslant y\}=P\{2X-1\leqslant y\}\\&=P\left\{X\leqslant\frac{y+1}{2}\right\}=\int_{-\infty}^{\frac{y+1}{2}}f_X(x)\,\mathrm{d}x.\end{aligned}$$

当 $1\leqslant\dfrac{y+1}{2}<2$ 时，$F_Y(y)=\dfrac{(y+1)^2}{12}-\dfrac{1}{3}$；当 $\dfrac{y+1}{2}\geqslant2$ 时，$F_Y(y)=1$；当 $\dfrac{y+1}{2}<1$ 时，$F_Y(y)=0$；将 $F_Y(y)$ 关于 y 求导数，可得 Y 的概率密度为

$$f_Y(y)=\begin{cases}\dfrac{y+1}{6}, & 1\leqslant y<3\\ 0, & \text{其他}\end{cases}.$$

分类习题 2-3

1. 设随机变量 X 的概率密度函数为 $f_X(x)=\dfrac{1}{\pi(1+x^2)}$，求随机变量 $Y=1-\sqrt[3]{X}$ 的概率密度函数 $f_Y(y)$.

【析】直接考查连续型随机变量函数的概率密度.

【解】方法一：反函数法.

$g(x)=1-\sqrt[3]{x}$ 为处处可导的严格单调函数，其反函数为 $h(y)=(1-y)^3$. 因此，Y 的概率密度函数为

$$\begin{aligned}f_Y(y)&=f_X[h(y)]|h'(y)|=\frac{1}{\pi[1+(1-y)^6]}\cdot|-3(1-y)^2|\\&=\frac{3}{\pi}\cdot\frac{(1-y)^2}{1+(1-y)^6}.\end{aligned}$$

方法二：分布函数求导法.

随机变量 Y 的分布函数

$$\begin{aligned}F_Y(y)&=P(Y<y)=P\{1-\sqrt[3]{X}<y\}=P\{X>(1-y)^3\}\\&=\int_{(1-y)^3}^{+\infty}\frac{\mathrm{d}x}{\pi(1+x^2)}=\frac{1}{\pi}[\arctan x]_{(1-y)^3}^{+\infty}\\&=\frac{1}{\pi}\left[\frac{\pi}{2}-\arctan(1-y)^3\right],\end{aligned}$$

故 Y 的概率密度函数 $f_Y(y)=\dfrac{\mathrm{d}}{\mathrm{d}y}F_Y(y)=\dfrac{3}{\pi}\cdot\dfrac{(1-y)^2}{1+(1-y)^6}$.

2. 已知随机变量 X 的概率密度函数 $f(x)=\dfrac{1}{2}\mathrm{e}^{-|x|}$，$-\infty<x<+\infty$，则 X 的概率

分布函数 $F(x)=$________.

【答】应填 $F(x)=\begin{cases}\frac{1}{2}e^{x}, & x<0\\ 1-\frac{1}{2}e^{-x}, & x\geqslant 0\end{cases}$.

【析】直接考查连续型随机变量的分布函数.

【解】$F(x)=P\{X\leqslant x\}=\int_{-\infty}^{x}f(t)\,dt=\int_{-\infty}^{x}\frac{1}{2}e^{-|t|}dt$，故

当 $x<0$ 时，

$$F(x)=\int_{-\infty}^{x}\frac{1}{2}e^{t}dt=\frac{1}{2}e^{x}.$$

当 $x\geqslant 0$ 时，

$$F(x)=\int_{-\infty}^{0}\frac{1}{2}e^{t}dt+\int_{0}^{x}\frac{1}{2}e^{-t}dt=1-\frac{1}{2}e^{-x}.$$

因此

$$F(x)=\begin{cases}\frac{1}{2}e^{x}, & x<0\\ 1-\frac{1}{2}e^{-x}, & x\geqslant 0\end{cases}.$$

3. 设随机变量 X 的密度函数为 $\varphi(x)$，且 $\varphi(-x)=\varphi(x)$，$F(x)$ 是 X 的分布函数，则对任意实数 a，有(　　).

A. $F(-a)=1-\int_{0}^{a}\varphi(x)dx$　　　B. $F(-a)=\frac{1}{2}-\int_{0}^{a}\varphi(x)dx$

C. $F(-a)=F(a)$　　　D. $F(-a)=2F(a)-1$

【答】应选 B.

【析】考查连续型随机变量的概率密度与分布函数的性质.

【解】因 $\varphi(x)$ 是随机变量 X 的密度函数，所以有 $\int_{-\infty}^{+\infty}\varphi(x)dx=1$，又由 $\varphi(-x)=\varphi(x)$，知密度曲线 $y=\varphi(x)$ 关于 y 轴对称，于是有

$$\int_{0}^{+\infty}\varphi(x)\,dx=\frac{1}{2},\quad \int_{-\infty}^{-a}\varphi(x)dx=\int_{a}^{+\infty}\varphi(x)dx,$$

因而

$$\begin{aligned}F(-a)&=\int_{-\infty}^{-a}\varphi(x)dx=\int_{a}^{+\infty}\varphi(x)dx\\&=\int_{0}^{+\infty}\varphi(x)dx-\int_{0}^{a}\varphi(x)dx=\frac{1}{2}-\int_{0}^{a}\varphi(x)dx.\end{aligned}$$

故选 B.

4. 设随机变量 X 和 Y 同分布，X 的概率密度为 $f(x)=\begin{cases}\frac{3}{8}x^{2}, & 0<x<2\\ 0, & 其他\end{cases}$.

(1) 已知事件 $A=\{X>a\}$ 和 $B=\{Y>a\}$ 独立，且 $P(A\cup B)=\frac{3}{4}$. 求常数 a；

(2) 求$\frac{1}{X^2}$的数学期望.

【析】(1) 考查连续型随机变量的概率密度、事件的独立性及加法公式.(2) 直接考查第 4 章的数学期望.

【解】(1) 由条件知 $P(A)=P(B)$,则 $P(AB)=P(A)P(B)$,$P(A\cup B)=P(A)+P(B)-P(AB)=2P(A)-[P(A)]^2=\frac{3}{4}$,由此得 $P(A)=\frac{1}{2}$,又由条件知

$$P\{X>a\}=\int_a^{+\infty}f(x)\mathrm{d}x=\frac{3}{8}\int_a^2 x^2\mathrm{d}x=\left[\frac{3}{8}x^3\right]_a^2=\frac{1}{2},$$

于是有 $a=\sqrt[3]{4}$.

(2) $E\left(\frac{1}{X^2}\right)=\int_{-\infty}^{+\infty}\frac{1}{x^2}f(x)\mathrm{d}x=\frac{3}{8}\int_0^2\frac{1}{x^2}\cdot x^2\mathrm{d}x=\left[\frac{3}{8}x\right]_0^2=\frac{3}{4}$.

5. X 的概率密度为 $f_X(x)=\begin{cases}\mathrm{e}^{-x}, & x\geqslant 0\\ 0, & x<0\end{cases}$,求 $Y=\mathrm{e}^X$ 的概率密度 $f_Y(y)$.

【析】考查连续型随机变量函数的概率密度.

【解】方法一:反函数法.

$g(x)=\mathrm{e}^x$ 为处处可导的严格单调函数,其反函数为 $h(y)=\ln y$. 因此,Y 的概率密度函数为

$$f_Y(y)=f_X[h(y)]|h'(y)|=\begin{cases}\mathrm{e}^{-\ln y}\frac{1}{y}, & y\geqslant 1\\ 0, & y<1\end{cases}=\begin{cases}\frac{1}{y^2}, & y\geqslant 1\\ 0, & y<1\end{cases}.$$

方法二:分布函数求导法.

$$F_Y(y)=P\{Y<y\}=P\{\mathrm{e}^X<y\}=\begin{cases}0, & y<1\\ P\{X<\ln y\}, & y\geqslant 1\end{cases},$$

故 $y\geqslant 1$ 时,

$$F_Y(y)=P\{X<\ln y\}=\int_0^{\ln y}\mathrm{e}^{-x}\mathrm{d}x,\quad f_Y(y)=F'_Y(y)=\frac{1}{y^2}.$$

因此

$$f_Y(y)=\begin{cases}0, & y<1\\ \frac{1}{y^2}, & y\geqslant 1\end{cases}.$$

第 3 节　常见的随机变量分布

一、常见的离散型随机变量分布

1. 离散型均匀分布(★)

若随机变量 X 的概率分布为 $P\{X=x_k\}=\frac{1}{n}(k=1,2,\cdots n)$. 当 $i\neq j$ 时,$x_i\neq x_j$,则

称 X 服从离散型均匀分布.

(1) 离散型均匀分布的概率分布也可写成如表 2-8 所列形式：

表 2-8

X	x_1	x_2	…	x_n
P	$\frac{1}{n}$	$\frac{1}{n}$	…	$\frac{1}{n}$

(2) 离散型均匀分布的分布函数为

$$F(x)=\begin{cases}0, & x<x_1\\ \dfrac{1}{n}, & x_1\leqslant x<x_2\\ \dfrac{2}{n}, & x_2\leqslant x<x_3\\ \vdots & \vdots\\ \dfrac{n-1}{n}, & x_{n-1}\leqslant x<x_n\\ 1, & x\geqslant x_n\end{cases}.$$

2. (0－1)分布(★)

设随机变量 X 只能取 0 和 1 两个数值,它的概率分布为

$$P\{X=k\}=p^k(1-p)^{1-k},k=0,1,0<p<1,$$

则称 X 服从参数为 p 的(0－1)分布或两点分布,记作 $X\sim B(1,p)$.

(1) (0－1)分布的概率分布也可写成如表 2-9 所列形式：

表 2-9

X	0	1
P	$1-p$	p

(2) (0－1)分布的分布函数为 $F(x)=\begin{cases}0, & x<0\\ 1-p, & 0\leqslant x<1.\\ 1, & x\geqslant 1\end{cases}$

3. 二项分布(★★)

记事件 A 在一次试验中发生的概率为 $p(0<p<1)$,在 n 次独立重复实验中 A 发生的次数 X 的概率分布为 $P\{X=k\}=C_n^k p^k(1-p)^{n-k}$,$k=0,1,2,\cdots,n$,则称 X 服从参数为 n,p 的二项分布,记为 $X\sim B(n,p)$.

4. 几何分布(★)

(1) 定义：

设实验 E 只有两个结果 A 和 $\overline{A}$,$P(A)=p(0<p<1)$,$P(\overline{A})=1-p(0<p<1)$,将

实验 E 独立重复地进行下去，直到事件 A 发生为止，所需要实验次数 X 的概率分布为 $P\{X=k\}=(1-p)^{k-1}p, k=1,2,\cdots$，则称 X 服从参数为 p 的几何分布，记为 $X\sim G(p)$.

(2) 性质：

① $\sum\limits_{k=1}^{\infty}(1-p)^{k-1}p=p\sum\limits_{k=1}^{\infty}(1-p)^{k-1}=p\cdot\dfrac{1}{1-(1-p)}=1, \sum\limits_{k=1}^{\infty}\dfrac{1}{2^k}=1$;

② 无记忆性，即 $P\{X>a+b \mid X>b\}=P\{X>a\}$.

5. 泊松(Poisson)分布(★)

(1) 定义：

设随机变量 X 所有可能取的值为 $0,1,2,\cdots$，而 X 取每个可能值的概率为 $P\{X=k\}=\dfrac{\lambda^k e^{-\lambda}}{k!}, k=0,1,2,\cdots$，其中 $\lambda>0$ 是常数，则称 X 服从参数为 λ 的泊松分布，记为 $X\sim\pi(\lambda)$（或 $X\sim P(\lambda)$）.

(2) 泊松(Poisson)定理：

设 $\lambda>0$ 为常数，n 为任意正整数，$np_n=\lambda$，则对任一固定的非负整数 k，有

$$\lim_{n\to\infty}C_n^k p_n^k(1-p_n)^{n-k}=\frac{\lambda^k e^{-\lambda}}{k!}.$$

根据泊松定理，当 n 很大而 p_n 较小时，有下面的近似计算公式：

$$C_n^k p_n^k(1-p_n)^{n-k}\approx\frac{\lambda^k e^{-\lambda}}{k!},$$

其中，$\lambda=np_n$.

(3) 性质：

$$\sum_{k=0}^{\infty}\frac{\lambda^k e^{-\lambda}}{k!}=e^{-\lambda}\sum_{k=0}^{\infty}\frac{\lambda^k}{k!}=e^{-\lambda}\cdot e^{\lambda}=1,$$

其中，$e^{\lambda}=\sum\limits_{k=0}^{\infty}\dfrac{\lambda^k}{k!}, e=\sum\limits_{k=0}^{\infty}\dfrac{1}{k!}$.

6. 超几何分布

设 N 件产品中有 M 件次品，从中任取 n 件，其中所含的次品数 X 所有可能取的值为 $0,1,2,\cdots,m$，其中 $m=\min\{M,n\}$，它的概率分布为 $P\{X=k\}=\dfrac{C_M^k C_{N-M}^{n-k}}{C_N^n}, k=0,1,2,\cdots,m$，则称 X 服从参数为 n,N,M 的超几何分布，记作 $X\sim H(N,n,M)$.

超几何分布的概率模型本质上是不放回抽样；N 足够大时，超几何分布近似为二项分布.

以例明理 2-5

在以例明理 2-1 中，若用 X 表示在一次投掷骰子过程中出现的对应点数，则 X 服从离散型均匀分布，且 $P\{X=k\}=\dfrac{1}{6}(k=1,2,3,4,5,6)$.

在以例明理 2-1 中，若取到黑球记为 1 分，取到白球记为 0 分，则 X 服从(0—1)分布.

若在相同的条件下有放回地独立取球 10 次，Y 表示 10 次取球中取到黑球的次数，则刚好有 k 次取到黑球的概率为

$$P\{Y=k\}=C_k^{10}\left(\frac{2}{3}\right)^k\left(\frac{1}{3}\right)^{10-k},k=0,1,\cdots,10.$$

此时 $Y\sim B\left(10,\frac{2}{3}\right)$.

若在相同的条件下有放回地独立取球，直到取到黑球为止，用 Z 表示所需要的取球次数，则 Z 服从参数为 $\frac{2}{3}$ 的几何分布，即 $Z\sim G\left(\frac{2}{3}\right)$，

$$P\{Z=k\}=(\frac{1}{3})^{k-1}\frac{2}{3},k=1,2,\cdots.$$

若从箱子中一次取 3 个球，X 表示其中所含白球个数，则 X 服从参数为 3,12,4 的超几何分布，即 $X\sim H(12,3,4)$，它的可能取值为 0,1,2,3. 其概率分布为

$$P\{X=k\}=\frac{C_k^4C_{3-k}^8}{C_3^{12}};k=0,1,2,3.$$

假设在枪击飞机试验中，每次击中目标的概率为 $p=0.000\,1$，如果射击 $n=10\,000$ 次，用 X 表示击中的次数，则 $X\sim B(10\,000,0.000\,1)$. 这满足泊松定理的条件，因此击中 2 次或 2 次以上的概率为

$$\begin{aligned}P\{X\geqslant 2\}&=1-C_n^0p^0(1-p)^n-C_n^1p^1(1-p)^{n-1}\\&\approx 1-\frac{\lambda^0e^{-\lambda}}{0!}-\frac{\lambda^1e^{-\lambda}}{1!}=1-2e^{-\lambda},(\lambda=1).\end{aligned}$$

分类习题 2-4

1. 设随机变量 X 的概率密度为 $f(x)=\begin{cases}2x, & 0<x<1\\0, & 其他\end{cases}$，以 Y 表示对 X 的三次独立重复观察事件中事件 $\left\{X\leqslant\frac{1}{2}\right\}$ 出现的次数，则 $P\{Y=2\}=$________.

【答】应填 $\frac{9}{64}$.

【析】考查连续型随机变量的概率分布和二项分布.

【解】由题意，知

$$P\left\{X\leqslant\frac{1}{2}\right\}=\int_{-\infty}^{\frac{1}{2}}f(x)dx=\int_0^{\frac{1}{2}}2x\,dx=\frac{1}{4},$$

且 Y 服从参数为 $n=3,p=\frac{1}{4}$ 的二项分布，故所求概率为

$$P\{Y=2\}=C_3^2\left(\frac{1}{4}\right)^2\left(\frac{3}{4}\right)=\frac{9}{64}.$$

2. 假设随机变量 X 的概率密度为 $f(x)=\begin{cases}2x, & 0<x<1\\ 0, & \text{其他}\end{cases}$，现在对 X 进行 n 次独立重复观测，以 V_n 表示观测值不大于 0.1 的次数，试求随机变量 V_n 的概率分布.

【析】考查连续型随机变量的概率分布和二项分布.

【解】事件"观测值不大于 0.1"，即事件 $\{X\leqslant 0.1\}$ 的概率为

$$p=P\{X\leqslant 0.1\}=\int_{-\infty}^{0.1}f(x)\mathrm{d}x=2\int_{0}^{0.1}x\mathrm{d}x=0.01.$$

视每次观察所得观测值不大于 0.1 为成功，则 V_n 作为 n 次独立重复试验成功的次数，服从参数为 n，0.01 的二项分布. 因此，其概率分布为

$$P\{V_n=m\}=C_n^m(0.01)^m(0.99)^{n-m}(m=0,1,2,\cdots n).$$

3. 假设一厂家生产的每台仪器，以概率为 0.70 可以直接出厂；以概率 0.30 需进一步调试，经调试后以概率 0.80 可以出厂；以概率 0.20 定为不合格品不能出厂. 现该厂新生产了 $n(n\geqslant 2)$ 台仪器（假设各台仪器的生产过程相互独立），求全部能出厂的概率 α；其中恰好有两件不能出厂的概率 β；其中至少有两件不能出厂的概率 θ.

【析】结合随机事件考查二项分布.

【解】对于新生产的每台仪器，引进事件：$A=$｛仪器需进一步调试｝，$B=$｛仪器能出厂｝，则 $\overline{A}=$｛仪器能直接出厂｝，$AB=$｛仪器经调试后能出厂｝. 由条件知，

$$B=\overline{A}+AB;P(A)=0.30,P(B|A)=0.80,$$
$$P(AB)=P(A)P(B|A)=0.30\times 0.80=0.24,$$
$$P(B)=P(\overline{A})+P(AB)=0.70+0.24=0.94.$$

设 X 为所生产的 n 台仪器中能出厂的台数，则 X 作为 n 次独立试验成功（仪器能出厂）的次数，服从参数为 $(n,0.94)$ 的二项分布，因此

$$\alpha=P\{X=n\}=0.94^n,$$
$$\beta=P\{X=n-2\}=C_n^2\cdot 0.94^{n-2}\cdot 0.06^2,$$
$$\theta=P\{X\leqslant n-2\}=1-P\{X=n-1\}-P\{X=n\}$$
$$=1-n\cdot 0.94^{n-1}\cdot 0.06-0.94^n.$$

二、常见的连续型随机变量分布

1. 均匀分布（★）

（1）概念：

若随机变量 X 的概率密度为 $f(x)=\begin{cases}\dfrac{1}{b-a}, & a<x<b\\ 0, & \text{其他}\end{cases}$，则称 X 在区间 (a,b) 上服从均匀分布，记作 $X\sim U(a,b)$. 其分布函数为

$$F(x)=\begin{cases}0, & x<a\\ \dfrac{x-a}{b-a}, & a\leqslant x<b.\\ 1, & x\geqslant b\end{cases}$$

(2) 性质：

X 落在一个区间 I 上的概率应为其区间 I 的长度 Δl 与区间 $[a,b]$ 的长度 $b-a$ 的比值 $\dfrac{\Delta l}{b-a}$.

显然，$P\{x_1 \leqslant x \leqslant x_2\}=\begin{cases}0, & x_2 \leqslant a \\ \dfrac{x_2-a}{b-a}, & x_1<a<x_2<b \\ \dfrac{x_2-x_1}{b-a}, & a<x_1<x_2<b \\ 1, & x_1 \geqslant b\end{cases}$.

2. 指数分布(★)

若随机变量 X 的概率密度为 $f(x)=\begin{cases}0, & x \leqslant 0 \\ \lambda \mathrm{e}^{-\lambda x}, & x>0\end{cases}$，其中 $\lambda>0$ 是常数，则称 X 服从参数为 λ 的指数分布，记作 $X \sim E(\lambda)$. 其分布函数为

$$F(x)=\begin{cases}0, & x \leqslant 0 \\ 1-\mathrm{e}^{-\lambda x}, & x>0\end{cases}.$$

也有教材将指数分布概率密度写作 $f(x)=\begin{cases}0, & x \leqslant 0 \\ \dfrac{1}{\theta} \mathrm{e}^{-\frac{x}{\theta}}, & x>0\end{cases}$.

3. 正态分布(★★)

(1) 定义：

若随机变量 X 的概率密度为 $f(x)=\dfrac{1}{\sqrt{2\pi}\sigma} \mathrm{e}^{-\frac{(x-\mu)^2}{2\sigma^2}}$，$-\infty<x<+\infty$，其中 $\mu,\sigma(\sigma>0)$ 为常数，则称 X 服从参数为 μ,σ 的正态分布，记作 $X \sim N(\mu,\sigma^2)$.

当 $\mu=0,\sigma=1$ 时，称 X 服从标准正态分布，此时 $f(x)=\dfrac{1}{\sqrt{2\pi}} \mathrm{e}^{-\frac{x^2}{2}}$.

(2) 性质：

若 $X \sim N(\mu,\sigma^2)$，记 X 的分布函数为 $F(x)$，概率密度为 $f(x)$.

若 $X \sim N(0,1)$，记 X 的分布函数为 $\Phi(x)$，概率密度为 $\varphi(x)$.

① 若 $X \sim N(\mu,\sigma^2)$，则曲线 $f(x)$ 关于 $x=\mu$ 对称，以 x 轴为水平渐近线，并在 $x=\mu$ 处取得最大值 $\dfrac{1}{\sqrt{2\pi}\sigma}$，在横纵坐标 $x=\mu \pm \sigma$ 处有拐点. 如图 2-2(a)所示.

② 若 $X \sim N(\mu,\sigma^2)$，则 σ 越小，曲线 $f(x)$ 越瘦长(陡峭)，X 落在 $x=\mu$ 附近的概率越大；σ 越大，曲线 $f(x)$ 越矮胖(平坦)，X 落在 $x=\mu$ 附近的概率越小. 如图 2-2(b)所示.

③ 若 $X \sim N(\mu,\sigma^2)$，则

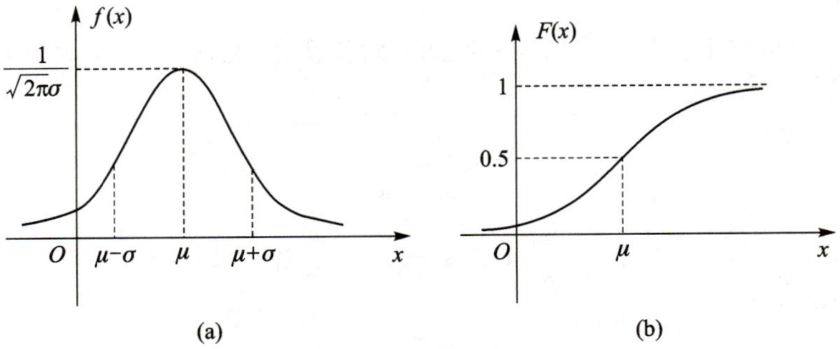

图 2-2

$$\begin{cases} P\{X<\mu-x\}=P\{X>\mu+x\} \\ F(\mu-x)=1-F(\mu+x) \end{cases}, F(\mu)=\frac{1}{2}.$$

特别地，如果 $X\sim N(0,1)$，则 $\Phi(-x)=1-\Phi(x)$，$\Phi(0)=\frac{1}{2}$.

④ 若 $X\sim N(\mu,\sigma^2)$，则 $F(x)=\Phi\left(\frac{x-\mu}{\sigma}\right)$；对于任意实数 $a,b(a<b)$，有

$$P\{a\leqslant x\leqslant b\}=\Phi\left(\frac{b-\mu}{\sigma}\right)-\Phi\left(\frac{a-\mu}{\sigma}\right).$$

⑤ 若 $X\sim N(\mu,\sigma^2)$，对任意常数 $a,b(a\neq 0)$，有

$$Y=aX+b\sim N(a\mu+b,a^2\sigma^2), X^*=\frac{X-\mu}{\sigma}\sim N(0,1).$$

⑥ 若 $X\sim N(0,1)$，则

$$P\{|x|>a\}=2[1-\Phi(a)], P\{|x|\leqslant a\}=2\Phi(a)-1, a>0.$$

⑦ 设 $X\sim N(0,1)$，对于给定的 $\alpha(0<\alpha<1)$，如果 u_α 满足 $P\{X\geqslant u_\alpha\}=\alpha$，则称 u_α 为标准正态分布的上 α 分位点，且有 $\Phi(u_\alpha)=1-\alpha$，$-u_\alpha=u_{1-\alpha}$.

以例明理 2-6

在以例明理 2-1 中，小林等车的时间服从[0,20)上的均匀分布，其概率密度为 $f(y)=\begin{cases} \frac{1}{20}, & 0\leqslant y<20 \\ 0, & 其他 \end{cases}$，他等车时间在 5 min 和 15 min 之间的概率为

$$P\{5\leqslant Y\leqslant 15\}=\int_5^{15} f(y)\,dy=\int_5^{15}\frac{1}{20}dy=\frac{1}{2}.$$

某餐厅生意火爆，需要排队叫号，设就餐排队的时间（单位：min）X 服从指数分布，其概率密度函数为 $f(x)=\begin{cases} 0, & x\leqslant 0 \\ \frac{1}{4}e^{-\frac{x}{4}}, & x>0 \end{cases}$，小玲排队时间至多 16 min 的概率为

$$P\{0\leqslant X\leqslant 16\}=\int_0^{16} f(x)\,dx=\int_0^{16}\frac{1}{4}e^{\frac{x}{4}}dy=e^4-1.$$

若 $X\sim N(0,1),Y=2X+3$，则 $Y\sim N(3,4)$，Y 的分布函数为

$$F(y)=\Phi\left(\frac{y-3}{2}\right),P\{Y>3\}=1-P\{Y\leqslant 3\}=1-F(3)$$
$$=1-\Phi\left(\frac{3-3}{2}\right)=1-\Phi(0)=\frac{1}{2}.$$
$$P\{|Y|<3\}=P\{-3<Y\leqslant 3\}=F(3)-F(-3)$$
$$=\Phi\left(\frac{3-3}{2}\right)-\Phi\left(\frac{-3-3}{2}\right)=\Phi(0)-\Phi(-3)$$
$$=\frac{1}{2}-(1-\Phi(3))=\Phi(3)-\frac{1}{2}.$$

$P\{X>1.96\}=1-\Phi(1.96)=\Phi(-1.96)=0.025$，则 $u_{0.025}=1.96$ 为标准正态分布的上的 0.025 分位点，且有 $\Phi(u_{0.025})=0.975,-u_{0.025}=u_{0.975}$.

分类习题 2－5

1. 设随机变量 X 服从均值为 10，均方差为 0.02 的正态分布. 已知

$$\Phi(x)=\int_{-\infty}^{x}\frac{1}{\sqrt{2\pi}}e^{-\frac{u^2}{2}}du,\Phi(2.5)=0.9938,$$

则 X 落在区间(9.95,10.05)内的概率为______.

【答】应填 0.9876.

【析】考查正态分布的性质.

【解】由题意知 $X\sim N(10,0.02^2)$，故 $\dfrac{X-10}{0.02}\sim N(0,1)$，从而

$$P\{9.95<X<10.05\}=P\left\{\frac{9.95-10}{0.02}<\frac{X-10}{0.02}<\frac{10.05-10}{0.02}\right\}$$
$$=P\left\{-2.5<\frac{X-10}{0.02}<2.5\right\}=\Phi(2.5)-\Phi(-2.5)$$
$$=2\Phi(2.5)-1=0.9876.$$

2. 假设随机变量 X 在区间(1,2)上服从均匀分布. 试求随机变量 $Y=e^{2X}$ 的概率密度 $f(y)$.

【析】考查均匀分布随机变量函数的概率密度.

【解】方法一：反函数法.

由题设，X 的概率密度函数为 $f_X(x)=\begin{cases}1, & 1<x<2\\ 0, & 其他\end{cases}$，$g(x)=e^{2x}$ 为处处可导的严格单调函数，其反函数为 $h(y)=\dfrac{\ln y}{2}$. 因此，Y 的概率密度函数为

$$f_Y(y)=f_X[h(y)]|h'(y)|=\begin{cases}\dfrac{1}{2y}, & e^2<y<e^4\\ 0, & 其他\end{cases}.$$

方法二：分布函数求导法.

由题设，X 的概率密度函数为 $f_X(x)=\begin{cases}1, & 1<x<2\\ 0, & \text{其他}\end{cases}$，$X$ 的概率分布函数为

$F_X(x)=\begin{cases}0, & x<1\\ x-1, & 1\leqslant x<2\\ 1, & x\geqslant 2\end{cases}$，故 Y 的分布函数为

$$F_Y(y)=P\{Y\leqslant y\}=P\{e^{2X}\leqslant y\}=P\left\{X\leqslant\frac{\ln y}{2}\right\}$$

$$=\begin{cases}0, & y<e^2\\ \dfrac{1}{2}\ln y-1, & e^2\leqslant y<e^4.\\ 1, & y\geqslant e^4\end{cases}$$

因此，$f(y)=F'(y)=\begin{cases}0, & y<e^2\\ \dfrac{1}{2y}, & e^2<y<e^4\\ 0, & y>e^4\end{cases}$. 当 $y=e^2,e^4$ 时，补充定义 $f(y)=0$，则

$$f(y)=\begin{cases}\dfrac{1}{2y}, & e^2<y<e^4\\ 0, & \text{其他}\end{cases}.$$

3. 若随机变量 ξ 在 $(1,6)$ 上服从均匀分布，则方程 $x^2+\xi x+1=0$ 有实根的概率是________.

【答】应填 0.8.

【析】考查均匀分布.

【解】因 ξ 在 $(1,6)$ 上服从均匀分布，故 ξ 的概率密度函数为 $f(x)=\begin{cases}\dfrac{1}{5}, & 1<x<6\\ 0, & \text{其他}\end{cases}$，

因而方程 $x^2+\xi x+1=0$ 有实根的概率为

$$P\{\Delta 0\}=P\{\xi^2-4\geqslant 0\}=P\{\xi\geqslant 2\}+P\{\xi\leqslant -2\}$$

$$=\int_2^6\frac{1}{5}dx=\frac{4}{5}=0.8.$$

4. 设随机变量 X 在 $[2,5]$ 上服从均匀分布. 现在对 X 进行三次独立观测. 试求至少有两次观测值大于 3 的概率.

【析】考查均匀分布与二项分布.

【解】以 A 表示事件"对 X 的观测值大于 3"，即 $A=\{X>3\}$，由条件知，X 的密度函数为

$$f(x)=\begin{cases}\dfrac{1}{3}, & 2\leqslant x\leqslant 5\\ 0, & \text{其他}\end{cases}, P(A)=P\{X>3\}=\int_3^5\frac{1}{3}dx=\frac{2}{3}.$$

以 U_3 表示三次独立观测中观测值大于 3 的次数(即在三次独立观测中事件 A 出现的次数). 显然，U_3 服从参数为 $n=3,p=\dfrac{2}{3}$ 的二项分布，因此，所求概率为

$$P\{U_3 \geqslant 2\}=C_3^2\left(\frac{2}{3}\right)^2\frac{1}{3}+C_3^3\left(\frac{2}{3}\right)^3=\frac{20}{27}.$$

5. 某仪器装有三只独立工作的同型号电子元件，其寿命(单位：h)都服从同一指数分布，分布密度为 $f(x)=\begin{cases}\frac{1}{600}e^{-\frac{x}{600}}, & x>0\\ 0, & x\leqslant 0\end{cases}$，试求：在仪器使用的最初 200 h 内，至少有一只电子元件损坏的概率 α.

【析】考查指数分布、对立事件及事件的对偶律.

【解】设三只元件编号分别为 1,2,3；以 $A_i(i=1,2,3)$ 表示事件“在仪器使用的最初 200 h 内，第 i 只元件损坏”；以 $X_i(i=1,2,3)$ 表示“第 i 只元件的使用寿命”. 由题意知 $X_i(i=1,2,3)$ 服从密度为 $f(x)$ 的指数分布. 易见

$$P(\overline{A_i})=P(X_i>200)=\int_{200}^{+\infty}\frac{1}{600}e^{-\frac{x}{600}}dx=e^{-\frac{1}{3}}.$$

所求事件的概率

$$\alpha=P(A_1\cup A_2\cup A_3)=1-P(\overline{A_1}\,\overline{A_2}\,\overline{A_3})=1-(e^{-\frac{1}{3}})^3=1-e^{-1}.$$

6. 某地抽样调查结果表明，考生的外语成绩(百分制)近似服从正态分布，平均成绩为 72 分，96 分以上的考生占比 2.3%，试求考生的外语成绩在 60 分至 84 分之间的概率. 已知标准正态分布函数取值如表 2 - 10 所列.

表 2 - 10

x	0	0.5	1.0	1.5	2.0	2.5	3.0
$\Phi(x)$	0.500	0.692	0.841	0.933	0.977	0.994	0.999

【析】考查正态分布的性质.

【解】设 X 为考生的外语成绩，由题设知 $X\sim N(\mu,\sigma^2)$，其中 $\mu=72$. 由条件知 $P\{X\geqslant 96\}=0.023$，即 $P\left\{\frac{X-\mu}{\sigma}\geqslant\frac{96-72}{\sigma}\right\}=0.023$，亦即 $\Phi\left(\frac{24}{\sigma}\right)=0.977$，由 $\Phi(x)$ 的数值表，可见 $\frac{24}{\sigma}=2$. 因此 $\sigma=12$. 这样 $X\sim N(72,12^2)$. 所求概率为

$$\begin{aligned}P\{60\leqslant X\leqslant 84\}&=P\left\{\frac{60-72}{12}\leqslant\frac{X-\mu}{\sigma}\leqslant\frac{84-72}{12}\right\}\\&=P\left\{-1\leqslant\frac{X-\mu}{\sigma}\leqslant 1\right\}=\Phi(1)-\Phi(-1)\\&=2\Phi(1)-1=2\times 0.841-1=0.682.\end{aligned}$$

7. 若随机变量 X 服从均值为 2，方差为 σ^2 的正态分布，且 $P\{2<X<4\}=0.3$，则 $P\{X<0\}=$________.

【答】应填 0.2.

【析】考查正态分布的性质.

【解】由 $X\sim N(2,\sigma^2)$，知 $\frac{X-2}{\sigma}\sim N(0,1)$，于是有 $\Phi(0)=0.5$，且

$$0.3=P(2<X<4)=P\left(\frac{2-2}{\sigma}<\frac{X-2}{\sigma}<\frac{4-2}{\sigma}\right)$$
$$=P\left(0<\frac{X-2}{\sigma}<\frac{2}{\sigma}\right)=\Phi\left(\frac{2}{\sigma}\right)-\Phi(0),$$

即 $\Phi\left(\frac{2}{\sigma}\right)=0.8$. 因此 $P(X<0)=P\left(\frac{X-2}{\sigma}<\frac{0-2}{\sigma}\right)=\Phi\left(-\frac{2}{\sigma}\right)=1-\Phi\left(\frac{2}{\sigma}\right)=1-0.8=0.2$.

8. 在电源电压不超过 200 V、在 200～240 V 和超过 240 V 三种情况下，某种电子元件损坏的概率分别为 0.1,0.001 和 0.2,假设电源电压 X 服从正态分布 $N(220,25^2)$，已知标准正态分布函数取值如表 2-11 所列. 试求：

(1) 该电子元件损坏的概率 α；

(2) 该电子元件损坏时，电源电压在 200～240 V 的概率 β.

表 2-11

x	0.10	0.20	0.40	0.60	0.80	1.00	1.20	1.40
$\Phi(x)$	0.530	0.579	0.655	0.726	0.788	0.341	0.335	0.919

【析】考查正态分布的性质、全概率公式与贝叶斯公式.

【解】引进下列事件：$A_1=\{$电压不超过 200 V$\}$，$A_2=\{$电压在 200～240 V$\}$，$A_3=\{$电压超过 240 V$\}$；$B=\{$电子元件损坏$\}$. 因 $X\sim N(220,25^2)$，故

$$P(A_1)=P\{X\leqslant 200\}=P\left\{\frac{X-220}{25}\leqslant\frac{200-220}{25}\right\}$$
$$=\Phi(-0.8)=0.212;$$
$$P(A_2)=P\{200\leqslant X\leqslant 240\}=\Phi(0.8)-\Phi(-0.8)=0.576;$$
$$P(A_3)=P\{X>240\}=1-0.212-0.576=0.212.$$

(1) 由题设条件知 $P(B|A_1)=0.1$，$P(B|A_2)=0.001$，$P(B|A_3)=0.2$. 于是，由全概率公式，有 $\alpha=P(B)=\sum_{i=1}^{3}P(A_i)P(B|A_i)=0.064\ 2$.

(2) 由贝叶斯公式，得 $\beta=P(A_2|B)=\frac{P(A_2)P(B|A_2)}{P(B)}\approx 0.009$.

9. 假设测量的随机误差 $X\sim N(0,10^2)$，试求在 100 次独立重复测量中，至少有三次测量误差的绝对值大于 19.6 的概率 a，并利用泊松分布求出 a 的近似值(要求小数点后取两位有效数字). 如表 2-12 所列.

表 2-12

λ	1	2	3	4	5	6	7
$e^{-\lambda}$	0.368	0.135	0.050	0.018	0..007	0.002	0.001

【析】考查正态分布、二项分布以及泊松定理.

【解】设 p 为每次测量误差的绝对值大于 19.6 的概率，则

$$p=P\{|X|>19.6\}=P\left\{\frac{|X|}{10}>\frac{19.6}{10}\right\}=P\left\{\frac{|X|}{10}>1.96\right\}=0.05.$$

又记 μ 为 100 次独立重复测量中事件 $\{|X|>19.6\}$ 出现的次数，知 μ 服从参数为 $n=100, p=0.05$ 的二项分布，故所求概率为

$$\alpha = P\{\mu \geqslant 3\} = 1 - P\{\mu < 3\}$$
$$= 1 - 0.95^{100} - 100 \times 0.95^{99} \times 0.05 - \frac{100 \times 99}{2} \times 0.95^{98} \times 0.05^2.$$

由泊松定理，知 μ 近似服从参数为 $\lambda = np = 100 \times 0.05 = 5$ 的泊松分布，故

$$\alpha \approx 1 - e^{-\lambda}\left(1 + \lambda + \frac{\lambda^2}{2}\right) = 1 - 0.007 \times 18.5 \approx 0.87.$$

10. 设随机变量 X 服从 $(0,2)$ 上的均匀分布，则随机变量 $Y = X^2$ 在 $(0,4)$ 内概率分布密度 $f_Y(y) =$ ________.

【答】应填 $\frac{1}{4\sqrt{y}}$.

【析】考查均匀分布随机变量函数的概率密度.

【解】由 X 在区间 $(0,2)$ 上服从均匀分布，知 X 的概率密度为

$$f_X(x) = \begin{cases} \frac{1}{2}, & 0 < x < 2 \\ 0, & \text{其他} \end{cases},$$

又 Y 的分布函数 $F_Y(y) = P(Y \leqslant y) = P(X^2 \leqslant y)$，于是当 $y \in (0,4)$ 时，有

$$F_Y(y) = P(X^2 \leqslant y) = P(-\sqrt{y} \leqslant X \leqslant \sqrt{y})$$
$$= \int_{-\sqrt{y}}^{\sqrt{y}} f_X(x)\,dx = \int_0^{\sqrt{y}} \frac{1}{2}\,dx = \frac{1}{2}\sqrt{y},$$
$$f_Y(y) = F_Y'(y) = \begin{cases} \frac{1}{4\sqrt{y}}, & 0 < y < 4 \\ 0, & \text{其他} \end{cases}.$$

11. 假设一大型设备在任何长为 t 的时间内发生故障的次数 $N(t)$ 服从参数为 λt 的泊松分布.

(1) 求相继两次故障之间的时间间隔 T 的概率分布；

(2) 求在设备已经无故障工作 8 h 的情形下，再无故障运行 8 h 的概率 Q.

【析】考查泊松分布、指数分布的分布函数与条件概率.

【解】(1) 由于 T 是非负随机变量，可见当 $t<0$ 时，$F(t) = P\{T \leqslant t\} = 0$. 设 $t \geqslant 0$ 则事件 $\{T>t\}$ 与 $\{N(t)=0\}$ 等价，因此，当 $t \geqslant 0$ 时，有

$$F(t) = P\{T \leqslant t\} = 1 - P\{T > t\} = 1 - P\{N(t) = 0\} = 1 - e^{-\lambda t},$$

于是，T 服从参数为 λ 的指数分布.

(2) $$Q = P\{T \geqslant 16 \mid T \geqslant 8\} = \frac{P\{T \geqslant 16, T \geqslant 8\}}{P\{T \geqslant 8\}}$$
$$= \frac{P\{T \geqslant 16\}}{P\{T \geqslant 8\}} = \frac{e^{-16\lambda}}{e^{-8\lambda}} = e^{-8\lambda}.$$

12. 设随机变量 X 与 Y 均服从正态分布，$X \sim N(\mu, 4^2)$，$Y \sim N(\mu, 5^2)$，记 $p_1 = P\{X \leqslant \mu - 4\}$，$p_2 = P\{Y \geqslant \mu + 5\}$，则(　　).

A. 对任何实数 μ，都有 $p_1 = p_2$　　　　B. 对任何实数 μ，都有 $p_1 < p_2$

C. 只对 μ 的个别值，才有 $p_1=p_2$　　　D. 对任何实数 μ，都有 $p_1>p_2$

【答】应选 A.

【析】考查正态分布的性质.

【解】由 $X\sim N(\mu,4^2)$，$Y\sim N(\mu,5^2)$，知 $\dfrac{X-\mu}{4}\sim N(0,1)$，$\dfrac{Y-\mu}{5}\sim N(0,1)$，故

$$p_1=P\{X\leqslant\mu-4\}=P\left\{\frac{X-\mu}{4}\leqslant-1\right\}=\Phi(-1)=1-\Phi(1),$$

$$p_2=P\{Y\geqslant\mu+5\}=P\left\{\frac{Y-\mu}{5}\geqslant1\right\}=1-P\left\{\frac{Y-\mu}{5}<1\right\}=1-\Phi(1).$$

可见，对任何实数 μ，都有 $p_1=p_2$，故选 A.

13. 设随机变量 X 和 Y 独立，都在区间 $[1,3]$ 上服从均匀分布；引进事件 $A=\{X\leqslant a\}$，$\overline{B}=\{Y\leqslant a\}$.

(1) 已知 $P(A\cup B)=\dfrac{7}{9}$，求常数 a；

(2) 求 $\dfrac{1}{X}$ 的数学期望.

【析】考查均匀分布、加法公式. 第(2)题考查第 4 章随机变量的期望.

【解】(1) 设 $p=P(A)$. 由 X 和 Y 同分布，知

$$P(\overline{B})=P\{Y\leqslant a\}=P\{X\leqslant a\}=P(A)=p,$$

故 $P(B)=1-p$. 由题设

$$\begin{aligned}P(A\cup B)&=P(A)+P(B)-P(AB)\\&=p+(1-p)-p(1-p)=p^2-p+1=\frac{7}{9}.\end{aligned}$$

由此得 $p_1=\dfrac{1}{3}$，$p_2=\dfrac{2}{3}$. 于是问题有两个解，即 a 有两个可能值：

$$a_1=1+\frac{2}{3}=\frac{5}{3};a_2=1+\frac{4}{3}=\frac{7}{3}.$$

(2) $E\left(\dfrac{1}{X}\right)=\displaystyle\int_{-\infty}^{+\infty}\frac{1}{x}f(x)\,\mathrm{d}x=\frac{1}{2}\int_1^3\frac{1}{x}\mathrm{d}x=\frac{1}{2}\ln 3.$

14. 设随机变量 X 服从正态分布 $N(\mu,\sigma^2)$，则随着 σ 的增大概率 $P\{|X-\mu|<\sigma\}$ (　　).

A. 单调增大　　B. 单调减小　　C. 保持不变　　D. 增减不变

【答】应选 C.

【析】考查正态分布的性质.

【解】由 $X\sim N(\mu,\sigma^2)$，知 $\dfrac{X-\mu}{\sigma}\sim N(0,1)$，于是

$$P\{|X-\mu|<\sigma\}=P\left\{\left|\frac{X-\mu}{\sigma}\right|<1\right\}=2\Phi(1)-1=\text{常数},$$

故选 C.

15. 假设随机变量 X 服从参数为 2 的指数分布，证明：$Y=1-\mathrm{e}^{-2X}$ 在区间 $(0,1)$ 上服从均匀分布.

【析】考查指数分布，均匀分布及连续型随机变量函数的分布.

【证明】X 的分布函数 $F(x)=\begin{cases}1-e^{-2x}, & x>0\\ 0, & x\leqslant 0\end{cases}$，$y=1-e^{-2x}$ 是处处可导的单调增函数，其反函数 $x=-\dfrac{\ln(1-y)}{2}$. 设 $G(y)$ 是 Y 的分布函数，则

$$G(y)=P\{Y\leqslant y\}=P\{1-e^{-2X}\leqslant y\}$$
$$=\begin{cases}0, & y\leqslant 0\\ P\left\{X\leqslant -\dfrac{\ln(1-y)}{2}\right\}, & 0<y<1\\ 1, & y\geqslant 1\end{cases}=\begin{cases}0, & y\leqslant 0\\ y, & 0<y<1,\\ 1, & y\geqslant 1\end{cases}$$

于是，Y 服从(0,1)区间上的均匀分布.

小试牛刀

一、填空题

1. 一实习生用同一台机器接连独立地制造 3 个同种零件，第 i 个零件是不合格概率 $p_i=\dfrac{1}{i+1}(i=1,2,3)$，以 X 表示 3 个零件中合格品的个数，则 $P\{X=2\}=$______.

2. 设随机变量 X 服从参数为$(2,p)$的二项分布，随机变量 Y 服从参数为$(3,p)$的二项分布. 若 $P\{x\geqslant 1\}=\dfrac{5}{9}$，则 $P\{Y\geqslant 1\}=$______.

3. 设随机变量 X 的概率密度为 $f(x)=\begin{cases}\dfrac{1}{3}, & x\in[0,1]\\ \dfrac{2}{9}, & x\in[3,6]\\ 0, & \text{其他}\end{cases}$，若 k 使得 $P\{X\geqslant k\}=\dfrac{2}{3}$，则 k 的取值范围是______.

4. 设随机变量 X 服从正态分布 $N(\mu,\sigma^2)(\sigma>0)$，且二次方程 $y^2+4y+X=0$ 无实根的概率为$\dfrac{1}{2}$，则 $\mu=$______.

二、选择题

1. 设 $F_1(x)$与 $F_2(x)$分别为随机变量 X_1 与 X_2 的分布函数，为使 $F(x)=aF_1(x)-bF_2(x)$是某一随机变量的分布函数，在下列给定的各组数值中应取(　　).

A. $a=\dfrac{3}{5},b=-\dfrac{2}{5}$　　　B. $a=\dfrac{2}{3},b=\dfrac{2}{3}$

C. $a=-\dfrac{1}{2},b=\dfrac{3}{2}$　　　D. $a=\dfrac{1}{2},b=-\dfrac{3}{2}$

2. 设 X 服从指数分布，则 $Y=\min\{X,2\}$的分布函数(　　).

A. 是连续函数 B. 至少有两个间断点

C. 是阶梯函数 D. 恰有一个间断点

3. 设 X_1 和 X_2 是任意两个相互独立的连续型随机变量，它们的概率密度分别为 $f_1(x)$ 和 $f_2(x)$，分布函数分别为 $F_1(x)$ 和 $F_2(x)$，则（　　）.

A. $f_1(x)+f_2(x)$ 必为某一随机变量的概率密度

B. $f_1(x)f_2(x)$ 必为某一随机变量的概率密度

C. $F_1(x)+F_2(x)$ 必为某一随机变量的分布函数

D. $F_1(x)F_2(x)$ 必为某一随机变量的分布函数

4. 设随机变量 X 服从正态分布 $N(0,1)$，对给定的 $\alpha(0<\alpha<1)$，数 u_α 满足 $P\{X>u_\alpha\}=\alpha$，若 $P\{|X|<x\}=\alpha$，则 x 等于（　　）.

A. $u_{\frac{\alpha}{2}}$ B. $u_{1-\frac{\alpha}{2}}$ C. $u_{\frac{1-\alpha}{2}}$ D. $u_{1-\alpha}$

5. 设随机变量 X 服从正态分布 $N(\mu_1,\sigma_1^2)$，Y 服从正态分布 $N(\mu_2,\sigma_2^2)$，且 $P\{|X-\mu_1|<1\}>P\{|Y-\mu_2|<1\}$，则必有（　　）.

A. $\sigma_1<\sigma_2$ B. $\sigma_1>\sigma_2$ C. $\mu_1<\mu_2$ D. $\mu_1\mu_2$

6. 设随机变量 X 的分布函数 $F(x)=\begin{cases}0, & x<0\\ \dfrac{1}{2}, & 0\leqslant x<1\\ 1-e^{-x}, & x\geqslant 1\end{cases}$，则 $P\{X=1\}=$（　　）.

A. 0 B. $\dfrac{1}{2}$ C. $\dfrac{1}{2}-e^{-1}$ D. $1-e^{-1}$

7. 设 $f_1(x)$ 为标准正态分布的概率密度，$f_2(x)$ 为 $[-1,3]$ 上均匀分布的概率密度，若 $f(x)=\begin{cases}af_1(x), & x\leqslant 0\\ bf_2(x), & x>0\end{cases}$ 为概率密度，则 a,b 应满足（　　）.

A. $2a+3b=4$ B. $3a+2b=4$

C. $a+b=1$ D. $a+b=2$

8. 设 $F_1(x)$ 与 $F_2(x)$ 为两个分布函数，其相应的概率密度 $f_1(x)$ 与 $f_2(x)$ 是连续函数，则必为概率密度的是（　　）.

A. $f_1(x)f_2(x)$ B. $2f_2(x)F_1(x)$

C. $f_1(x)F_2(x)$ D. $f_1(x)F_2(x)+f_2(x)F_1(x)$

9. 设 X_1,X_2,X_3 是随机变量，且 $X_1\sim N(0,1)$，$X_2\sim N(0,2^2)$，$X_3\sim N(5,3^2)$，$p_i=P\{-2\leqslant X_i\leqslant 2\}(i=1,2,3)$，则（　　）.

A. $p_1>p_2>p_3$ B. $p_2>p_1>p_3$

C. $p_3>p_1>p_2$ D. $p_1>p_3>p_2$

10. 设随机变量 $X\sim N(\mu,\sigma^2)(\sigma>0)$，记 $p=P\{X\leqslant\mu+\sigma^2\}$，则（　　）.

A. p 随着 μ 的增加而增加 B. p 随着 σ 的增加而增加

C. p 随着 μ 的增加而减少 D. p 随着 σ 的增加而减少

11. 设随机变量 X 的概率密度 $f(x)$ 满足 $f(1+x)=f(1-x)$，且 $\int_0^2 f(x)\mathrm{d}x=0.6$，则 $P\{X<0\}=$（　　）.

A. 0.2 B. 0.3 C. 0.4 D. 0.5

三、解答题

1. 从学校乘汽车到火车站的途中有三个交通岗，假设在各个交通岗遇到红灯的事件是相互独立的，并且概率都是$\frac{2}{5}$，设 X 为途中遇到红灯的次数，求随机变量 X 的分布律、分布函数和数学期望.

2. 假设随机变量 X 的绝对值不大于 1，$P\{X=-1\}=\frac{1}{8}$，$P\{X=1\}=\frac{1}{4}$. 在事件$\{-1<X<1\}$出现的条件下，X 在$(-1,1)$内的任一子区间上取值的条件概率与该子区间长度成正比. 试求：

(1) X 的分布函数 $F(x)=P\{X\leqslant x\}$；

(2) X 取负值的概率 p.

3. 假设一设备开机后无故障工作的时间 X 服从指数分布，平均无故障工作的时间(EX)为 5 h，设备定时开机，出现故障时自动关机，而在无故障的情况下工作 2 h 便关机. 试求该设备每次开机无故障工作的时间 Y 的分布函数 $F(y)$.

4. 设随机变量 X 的概率密度为 $f(x)=\begin{cases}\dfrac{1}{3\sqrt[3]{x^2}}, & x\in[1,8]\\ 0, & \text{其他}\end{cases}$，$F(x)$是 X 的分布函数. 求随机变量 $Y=F(X)$的分布函数.

5. 设随机变量 X 的概率密度为

$$f(x)=\begin{cases}\dfrac{1}{9}x^2, & 0<x<3\\ 0, & \text{其他}\end{cases},$$

令随机变量 $Y=\begin{cases}2, & X\leqslant 1\\ X, & 1<X<2\\ 1, & X\geqslant 2\end{cases}$.

(1) 求 Y 的分布函数；

(2) 求概率 $P\{X\leqslant Y\}$.

6. 设随机变量 X 的概率密度为 $f(x)=\begin{cases}2^{-x}\ln 2, & x>0\\ 0, & x\leqslant 0\end{cases}$，对 X 进行独立重复的观测，直到第 2 个大于 3 的观测值出现时停止，记 Y 为观测次数.

(1) 求 Y 的概率分布；

(2) 求 EY.

7. 某电路装有三个同种电气元件，其工作状态相互独立，且无故障工作时间都服从参数为 $\lambda>0$ 的指数分布. 当三个元件都无故障时，电路正常工作，否则整个电路不能正常工作，试求电路正常工作的时间 T 的概率分布.

小试牛刀参考答案与解析

一、填空题

1.【答】应填$\frac{11}{24}$.

【解】设 A_i 表示第 i 个零件为不合格品($i=1,2,3$),则依题意,知 A_1,A_2,A_3 相互独立,且 $P(A_1)=\frac{1}{2}$,$P(A_2)=\frac{1}{3}$,$P(A_3)=\frac{1}{4}$,于是有

$$P(X=2)=P(\overline{A}_1\overline{A}_2A_3+\overline{A}_1A_2\overline{A}_3+A_1\overline{A}_2\overline{A}_3)$$
$$=P(\overline{A}_1)P(\overline{A}_2)P(A_3)+P(\overline{A}_1)P(A_2)P(\overline{A}_3)+$$
$$P(A_4)P(\overline{A}_2)P(\overline{A}_3)=\frac{11}{24}.$$

2.【答】应填$\frac{19}{27}$.

【解】因$\frac{5}{9}=P\{X\geqslant 1\}=1-P\{X=0\}=1-q^2$,故 $q=1-p=\frac{2}{3}$,从而

$$P\{Y\geqslant 1\}=1-P\{Y=0\}=1-q^3=1-\left(\frac{2}{3}\right)^3=\frac{19}{27}.$$

3.【答】应填 $[1,3]$.

【解】作出函数图像如图 2-3 所示,因为概率 $P\{X\geqslant k\}$ 表示 $x\geqslant k$ 时,$f(x)$与 x 轴围成的面积,所以 $k\in[1,3]$. 综上,应填 $[1,3]$.

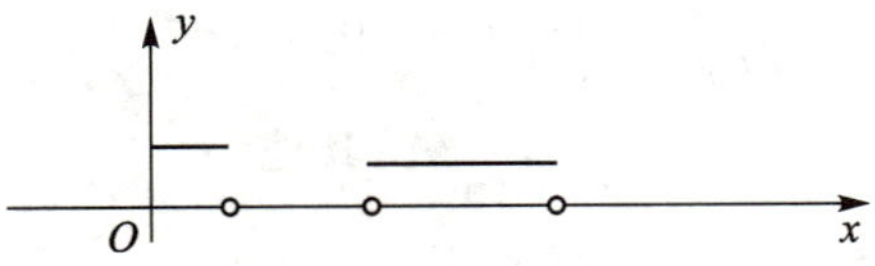

图 2-3

4.【答】应填 4.

【解】由二次方程 $y^2+4y+X=0$ 无实根,可得 $4-X<0$,故由题设条件,

$$\frac{1}{2}=P\{X>4\}=1-P\{X\leqslant 4\}=1-P\left\{\frac{X-\mu}{\sigma}\leqslant\frac{4-\mu}{\sigma}\right\}=1-\Phi\left(\frac{4-\mu}{\sigma}\right),$$

其中,$Y=\frac{X-\mu}{\sigma}\sim N(0,1)$,$\Phi(x)=\frac{1}{\sqrt{2\pi}}\int_{-\infty}^{x}\mathrm{e}^{-\frac{t^2}{2}}\mathrm{d}t$. 于是 $\Phi\left(\frac{4-\mu}{\sigma}\right)=\frac{1}{2}$,但 $\Phi(0)=\frac{1}{2}$,所以$\frac{4-\mu}{\sigma}=0$,$\mu=4$.

二、选择题

1.【答】应选 A.

【解】根据分布函数的性质：$\lim\limits_{x\to\infty}F(x)=1$，因此，$1=\lim\limits_{x\to\infty}F(x)=a\lim\limits_{x\to\infty}F_1(x)-b\lim\limits_{x\to\infty}F_2(x)=a-b$. 只有 A 选项中的 a 和 b 值满足 $a-b=1$，故选 A.

2.【答】应选 D.

【解】令 $F_Y(y)=P\{Y\leqslant y\}=P\{\min\{X,2\}\leqslant y\}$. 考虑 $y<2$ 和 $y\geqslant 2$ 两种情况：

当 $y<2$ 时，由 $\min\{X,2\}>y$ 知 $X>y$，因而 $1-F_Y(y)=1-F_X(y)$，故 $F_Y(y)=F_X(y)$；

当 $y\geqslant 2$ 时，$\{\min\{X,2\}\leqslant y\}$ 为必然事件，因此，$F_Y(y)=1$. $F_Y(y)$ 如图 2-4 所示.

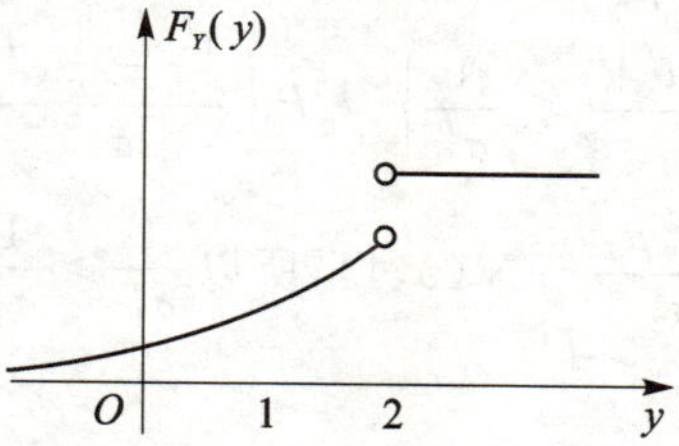

图 2-4

因而 $F_Y(y)$ 恰有一个间断点，故选 D.

3.【答】应选 D.

【解】对于选项 A，令 $f(x)=f_1(x)+f_2(x)$，由 $f_1(x)$ 和 $f_2(x)$ 均为概率密度，知

$$\int_{-\infty}^{+\infty}f(x)\,\mathrm{d}x=\int_{-\infty}^{+\infty}f_1(x)\,\mathrm{d}x+\int_{-\infty}^{+\infty}f_2(x)\,\mathrm{d}x=1+1=2\neq 1,$$

即 $f(x)$ 不能是概率密度，故排除 A.

对于选项 B，取

$$f_1(x)=\begin{cases}1, & x\in(0,1]\\ 0, & \text{其他}\end{cases},\quad f_2(x)=\begin{cases}\mathrm{e}^x, & x\in(-\infty,0]\\ 0, & \text{其他}\end{cases},$$

知 $f_1(x)f_2(x)=0$，即 $f_1(x)f_2(x)$ 不能是概率密度，故排除 B.

对于选项 C，令 $F(x)=F_1(x)+F_2(x)$，由 $F_1(x)$ 和 $F_2(x)$ 均为分布函数，知

$$F(+\infty)=F_1(+\infty)+F_2(+\infty)=1+1=2\neq 1,$$

即 $F(x)$ 不能是分布函数，故排除 C.

对于选项 D，记 $Y=\max(X_1,X_2)$，由 X_1 和 X_2 相互独立，知 Y 的分布函数为

$$\begin{aligned}F_Y(x)&=P\{Y\leqslant x\}=P\{\max(X_1,X_2)\leqslant x\}=P\{X_1\leqslant x,X_2\leqslant x\}\\&=P\{X_1\leqslant x\}\cdot P\{X_2\leqslant x\}=F_1(x)\cdot F_2(x),\end{aligned}$$

即 $F_1(x)\cdot F_2(x)$ 是 $Y=\max(X_1,X_2)$ 的分布函数，故选 D.

4.【答】应选 C.

【解】因 $X\sim N(0,1)$，故 $P\{X\leqslant -x\}=P\{X\geqslant x\}$，于是

$$\begin{aligned}\alpha&=P\{|X|<x\}=1-P\{|X|\geqslant x\}=1-P\{X\geqslant x\}-P\{X\leqslant -x\}\\&=1-2P\{X\geqslant x\},\end{aligned}$$

即 $P\{X\geqslant x\}=P\{X>x\}=\dfrac{1-\alpha}{2}$.

根据 u_α 的定义，有 $x=u_{\frac{1-\alpha}{2}}$，故选 C.

5. 【答】应选 A.

【解】由

$$P\{|X-\mu_1|<1\}=P\left\{\frac{|X-\mu_1|}{\sigma_1}<\frac{1}{\sigma_1}\right\},$$

$$P\{|Y-\mu_2|<1\}=P\left\{\frac{|Y-\mu_2|}{\sigma_2}<\frac{1}{\sigma_2}\right\}$$

及 $P\{|X-\mu_1|<1\}>P\{|Y-\mu_2|<1\}$ 知：

$$P\left\{\frac{|X-\mu_1|}{\sigma_1}<\frac{1}{\sigma_1}\right\}>P\left\{\frac{|Y-\mu_2|}{\sigma_2}<\frac{1}{\sigma_2}\right\}.$$

而 $\dfrac{X-\mu_1}{\sigma_1}\sim N(0,1)$，$\dfrac{Y-\mu_2}{\sigma_2}\sim N(0,1)$，所以 $\dfrac{1}{\sigma_1}>\dfrac{1}{\sigma_2}$，即 $\sigma_1<\sigma_2$，故选 A.

6. 【答】应选 C.

【解】$P\{X=1\}=F(1)-F(1-0)=1-e^{-1}-\dfrac{1}{2}=\dfrac{1}{2}-\mathrm{e}^{-1}$，故选 C.

7. 【答】应选 A.

【解】因为

$$\int_{-\infty}^{+\infty}f(x)\mathrm{d}x=\int_{-\infty}^{0}af_1(x)\mathrm{d}x+\int_{0}^{+\infty}bf_2(x)\mathrm{d}x$$

$$=\frac{1}{2}a+b\int_{0}^{3}f_2(x)\mathrm{d}x=\frac{1}{2}a+\frac{3}{4}b=1,$$

所以 $2a+3b=4$，故选 A.

8. 【答】应选 D.

【解】对选项 D 可验证其满足密度函数的性质 $\int_{-\infty}^{+\infty}f(x)\mathrm{d}x=1$，而其他选项无法验证，可排除. 因为

$$\int_{-\infty}^{+\infty}f(x)\mathrm{d}x=\int_{-\infty}^{+\infty}[f_1(x)F_2(x)+f_2(x)F_1(x)]\mathrm{d}x=F_1(x)F_2(x)\Big|_{-\infty}^{+\infty}=1,$$

故选 D.

9. 【答】应选 A.

【解】方法一：

设标准正态分布的分布函数及概率密度函数分别为 $\Phi(x)$ 和 $\varphi(x)$，则由题意有

$$p_1=\Phi(2)-\Phi(-2)=\int_{-2}^{2}\varphi(x)\mathrm{d}x,$$

$$p_2=\Phi\left(\frac{2}{2}\right)-\Phi\left(\frac{-2}{2}\right)=\Phi(1)-\Phi(-1)=\int_{-1}^{1}\varphi(x)\mathrm{d}x,$$

$$p_3=\Phi\left(\frac{2-5}{3}\right)-\Phi\left(\frac{-2-5}{3}\right)=\Phi(-1)-\Phi\left(\frac{-7}{3}\right)=\int_{-7/3}^{-1}\varphi(x)\mathrm{d}x.$$

因 $\varphi(x)>0$，故 $\int_{-2}^{2}\varphi(x)\mathrm{d}x>\int_{-1}^{1}\varphi(x)\mathrm{d}x$，即 $p_1>p_2$；又由 $\varphi(x)$ 的几何特征，易见

$\int_{-7/3}^{-2}\varphi(x)\mathrm{d}x<\int_{-3}^{-2}\varphi(x)\mathrm{d}x<\int_{-1}^{0}\varphi(x)\mathrm{d}x$，且$\int_{-2}^{-1}\varphi(x)\mathrm{d}x<\int_{0}^{1}\varphi(x)\mathrm{d}x$，于是，有

$$p_3=\int_{-7/3}^{-1}\varphi(x)\mathrm{d}x=\int_{-7/3}^{-2}\varphi(x)\mathrm{d}x+\int_{-2}^{-1}\varphi(x)\mathrm{d}x<$$

$$\int_{-1}^{0}\varphi(x)\mathrm{d}x+\int_{0}^{1}\varphi(x)\mathrm{d}x=\int_{-1}^{1}\varphi(x)\mathrm{d}x=p_2.$$

因此 $p_1>p_2>p_3$，故选 A.

方法二：

设标准正态分布的分布函数为 $\Phi(x)$，则由题意有

$$p_1=\Phi(2)-\Phi(-2)=2\Phi(2)-1,$$

$$p_2=\Phi\left(\frac{2}{2}\right)-\Phi\left(\frac{-2}{2}\right)=\Phi(1)-\Phi(-1)=2\Phi(1)-1,$$

$$p_3=\Phi\left(\frac{2-5}{3}\right)-\Phi\left(\frac{-2-5}{3}\right)=\Phi(-1)-\Phi\left(-\frac{7}{3}\right),$$

易见 $p_1>p_2$，而 $p_2>0.5$，$p_3<0.5$，故 $p_2>p_3$. 因此，应选 A.

10.【答】应选 B.

【解】$p=P\{X\leqslant\mu+\sigma^2\}=\Phi\left(\frac{\mu+\sigma^2-\mu}{\sigma}\right)=\Phi(\sigma)$. 由于标准正态分布的分布函数 $\Phi(z)$ 是严格单调增加函数，所以 p 随着 σ 的增加而增加，故选 B.

11.【答】应选 A.

【解】方法一：

由所给条件 $f(1+x)=f(1-x)$ 知曲线 $y=f(x)$ 关于直线 $x=1$ 对称，从而 $\int_{-\infty}^{0}f(x)\mathrm{d}x=\int_{2}^{+\infty}f(x)\mathrm{d}x$. 根据概率密度的性质 $\int_{-\infty}^{+\infty}f(x)\mathrm{d}x=1$ 及条件 $\int_{0}^{2}f(x)\mathrm{d}x=0.6$，可得 $\int_{-\infty}^{0}f(x)\mathrm{d}x=0.2$，所以 $P\{X<0\}=\int_{-\infty}^{0}f(x)dx=0.2$. 故选 A.

方法二：

$P\{X<0\}=\int_{-\infty}^{0}f(x)\mathrm{d}x$. 对右端积分作换元 $t=2-x$，得

$$\int_{-\infty}^{0}f(x)\mathrm{d}x=\int_{2}^{+\infty}f(2-t)\mathrm{d}t=\int_{2}^{+\infty}f(2-x)\mathrm{d}x.$$

由条件 $f(1+x)=f(1-x)$ 可得

$$f(2-x)=f(1-(x-1))=f(1+(x-1))=f(x),$$

从而 $P\{X<0\}=\int_{2}^{+\infty}f(x)\mathrm{d}x=P\{X>2\}$. 再由条件 $\int_{0}^{2}f(x)\mathrm{d}x=0.6$ 及概率的性质 $\int_{-\infty}^{+\infty}f(x)\mathrm{d}x=1$，得

$$P\{X<0\}+P\{X>2\}=1-P\{0\leqslant X\leqslant 2\}=1-\int_{0}^{2}f(x)\mathrm{d}x=0.4,$$

所以 $P\{X<0\}=0.2.$，故选 A.

三、解答题

1.【解】设 X 服从二项分布 $B\left(3,\frac{2}{5}\right)$，$X$ 的可能取值为 0,1,2,3. 从而

$$P\{X=0\}=\left(1-\frac{2}{5}\right)^3=\frac{27}{125},$$

$$P\{X=1\}=C_3^1\cdot\frac{2}{5}\cdot\left(1-\frac{2}{5}\right)^2=\frac{54}{125},$$

$$P\{X=2\}=C_3^2\cdot\left(\frac{2}{5}\right)^2\cdot\left(1-\frac{2}{5}\right)=\frac{36}{125},$$

$$P\{X=3\}=\left(\frac{2}{5}\right)^3=\frac{8}{125}.$$

即 X 的分布律如表 2-13 所列.

表 2-13

X	0	1	2	3
P	$\frac{27}{125}$	$\frac{54}{125}$	$\frac{36}{125}$	$\frac{8}{125}$

因此，X 的分布函数为 $F(x)=P\{X\leqslant x\}=\begin{cases}0, & x<0\\ \frac{27}{125}, & 0\leqslant x<1\\ \frac{81}{125}, & 1\leqslant x<2.\\ \frac{117}{125}, & 2\leqslant x<3\\ 1, & x\geqslant 3\end{cases}$

X 的数学期望为 $E(X)=0\times\frac{27}{125}+1\times\frac{54}{125}+2\times\frac{36}{125}+3\times\frac{8}{125}=\frac{6}{5}$.

2.【解】(1) 由条件可知，当 $x<-1$ 时，$F(x)=0$；$F(-1)=\frac{1}{8}$；$P\{-1<X<1\}=1-\frac{1}{8}-\frac{1}{4}=\frac{5}{8}$. 易见，在 X 的值属于 $(-1,1)$ 的条件下，事件 $\{-1<X\leqslant x\}$（这里 $-1<x<1$）的条件概率为 $P\{-1<X\leqslant x\mid -1<X<1\}=\frac{x+1}{2}$.

对于 $-1<x<1$，有

$$\begin{aligned}P\{-1<X\leqslant x\}&=P\{-1<X\leqslant x,-1<X<1\}\\&=P\{-1<X<1\}\cdot P\{-1<X\leqslant x\mid -1<X<1\}\\&=\frac{5}{8}\times\frac{x+1}{2}=\frac{5x+5}{16};\end{aligned}$$

$$F(x)=P\{X\leqslant -1\}+P\{-1<X\leqslant x\}=\frac{1}{8}+\frac{5x+5}{16}=\frac{5x+7}{16}.$$

对于 $x\leqslant 1$,有 $F(x)=1$. 从而 X 的分布函数为

$$F(x)=\begin{cases}0, & x<-1\\ (5x+7)/16, & -1\leqslant x<1.\\ 1, & x\geqslant 1\end{cases}$$

(2) X 取负值的概率为

$$p=P\{X<0\}=F(0)-P\{X=0\}=F(0)=\frac{7}{16}.$$

3.【解】设 X 的分布参数为 λ,由于 $EX=\frac{1}{\lambda}=5,\lambda=\frac{1}{5}$. 显然 $Y=\min\{X,2\}$.

当 $y<0$,有 $F(y)=0$.

当 $y\geqslant 2$,有 $F(y)=1$.

当 $0\leqslant y<2$,有

$$F(y)=P\{Y\leqslant y\}=P\{\min(X,2)\leqslant y\}=P\{X\leqslant y\}=1-\mathrm{e}^{-\frac{y}{5}}.$$

于是,Y 的分布函数为

$$F(y)=\begin{cases}0, & y<0\\ 1-\mathrm{e}^{-\frac{y}{5}}, & 0\leqslant y<2\cdot\\ 1, & y\geqslant 2\end{cases}$$

4.【解】方法一:

易见当 $x<1$ 时,$F(x)=0$;当 $x>8$ 时,$F(x)=1$;对于 $x\in[1,8]$,有

$$F(x)=\int_{-\infty}^{x}f(x)\mathrm{d}x=\int_{1}^{x}\frac{1}{3\sqrt[3]{x^2}}\mathrm{d}x=\sqrt[3]{x}-1.$$

设 $G(y)$ 是随机变量 $Y=F(X)$ 的分布函数. 显然,当 $y\leqslant 0$ 时,$G(y)=0$;当 $y\geqslant 1$ 时,$G(y)=1$;对于 $y\in(0,1)$,有

$$\begin{aligned}G(y)&=P\{Y\leqslant y\}\leqslant P\{F(X)\leqslant y\}=P\{\sqrt[3]{X}-1\leqslant y\}\\&=P\{X\leqslant(y+1)^3\}=\int_{1}^{(y+1)^3}\frac{1}{3\sqrt[3]{t}}\mathrm{d}t=y,\end{aligned}$$

故 $G(y)=\begin{cases}0, & y\leqslant 0\\ y, & 0<y<1.\\ 1, & y\geqslant 1\end{cases}$

方法二:

当 $x<1$ 时,$F(x)=0$;当 $x>8$ 时,$F(x)=1$;当 $1\leqslant y\leqslant 8$ 时,$F(x)=\int_{1}^{x}\frac{\mathrm{d}t}{3\sqrt[3]{t^2}}=\sqrt[3]{x}-1$.

设 $G(y)$ 是随机变量 $Y=F(X)$ 的分布函数,$F(x)$ 在$[1,8]$上严格单调递增,且 $F(1)=0,F(8)=1$,记 $h(y)=F^{-1}(y)=(y+1)^3$,根据随机变量函数的密度函数公式

$$g_Y(y)=\begin{cases}f[h(y)]\,|h'(y)|, & 0\leqslant y\leqslant 1\\ 0, & \text{其他}\end{cases},$$

则当 $y<0$ 时,$G(y)=0$;当 $y>1$ 时,$G(y)=1$;当 $0\leqslant y\leqslant 1$ 时,

$$G(y)=\int_{-\infty}^{y} g_Y(t)\mathrm{d}t=\int_{0}^{y}\mathrm{d}t=y;$$

也可以由

$$G(y)=P\{Y\leqslant y\}=P\{F(X)\leqslant y\}=P\{X\leqslant F^{-1}(y)\}=F[F^{-1}(y)]=y,$$

故 $G(y)=\begin{cases}0, & y\leqslant 0\\ y, & 0<y<1.\\ 1, & y\geqslant 1\end{cases}$

5.【解】(1) 由题设条件知，$P\{1\leqslant Y\leqslant 2\}=1$. 记 Y 的分布函数为 $F_Y(y)$，则当 $y<1$ 时，$F_Y(y)=0$；当 $y\geqslant 2$ 时，$F_Y(y)=1$；当 $1\leqslant y<2$ 时，

$$\begin{aligned}F_Y(y)&=P\{Y\leqslant y\}=P\{Y=1\}+P\{1<Y\leqslant y\}\\&=P\{X\geqslant 2\}+P\{1<X\leqslant y\}\\&=\int_2^3\frac{1}{9}x^2\mathrm{d}x+\int_1^y\frac{1}{9}x^2\mathrm{d}x=\frac{y^3+18}{27},\end{aligned}$$

所以 Y 的分布函数为

$$F_Y(y)=\begin{cases}0, & y<1\\ \dfrac{y^3+18}{27}, & 1\leqslant y<2.\\ 1, & y\geqslant 2\end{cases}$$

(2) $P\{X\leqslant Y\}=P\{X<2\}=\int_0^2\frac{1}{9}x^2\mathrm{d}x=\frac{8}{27}$.

6.【解】(1) 每次观测中，观测值大于 3 的概率为

$$P\{X>3\}=\int_3^{+\infty}f(x)\mathrm{d}x=\int_3^{+\infty}2^{-x}\ln 2\mathrm{d}x=\frac{1}{8},$$

故 Y 的概率分布为 $P\{Y=k\}=(k-1)\left(\frac{7}{8}\right)^{k-2}\left(\frac{1}{8}\right)^2, k=2,3,\cdots$.

(2) 方法一：

$$\begin{aligned}EY&=\sum_{k=2}^{\infty}k(k-1)\left(\frac{7}{8}\right)^{k-2}\left(\frac{1}{8}\right)^2=\left(\frac{1}{8}\right)^2\left(\sum_{k=2}^{\infty}x^k\right)''\Big|_{x=\frac{7}{8}}\\&=\left(\frac{1}{8}\right)^2\frac{2}{(1-x)^3}\Big|_{x=\frac{7}{8}}=16.\end{aligned}$$

方法二：

设 Y_1 表示直到出现第 1 个大于 3 的观测值时所需的观测次数，Y_2 表示出现第 1 个大于 3 的观测值之后到出现第 2 个大于 3 的观测值时所需的观测次数，则 $Y=Y_1+Y_2$ 且 Y_1,Y_2 均服从参数为 $p=\frac{1}{8}$ 的几何分布，故 $EY_1=EY_2=8$，所以 $EY=EY_1+EY_2=16$.

方法三：

由(1)知，Y 服从以参数为 $r=2,p=\frac{1}{8}$ 的负二项分布，故 $EY=\dfrac{2}{\frac{1}{8}}=16$.

7.【解】以 $X_i(i=1,2,3)$ 表示第 i 个电气元件无故障工作的时间，则 X_1,X_2,X_3 相

互独立且同分布，其分布函数为 $F(x)=\begin{cases}1-\mathrm{e}^{-\lambda x}, & x>0\\ 0, & x\leqslant 0\end{cases}$.

设 $G(t)$ 是 T 的分布函数，当 $t\leqslant 0$ 时，$G(t)=0$. 当 $t>0$ 时，有

$$\begin{aligned}G(t)&=P\{T\leqslant t\}=1-P\{T>t\}=1-P\{\min\{X_1,X_2,X_3\}>t\}\\&=1-P\{X_1>t,X_2>t,X_3>t\}\\&=1-P\{X_1>t\}\cdot P\{X_2>t\}\cdot P\{X_3>t\}\\&=1-[1-F(t)]^3=1-e^{-3\lambda t}.\end{aligned}$$

综上，$G(t)=\begin{cases}1-\mathrm{e}^{-3\lambda t}, & t>0\\ 0, & t\leqslant 0\end{cases}$，于是 T 服从参数为 3λ 的指数分布.

第 3 章　二维随机变量及其分布

知识扫描

二维随机变量及其分布是全书的重点，与二重积分联系紧密，想要学好本章务必要弄懂直角坐标条件下二重积分的求法．这一章节考点多、难度大，读者在复习时，可借助思维导图和列举的要点着重掌握．

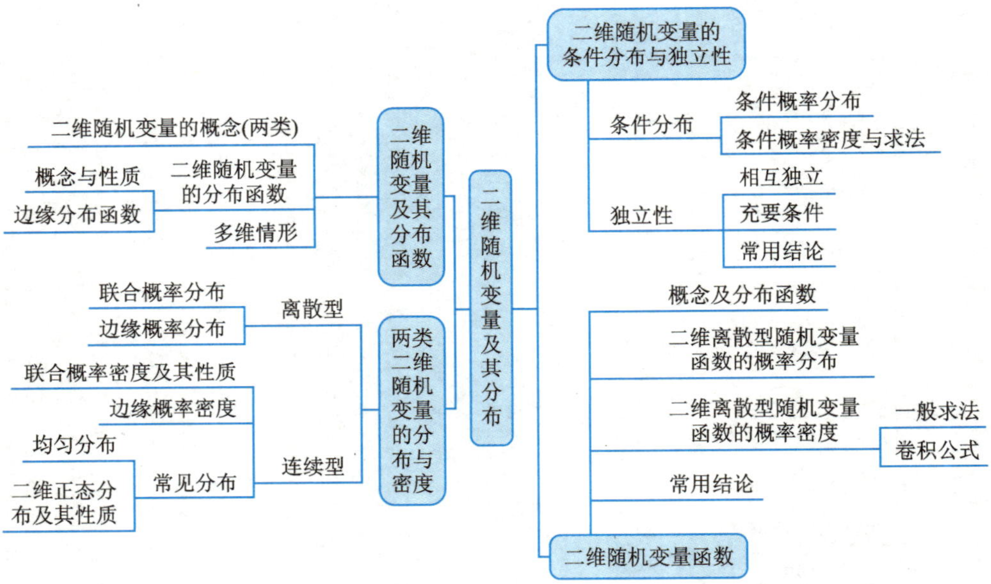

1．理解多维随机变量的概念，理解多维随机变量的分布的概念和性质．理解二维离散型随机变量的概率分布、边缘分布和条件分布；理解二维连续型随机变量的概率密度、边缘密度和条件密度．会求与二维随机变量相关事件的概率．

2．理解随机变量的独立性及不相关性（要结合第 4 章知识）的概念，掌握随机变量相互独立的条件．

3．掌握二维均匀分布，了解二维正态分布的概率密度，理解其中参数的概率意义．

4．会求两个随机变量简单函数的分布，会求多个相互独立随机变量简单函数的分布．

第 1 节　二维随机变量及其分布函数

一、二维随机变量

1. 定　义

设随机试验 E 的样本空间为 Ω，X 和 Y 是定义在 Ω 上的两个随机变量，称向量 (X,Y) 为二维随机向量或二维随机变量.

类似地，设 E 是一个随机试验，其样本空间是 Ω. 对于定义在 Ω 上的随机变量 X_1，X_2，$\cdots X_n$，称由它们构成的向量 $(X_1,X_2,\cdots X_n)$ 为 n 维随机向量或 n 维随机变量.

2. 分　类(★)

(1) 二维离散型随机变量：

如果二维随机变量 (X,Y) 的所有可能取值为一系列孤立的点 (x_i,y_j) $(i,j=1,2,\cdots)$，并且以确定的概率取这些不同的值，则称 (X,Y) 为二维离散型随机变量.

类似地，如果 n 维随机变量 $(X_1,X_2,\cdots,X_n)$ 的所有可能取的值是有限个或可列无限个 n 元数组，则称之为 n 维离散型随机变量.

(2) 连续型随机变量：

如果二维随机变量 (X,Y) 的所有可能的取值是连续的，且每个取值的概率都是零，而 (X,Y) 在整个可能取值范围内的概率和为 1，则称 (X,Y) 为二维连续型随机变量（描述型定义）.

类似地，如果 n 维随机变量 $(X_1,X_2,\cdots,X_n)$ 的所有可能的取值是连续的，且每个取值的概率都是零，而 $(X_1,X_2,\cdots,X_n)$ 在整个可能取值范围内的概率和为 1，则称之为 n 维连续型随机变量（描述型定义）.

二、二维随机变量的分布函数

1. 定　义(★★★)

设 (X,Y) 为二维随机变量，x 和 y 是任意实数，称二元函数 $F(x,y)=P\{X\leqslant x,Y\leqslant y\}$ 为 (X,Y) 的分布函数或 X 和 Y 的联合分布函数.

类似地，对于任意 n 个实数 $x_1,x_2,\cdots,x_n$，称 n 元函数 $F(x_1,x_2,\cdots,x_n)=P\{X_1\leqslant x_1,X_2\leqslant x_2,\cdots,X_n\leqslant x_n\}$ 为 n 维随机变量 $(X_1,X_2,\cdots,X_n)$ 的分布函数或随机变量 X_1，$X_2,\cdots,X_n$ 的联合分布函数，它具有与二维随机变量的分布函数相类似的性质.

二维随机变量 (X,Y) 对应 Oxy 平面上随机点的坐标，而分布函数 $F(x,y)$ 在点 (x,y) 处的函数值是随机点落在以 (x,y) 为顶点且位于该点左下方的无界域（见图 3－1）内的概率.

2. 性　质(★★)

(1) 对于任意 $x\in\mathbf{R}$ 和 $y\in\mathbf{R}$，有 $0\leqslant F(x,y)\leqslant 1$.

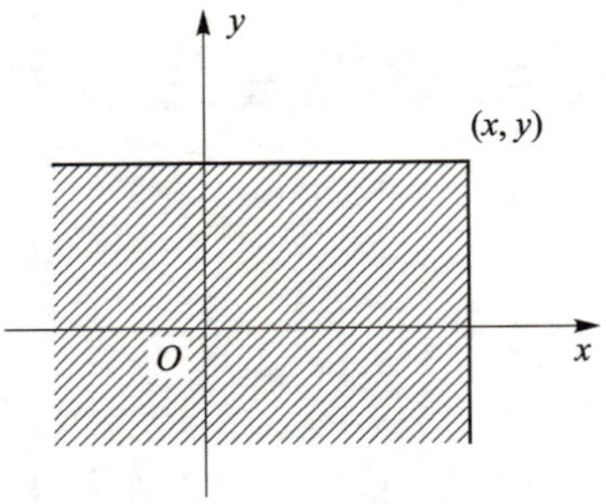

图 3-1

(2) $F(x,y)$分别关于变量 x 和 y 单调不减,即当 $x_1<x_2$,有 $F(x_1,y)\leqslant F(x_2,y)$;当 $y_1<y_2$,有 $F(x,y_1)\leqslant F(x,y_2)$.

(3) $F(x,y)$分别关于 x 和 y 右连续,即

$$\lim_{x\to x_0^+}F(x,y_0)=F(x_0+0,y_0)=F(x_0,y_0),$$

$$\lim_{y\to y_0^+}F(x_0,y)=F(x_0,y_0+0)=F(x_0,y_0).$$

(4) $F(+\infty,+\infty)=\lim\limits_{\substack{x\to+\infty\\ y\to+\infty}}F(x,y)=1,$

$F(-\infty,-\infty)=\lim\limits_{\substack{x\to-\infty\\ y\to-\infty}}F(x,y)=0,$

$F(-\infty,y)=\lim\limits_{x\to-\infty}F(x,y)=0,$

$F(x,-\infty)=\lim\limits_{y\to-\infty}F(x,y)=0.$

(5) 对任意的 $a_1<b_1,a_2<b_2$,有

$P\{a_1<X\leqslant b_1,a_2<Y\leqslant b_2\}=F(b_1,b_2)-F(a_1,b_2)-F(b_1,a_2)+F(a_1,a_2).$

3. 边缘分布函数(★★★)

(1) 概念:

设二维随机变量(X,Y)的分布函数为 $F(x,y)$,分别称函数 $F_X(x)=P\{X\leqslant x,Y<+\infty\}$和 $F_Y(y)=P\{X<+\infty,Y\leqslant y\}$为$(X,Y)$关于 X 和关于 Y 的边缘分布函数.显然,

$$F_X(x)=\lim_{y\to+\infty}F(x,y)=F(x,+\infty),$$

$$F_Y(y)=\lim_{x\to+\infty}F(x,y)=F(+\infty,y).$$

边缘分布函数,其实是单纯考量二维随机变量中的一个随机变量的分布函数.

(2) 推广:

类似地,如果已知 n 维随机变量$(X_1,X_2,\cdots,X_n)$的分布函数 $F(x_1,x_2,\cdots,x_n)$,则可确定出$(X_1,X_2,\cdots,X_n)$的 $k(1\leqslant sk<n)$维边缘分布函数:在 $F(x_1,x_2,\cdots,x_n)$中保留相应位置的 k 个变量,而让其他变量趋于$+\infty$,其极限即为所求.

例如,$(X_1,X_2,\cdots,X_n)$关于 X_1 的边缘分布函数为

$$F_{X_1}(x_1)=P\{x_1,+\infty,+\infty,\cdots,+\infty\},x_1\in\mathbf{R},$$

而$(X_1,X_2,\cdots,X_n)$关于(X_1,X_2,X_3)的边缘分布函数为

$F_{X_1X_2X_3}(x_1,x_2,x_3)=F\{x_1,x_2,x_3,+\infty,+\infty,\cdots,+\infty\},x_1\in\mathbf{R},x_2\in\mathbf{R},x_3\in\mathbf{R}.$

第 2 节　两类二维随机变量的分布与密度

一、二维离散型随机变量的概率分布和边缘概率分布

1. 二维离散型随机变量的概率分布(★★★)

(1) 概念：

如果(X,Y)取值的概率为

$$P\{X=x_i,Y=y_j\}=p_{ij}(i,j=1,2,\cdots),$$

其中，$p_{ij}\geqslant 0(i,j=1,2,\cdots)$，且 $\sum_{i=1}^{\infty}\sum_{j=1}^{\infty}p_{ij}=1$，则称 $P\{X=x_i,Y=y_j\}=p_{ij}(i,j=1,2,\cdots)$为二维离散型随机变量$(X,Y)$的概率分布或 X 和 Y 的联合概率分布.

(2) 推广：

类似地，n 维离散型随机变量的概率分布(也叫做 $X_1,X_2,\cdots,X_n$ 的联合概率分布)为

$$P\{X_1=x_{i_1},X_2=x_{i_2},\cdots,X_n=x_{i_n}\}=p_{i_1i_2\cdots i_n}(i_1,i_2,\cdots,i_n=1,2,\cdots).$$

(3) 表格表示：

二维离散型随机变量(X,Y)的概率分布也可用表格表示，具体如表 3 - 1 所列.

表 3 - 1

X	Y		
	y_1	y_2	$\cdots$
x_1	p_{11}	p_{12}	$\cdots$
x_2	p_{21}	p_{22}	$\cdots$
$\vdots$	$\vdots$	$\vdots$	$\ddots$

2. 边缘概率分布(★★★)

(1) 概念：

设(X,Y)的概率分布为 $P\{X=x_i,Y=y_j\}=p_{ij}(i,j=1,2,\cdots)$，则分别称

$$P\{X=x_i\}=P\{X=x_i,Y<+\infty\}=\sum_{j=1}^{\infty}p_{ij}=p_{i\cdot},i=1,2,\cdots$$

和

$$P\{Y=y_j\}=P\{X<+\infty,Y=y_j\}=\sum_{i=1}^{\infty}p_{ij}=p_{\cdot j},j=1,2,\cdots$$

为(X,Y)关于 X 和关于 Y 的边缘概率分布.

(2) 推广：

类似地，设 n 维离散型随机变量$(X_1,X_2,\cdots,X_n)$的概率分布为

$$P\{X_1=x_{i_1},X_2=x_{i_2},\cdots,X_n=x_{i_n}\}=p_{i_1i_2\cdots i_n}(i_1,i_2,\cdots,i_n=1,2,\cdots),$$

则$(X_1,X_2,\cdots,X_n)$关于X_1的边缘概率分布(或边缘分布律)为

$$P\{X_1=x_{i_1}\}=\sum_{i_2=1}^{\infty}\sum_{i_3=1}^{\infty}\cdots\sum_{i_n=1}^{\infty}p_{i_1i_2\cdots i_n}(i_1=1,2,\cdots).$$

(3) 表格表示:

二维离散型随机变量(X,Y)的边缘概率分布也可做成表格的形式:

① 关于X的边缘概率分布如表3-2所列.

表3-2

X	x_1	x_2	x_3	$\cdots$
P	$p_{1\cdot}$	$p_{2\cdot}$	$p_{3\cdot}$	$\cdots$

② 关于Y的边缘概率分布如表3-3所列.

表3-3

Y	y_1	y_2	y_3	$\cdots$
P	$p_{\cdot 1}$	$p_{\cdot 2}$	$p_{\cdot 3}$	$\cdots$

③ 往往将概率分布和边缘概率分布置于一张表内,具体如表3-4所列.

表3-4

X	Y			
	y_1	y_2	$\cdots$	$P\{X=x_i\}=p_{i\cdot}$
x_1	p_{11}	p_{12}	$\cdots$	$p_{1\cdot}$
x_2	p_{21}	p_{22}	$\cdots$	$p_{2\cdot}$
$\vdots$	$\vdots$	$\vdots$	$\ddots$	$\vdots$
$P\{Y=y_j\}=p_{\cdot j}$	$p_{\cdot 1}$	$p_{\cdot 2}$	$\cdots$	1

二、二维连续型随机变量的概率密度和边缘概率密度

1. 二维连续型随机变量的概率密度(★)

(1) 概念:

设二维随机变量(X,Y)的分布函数为$F(x,y)$,如果存在非负函数$f(x,y)$,使得对于任意实数x和y,都有

$$F(x,y)=\int_{-\infty}^{y}\int_{-\infty}^{x}f(u,v)\mathrm{d}u\mathrm{d}v,$$

则称(X,Y)为二维连续型随机变量(精确型定义),称函数$f(x,y)$为(X,Y)的概率密度或随机变量X和Y的联合概率密度.

(2) 推广:

类似地,如果存在非负的n元函数$f(x_1,x_2,\cdots,x_n)$,使得对于任意的n个实数x_1,$x_2,\cdots,x_n$,都有

$$F(x_1,x_2,\cdots,x_n)=\int_{-\infty}^{x_1}\int_{-\infty}^{x_2}\cdots\int_{-\infty}^{x_n}f(t_1,t_2,\cdots,t_n)\mathrm{d}t_n\cdots\mathrm{d}t_2dt_1,$$

则称$(X_1,X_2,\cdots,X_n)$为 n 维连续型随机变量(精确型定义),称 $f(x_1,x_2,\cdots,x_n)$为$(X_1,X_2,\cdots,X_n)$的概率密度或 $X_1,X_2,\cdots,X_n$ 的联合概率密度.

2. 二维连续型随机变量的概率密度的性质(★★)

(1) $f(x,y)\geqslant 0$;

(2) $\int_{-\infty}^{+\infty}\int_{-\infty}^{+\infty}f(x,y)\mathrm{d}x\mathrm{d}y=1$;

(3) 如果 $f(x,y)$在点(x,y)处连续,则有$\dfrac{\partial^2F(x,y)}{\partial x\partial y}=f(x,y)$;

(4) 随机点(X,Y)落在 Oxy 面上区域 G 内的概率为

$$P\{(X,Y)\in G\}=\iint\limits_G f(x,y)\mathrm{d}x\mathrm{d}y.$$

3. 边缘概率密度(★★★)

设二维连续型随机变量(X,Y)的概率密度为 $f(x,y)$,将

$$f_X(x)=\int_{-\infty}^{+\infty}f(x,y)\mathrm{d}y,f_Y(y)=\int_{-\infty}^{+\infty}f(x,y)\mathrm{d}x$$

分别称为(X,Y)关于 X 和关于 Y 的边缘概率密度.

类似地,如果 n 维连续型随机变量$(X_1,X_2,\cdots,X_n)$具有概率密度 $f(x_1,x_2,\cdots,x_n)$,则$(X_1,X_2,\cdots,X_n)$关于 X_1 的边缘概率密度为

$$f_{X_1}(x_1)=\int_{-\infty}^{+\infty}\int_{-\infty}^{+\infty}\cdots\int_{-\infty}^{+\infty}f(x_1,x_2,\cdots,x_n)\mathrm{d}x_2\mathrm{d}x_3\cdots\mathrm{d}x_n,x_1\in\mathbf{R},$$

而$(X_1,X_2,\cdots,X_n)$关于(X_1,X_2,X_3)的边缘概率密度为

$$f_{X_1X_2X_3}(x_1,x_2,x_3)=\int_{-\infty}^{+\infty}\int_{-\infty}^{+\infty}\cdots\int_{-\infty}^{+\infty}f(x_1,x_2,\cdots,x_n)\mathrm{d}x_4\mathrm{d}x_5\cdots\mathrm{d}x_n,$$

$$x_1\in\mathbf{R},x_2\in\mathbf{R},x_3\in\mathbf{R}.$$

4. 常见的二维连续型随机变量(★★)

(1) 均匀分布:

如果(X,Y)有概率密度

$$f(x,y)=\begin{cases}\dfrac{1}{A}, & (x,y)\in D\\ 0, & \text{其他}\end{cases},$$

其中,A 是 Oxy 面上有界区域 D 的面积,则称(X,Y)服从 D 上的均匀分布.

(2) 二维正态分布:

① 定义:

如果(X,Y)有概率密度

$$f(x,y)=\frac{1}{2\pi\sigma_1\sigma_2\sqrt{1-\rho^2}}\mathrm{e}^{-\frac{1}{2\sqrt{1-\rho^2}}\left[\frac{(x-\mu_1)^2}{\sigma_1{}^2}-\frac{2\rho(x-\mu_1)(y-\mu_2)}{\sigma_1\sigma_2}+\frac{(y-\mu_2)^2}{\sigma_2{}^2}\right]},$$

其中，$\mu_1,\mu_2,\sigma_1,\sigma_2,\rho$ 都是常数，且 $\sigma_1>0,\sigma_2>0,-1<\rho<1$，则称 (X,Y) 服从参数为 μ_1，$\mu_2,\sigma_1,\sigma_2,\rho$ 的二维正态分布，记作 $(X,Y)\sim N(\mu_1,\mu_2,\sigma_1^2,\sigma_2^2,\rho)$.

② 性质：

设 $(X,Y)\sim N(\mu_1,\mu_2,\sigma_1^2,\sigma_2^2,\rho)$，则 $X\sim N(\mu_1,\sigma_1^2)$，$Y\sim N(\mu_2,\sigma_2^2)$.

分类习题 3-1

1. 已知随机变量 X 和 Y 的联合密度为

$$f(x,y)=\begin{cases} e^{-(x+y)}, & 0<x<\infty, 0<y<+\infty \\ 0, & \text{其他} \end{cases},$$

试求：(1) $P\{X<Y\}$；

(2) $E(XY)$.

【析】考查二维随机变量的联合概率密度以及第 4 章的数学期望.

【解】(1) $P\{X<Y\}=\iint\limits_{X<Y} f(x,y)\mathrm{d}x\,\mathrm{d}y=\int_0^{+\infty}\int_0^y e^{-(x+y)}\mathrm{d}x\,\mathrm{d}y$

$$=\int_0^{+\infty} e^{-y}\mathrm{d}y\int_0^y e^{-x}\mathrm{d}y=\int_0^{+\infty} e^{-y}(1-e^{-y})\mathrm{d}y=\frac{1}{2}.$$

(2) $E(XY)=\int_0^{+\infty}\int_0^{+\infty} xye^{-(x+y)}\mathrm{d}x\,\mathrm{d}y$

$$=\int_0^{+\infty} x\,e^{-x}\mathrm{d}x\int_0^{+\infty} y\,e^{-y}\mathrm{d}y=1.$$

2. 设二维变量 (X,Y) 在区域 D：$0<x<1,|y|<x$ 内服从均匀分布，求关于 X 的边缘概率密度函数及随机变量 $Z=2X+1$ 的方差 DZ.

【析】考查二维均匀分布的边缘密度函数以及第 4 章方差的性质.

【解】(X,Y) 的联合概率密度函数是

$$f(x,y)=\begin{cases} 1, & 0<x<1,|y|<x \\ 0, & \text{其他} \end{cases},$$

因此关于 X 的边缘概率密度函数是

$$f_X(x)=\int_{-\infty}^{+\infty} f(x,y)\mathrm{d}y=\begin{cases} 2x, & 0<x<1 \\ 0, & \text{其他} \end{cases}.$$

$$DZ=D(2X+1)=4[E(X^2)-(EX)^2]$$

$$=4\left[\int_{-\infty}^{+\infty} x^2 f_X(x)\mathrm{d}x-\left(\int_{-\infty}^{+\infty} xf_X(x)\mathrm{d}x\right)^2\right]$$

$$=4\left[\int_0^1 2x^3\mathrm{d}x-\left(\int_0^1 2x^2\mathrm{d}x\right)^2\right]=4\left(\frac{1}{2}-\frac{4}{9}\right)=\frac{2}{9}.$$

3. 设 X 和 Y 为两个随机变量且

$$P\{X\geqslant 0,Y\geqslant 0\}=\frac{3}{7},P\{X\geqslant 0\}=P\{Y\geqslant 0\}=\frac{4}{7},$$

则 $P\{\max(X,Y)\geqslant 0\}=$________.

【答】应填 $\frac{5}{7}$.

【析】考查二维随机变量与加法公式.

【解】因为

$$\begin{aligned}P\{\max(X,Y)\geqslant 0\}&=P\{X\geqslant 0 \text{ 或 } Y\geqslant 0\}\\&=P\{X\geqslant 0\}+P\{Y\geqslant 0\}-P\{X\geqslant 0,Y\geqslant 0\}\\&=\frac{8}{7}-\frac{3}{7}=\frac{5}{7}.\end{aligned}$$

4. 已知随机变量 X 和 Y 的联合概率密度为

$$f(x,y)=\begin{cases}4xy, & 0\leqslant x\leqslant 1,0\leqslant y\leqslant 1\\0, & \text{其他}\end{cases},$$

求 X 和 Y 的联合分布函数 $F(x,y)$.

【析】考查二维连续型随机变量的联合分布函数.

【解】对于 $x<0$ 或 $y<0$,有

$$F(x,y)=P\{X\leqslant x,Y\leqslant y\}=0.$$

对于 $0\leqslant x\leqslant 1,0\leqslant y\leqslant 1$,有

$$F(x,y)=4\int_0^x\int_0^y uv\,\mathrm{d}u\,\mathrm{d}v=x^2y^2.$$

对于 $x>1,y>1$,有

$$F(x,y)=1.$$

对于 $x>1,0\leqslant y\leqslant 1$,有

$$F(x,y)=P\{X\leqslant 1,Y\leqslant y\}=y^2.$$

对于 $y>1,0\leqslant x\leqslant 1$,有

$$F(x,y)=P\{X\leqslant x,Y\leqslant 1\}=x^2.$$

故 X 和 Y 的联合分布函数为

$$F(x,y)=\begin{cases}0, & x<0 \text{ 或 } y<0\\x^2y^2, & 0\leqslant x\leqslant 1,0\leqslant y\leqslant 1\\x^2, & 0\leqslant x\leqslant 1,y>1\\y^2, & x>1,0\leqslant y\leqslant 1\\1, & x>1,y>1\end{cases}.$$

第 3 节　二维随机变量的条件分布与独立性

一、二维随机变量的条件分布

1. 二维离散型随机变量的条件分布(★★★)

设(X,Y)的概率分布为 $P\{X=x_i,Y=y_j\}=p_{ij}(i,j=1,2,\cdots)$. 对于固定的 $j(j=1,2,\cdots)$,如果 $P\{Y=y_j\}=p_{\cdot j}>0$,则称

$$P\{X=x_i|Y=y_j\}=\frac{P\{X=x_i,Y=y_j\}}{P\{Y=y_j\}}=\frac{p_{ij}}{p_{\cdot j}},i=1,2,\cdots$$

为在$Y=y_j$条件下随机变量X的条件概率分布;对于固定的$i(i=1,2,\cdots)$,如果$P\{X=x_i\}=p_{i\cdot}>0$,则称

$$P\{Y=y_j|X=x_i\}=\frac{P\{X=x_i,Y=y_j\}}{P\{X=x_i\}}=\frac{p_{ij}}{p_{i\cdot}},j=1,2,\cdots$$

为在$X=x_i$条件下随机变量Y的条件概率分布.

2. 连续型随机变量的条件概率密度(★★★)

(1) 定义:

设(X,Y)的概率密度为$f(x,y)$,$f_X(x)$和$f_Y(y)$分别为(X,Y)关于X和关于Y的边缘概率密度.

如果$f(x,y)$在点(x,y)处连续,$f_Y(y)$连续且$f_Y(y)>0$,则称$f_{X|Y}(x|y)=\dfrac{f(x,y)}{f_Y(y)}$,$x\in\mathbf{R}$为在$Y=y$条件下随机变量$X$的条件概率密度.

如果$f(x,y)$在(x,y)处连续,$f_X(x)$连续且$f_X(x)>0$,则称$f_{Y|X}(y|x)=\dfrac{f(x,y)}{f_X(x)}$,$y\in\mathbf{R}$为在$X=x$条件下随机变量$Y$的条件概率密度.

(2) 求法:

若设$f_{X|Y}(x|y)$和$f_{Y|X}(y|x)$分别为在$Y=y$条件下X的条件概率密度和在$X=x$条件下Y的条件概率密度,则有

$$F_{X|Y}(x|y)=\int_{-\infty}^{x}f_{X|Y}(t|y)\mathrm{d}t,x\in\mathbf{R},$$

$$F_{Y|X}(y|x)=\int_{-\infty}^{y}f_{Y|X}(t|x)\mathrm{d}t,y\in\mathbf{R}.$$

二、二维随机变量的独立性

1. 定　义(★★★)

设$F(x,y)$和$F_X(x)$,$F_Y(y)$分别是二维随机变量(X,Y)的分布函数和边缘分布函数,如果对于任意实数x和y,有$F(x,y)=F_X(x)F_Y(y)$成立,则称随机变量X和Y相互独立.

类似地,如果对于任意n个实数$x_1,x_2,\cdots,x_n$,有

$$\begin{aligned}F(x_1,x_2,\cdots,x_n)&=F_{X_1}(x_1)F_{X_2}(x_2)\cdots F_{X_n}(x_n)\\&=\prod_{i=1}^{n}F_{X_i}(x_i),\end{aligned}$$

则称随机变量$X_1,X_2,\cdots,X_n$是相互独立的.

另外,还可将随机变量的独立性作如下扩展:如果对于任意$m+n$个实数$x_1,x_2,\cdots,x_m,y_1,y_2,\cdots,y_n$,有

$$F(x_1,x_2,\cdots,x_m,y_1,y_2,\cdots,y_n)=F_1(x_1,x_2,\cdots,x_m)F_2(y_1,y_2,\cdots,y_n),$$

其中,F,F_1和F_2分别是$m+n$维随机变量$(X_1,X_2,\cdots,X_m,Y_1,Y_2,\cdots,Y_n)$,$m$维随机变量$(X_1,X_2,\cdots,X_m)$和$n$维随机变量$(Y_1,Y_2,\cdots,Y_n)$的分布函数,则称$m$维随机变量

$(X_1,X_2,\cdots,X_m)$和 n 维随机变量$(Y_1,Y_2,\cdots,Y_n)$是相互独立的.且有如下结论：

设$(X_1,X_2,\cdots,X_m)$和$(Y_1,Y_2,\cdots,Y_n)$相互独立，则 $X_i(i=1,2,\cdots,m)$和 $Y_j(j=1,2,\cdots,n)$相互独立，如果 h,g 是连续函数，则随机变量 $h(X_1,X_2,\cdots,X_m)$和 $g(Y_1,Y_2,\cdots,Y_n)$相互独立.

2. 充要条件(★★★)

(1) 当(X,Y)是二维离散型随机变量时，X 和 Y 相互独立的充分必要条件是 $p_{ij}=p_{i\cdot}\cdot p_{\cdot j}(i,j=1,2,\cdots)$.

类似地，如果$(X_1,X_2,\cdots,X_n)$是 n 维离散型随机变量，则 $X_1,X_2,\cdots,X_n$ 是相互独立的充分必要条件是对于$(X_1,X_2,\cdots,X_n)$的任意一组可能取的值 $x_{i_1},x_{i_2},\cdots,x_{i_n}$，有

$$P\{X_1=x_{i_1},X_2=x_{i_2},\cdots,X_n=x_{i_n}\}=P\{X_1=x_{i_1}\}P\{X_2=x_{i_2}\}\cdots P\{X_n=x_{i_n}\}$$

$$=\prod_{j=1}^{n}P\{X_j=x_{i_j}\}.$$

(2) 当(X,Y)是连续型随机变量时，X 和 Y 相互独立的充分必要条件是

$$f(x,y)=f_X(x)f_Y(y)(x\in\mathbf{R},y\in\mathbf{R}),$$

其中，$f_X(x)=\int_{-\infty}^{+\infty}f(x,y)\mathrm{d}y,f_Y(y)=\int_{-\infty}^{+\infty}f(x,y)\mathrm{d}x$.

类似地，如果$(X_1,X_2,\cdots,X_n)$是 n 维连续型随机变量，则 $X_1,X_2,\cdots,X_n$ 是相互独立的充分必要条件是对于任意 n 个实数 $x_1,x_2,\cdots,x_n$，有

$$f(x_1,x_2,\cdots,x_n)=f_{X_1}(x_1)f_{X_2}(x_2)\cdots f_{X_n}(x_n)=\prod_{i=1}^{n}f_{X_i}(x_i).$$

3. 常用结论(★★★)

(1) 随机变量 X,Y 相互独立等价于对实轴上任意两个集合 A,B 有

$$P\{X\in A,Y\in B\}=P\{X\in A\}\cdot P\{Y\in B\}.$$

提示：只要找到一组概率不相等，则不独立.

(2) 设随机变量 X 与 Y 相互独立，$f(x),g(y)$是连续函数，则 $\xi=f(X)$与 $\eta=g(Y)$相互独立.

(3) 设(X,Y)为二维连续型随机变量，联合概率密度为 $f(x,y)$，则 X,Y 相互独立的充分必要条件是 $f(x,y)$可分离变量，即 $f(x,y)=g(x)\cdot h(y)$.

(4) 设$(X,Y)\sim N(\mu_1,\mu_2,\sigma_1^2,\sigma_2^2,\rho)$，则 X 与 Y 相互独立的等价条件是 $\rho=0$.

分类习题 3-2

1. 设随机向量 X 和 Y 相互独立，其概率分布如表 3-5、表 3-6 所列，则下列选项正确的是(　　).

表 3-5

m	-1	1
$P\{X=m\}$	0.5	0.5

表 3-6

m	-1	1
$P\{Y=m\}$	0.5	0.5

A. $X=Y$　　B. $P\{X=Y\}=0$　　C. $P\{X=Y\}=\frac{1}{2}$　　D. $P\{X=Y\}=1$

【答】应选 C.

【析】考查二维离散型随机变量的相互独立性.

【解】因随机变量 X 和 Y 相互独立,故

$$\begin{aligned}P\{X=Y\}&=P\{X=-1,Y=-1\}+P\{X=1,Y=1\}\\&=P\{X=-1\}\cdot P\{Y=-1\}+P\{X=1\}\cdot P\{Y=1\}\\&=\frac{1}{2}\times\frac{1}{2}+\frac{1}{2}\times\frac{1}{2}=\frac{1}{2}.\end{aligned}$$

故选 C.

2. 一电子仪器由两个部件组成,以 X 和 Y 分别表示两个部件的寿命(单位:千小时),已知 X 和 Y 的联合分布函数为

$$F(x,y)=\begin{cases}1-e^{-0.5x}-e^{-0.5y}+e^{-0.5(x+y)}, & x\geqslant 0,y\geqslant 0\\0, & \text{其他}\end{cases}.$$

(1) 问 X 和 Y 是否独立?

(2) 求两个部件的寿命都超过 100 h 的概率 α.

【析】考查二维连续型随机变量的边缘分布和相互独立性.

【解】(1) X 的分布函数 $F_1(x)$ 和 Y 的分布函数 $F_2(y)$ 分别为:

$$F_1(x)=F(x,+\infty)=\begin{cases}1-e^{-0.5x}, & x\geqslant 0\\0, & x<0\end{cases},$$

$$F_2(y)=F(+\infty,y)=\begin{cases}1-e^{-0.5y}, & y\geqslant 0\\0, & y<0\end{cases},$$

显然 $F(x,y)=F_1(x)F_2(y)$,故 X 和 Y 独立.

(2) 根据题意可得

$$\begin{aligned}\alpha&=P\{X>0.1,Y>0.1\}=P\{X>0.1\}\cdot P\{Y>0.1\}\\&=[1-F_1(0.1)]\cdot[1-F_2(0.1)]=e^{-0.05}\cdot e^{-0.05}=e^{-0.1}.\end{aligned}$$

3. 甲乙两人独立地各进行两次射击,假设甲的命中率为 0.2,乙的为 0.5,以 X 和 Y 分别表示甲和乙的命中次数,试求 X 和 Y 联合概率分布.

【析】考查二项分布、二维随机变量的联合概率分布与相互独立性.

【解】X 和 Y 都服从二项分布,参数相应为(2,0.2)和(2,0.5).因此 X 和 Y 的概率分布分别为:$X\sim\begin{bmatrix}0 & 1 & 2\\0.64 & 0.32 & 0.04\end{bmatrix}$,$Y\sim\begin{bmatrix}0 & 1 & 2\\0.25 & 0.5 & 0.25\end{bmatrix}$,故由独立性,知 X 和 Y 的联合分布如表 3-7 所列.

表 3-7

Y	X		
	0	1	2
0	0.16	0.08	0.01
1	0.32	0.16	0.02
2	0.16	0.08	0.01

4. 设相互独立的随机变量 X,Y 具有同一分布律，且 X 的分布律如表 3-8 所列. 则随机变量 $Z=\max\{X,Y\}$ 的分布律为________.

表 3-8

X	0	1
P	$\frac{1}{2}$	$\frac{1}{2}$

【答】应填 $P\{Z=0\}=\frac{1}{4}, P\{Z=1\}=\frac{3}{4}$.

【析】考查二维离散型随机变量函数的分布律与随机变量的相互独立性.

【解】根据题意，Z 的所有可能取值为 0 和 1. 由于 X,Y 相互独立且同分布，因此，

$$P\{Z=0\}=P\{\max(X,Y)=0\}=P\{X=0,Y=0\}$$
$$=P\{X=0\}P\{Y=0\}=\frac{1}{4},$$
$$P\{Z=1\}=1-P\{Z=0\}=\frac{3}{4}.$$

故 $Z=\max\{X,Y\}$ 的分布律如表 3-9 所列.

表 3-9

Z	0	1
P	$\frac{1}{4}$	$\frac{3}{4}$

第 4 节　二维随机变量函数

一、基本概念

1. 定　义(★)

设 (X,Y) 是一个二维随机变量，将其视为自变量，则函数 $Z=g(X,Y)$ 也是一个随机变量，称之为随机变量 (X,Y) 的函数.

2. 二维随机变量函数的分布函数(★★★)

二维随机变量 (X,Y) 的函数 $Z=g(X,Y)$ 的分布函数为

$$F_Z(z)=P\{Z\leqslant z\}=P\{g(X,Y)\leqslant z\}=P\{(X,Y)\in D_z\},$$

其中，D_z 是由 $g(X,Y)\leqslant z$ 解出的.

二、两类随机变量函数的分布与密度

1. 二维离散型随机变量函数的概率分布(★★★)

设二维离散型随机变量 (X,Y) 的概率分布为 $P\{X=x_i,Y=y_j\}=p_{ij}(i,j=1,$

2,…),且关于(x,y)的函数$g(x,y)$连续,则随机变量$Z=g(X,Y)$的概率分布为

$$P\{Z=z_k\}=\sum_{g(x_i,y_j)=z_k} p_{ij}(i,j=1,2,\cdots).$$

因为求$Z=g(X,Y)$的概率分布时,要将$g(x_i,y_j)(i,j=1,2,\cdots)$中值相等的概率合并在一起,所以不妨设$g(x_i,y_j)(i,j=1,2,\cdots)$中所有互不相等的值为$z_1,z_2,\cdots,z_i,\cdots$,则随机变量$Z=g(X,Y)$的概率分布为

$$P\{Z=z_k\}=\sum_{g(x_i,y_j)=z_k} p_{ij}(i,j=1,2,\cdots).$$

2. 二维连续型随机变量函数的概率密度(★★★)

(1) 定义:

设二维连续型随机变量(X,Y)的概率密度为$f(x,y)$,则二维随机变量(X,Y)的函数$Z=g(x,y)$的分布函数为

$$F_Z(z)=P\{Z<z\}=P\{g(X,Y)\leqslant z\}=\iint_{g(X,Y)\leqslant z} f(x,y)\mathrm{d}x\mathrm{d}y,z\in\mathbf{R},$$

从而其概率密度为$f_Z(z)=F'_Z(z)$.

(2) 二维连续型随机变量(X,Y)的函数$Z=X+Y$的概率密度:

若二维连续型随机变量(X,Y)的概率密度为$f(x,y)$,则$Z=X+Y$的概率密度为

$$f_Z(z)=\int_{-\infty}^{+\infty} f(x,z-x)\mathrm{d}x \text{ 或 } f_Z(z)=\int_{-\infty}^{+\infty} f(z-y,y)\mathrm{d}y.$$

特别地,当X与Y相互独立时,有

$$f_Z(z)=\int_{-\infty}^{+\infty} f_X(x)f_Y(z-x)\mathrm{d}x \text{ 或 } f_Z(z)=\int_{-\infty}^{+\infty} f_X(z-y)f_Y(y)\mathrm{d}y.$$

这两个公式称为卷积公式,记为$f_X * f_Y$.对于$Z=aX+bY$的情形也可化为此情形来处理,这样便可套用卷积公式.

三、常用结论

(1) 设$X\sim B(m,p)$,$Y\sim B(n,p)$且相互独立,则$Z=X+Y\sim B(m+n,p)$.

(2) 设$X\sim\pi(\lambda_1)$,$Y\sim\pi(\lambda_2)$且相互独立,则$Z=X+Y\sim\pi(\lambda_1+\lambda_2)$.

(3) 设随机变量X和Y相互独立,且$X\sim N(\mu_1,\sigma_1^2)$,$Y\sim N(\mu_2,\sigma_2^2)$,若$k_1,k_2$是不全为零的常数,则$Z=k_1X+k_2Y$也服从正态分布,且

$$Z=k_1X+k_2Y\sim N(k_1\mu_1+k_2\mu_2,k_1^2\sigma_1^2+k_2^2\sigma_2^2).$$

类似地,设n维随机变量$X_1,X_2,\cdots,X_n$相互独立,且$X_1\sim N(\mu_i,\sigma_i^2)(i=1,2,\cdots,n)$,若$k_1,k_2,\cdots,k_n$是不全为零的常数,则$Z=\sum_{i=1}^{n}k_iX_i$服从正态分布,且$\sum_{i=1}^{n}k_iX_i\sim N(\sum_{i=1}^{n}k_i\mu_i,\sum_{i=1}^{n}k_i^2\sigma_i^2)$.

(4) 设随机变量X和Y相互独立,它们的分布函数分别为$F_X(x)$和$F_Y(y)$,则随机变量$M=\max\{X,Y\}$和$N=\min\{X,Y\}$的分布函数分别为

$$F_{\max}(z)=P\{M\leqslant z\}=F_X(z)\cdot F_Y(z),$$

$$F_{\min}(z)=P\{N\leqslant z\}=1-[1-F_X(z)]\cdot[1-F_Y(z)].$$

类似地，设随机变量 $X_1,X_2,\cdots,X_n$ 相互独立，它们的分布函数分别为 $F_{X_1}(x_1)$，$F_{X_2}(x_2),\cdots,F_{X_n}(x_n)$，则随机变量 $M=\max(X_1,X_2,\cdots,X_n)$ 和 $N=\min(X_1,X_2,\cdots,X_n)$ 的分布函数分别为：

$$F_{\max}(z)=F_{X_1}(z)F_{X_2}(z)\cdots F_{X_n}(z)=\prod_{i=1}^{n}F_{X_i}(z),z\in\mathbf{R};$$

$$\begin{aligned}F_{\min}(z)&=1-[1-F_{X_1}(z)][1-F_{X_2}(z)]\cdots[1-F_{X_n}(z)]\\&=1-\prod_{i=1}^{n}[1-F_{X_i}(z)],z\in\mathbf{R}.\end{aligned}$$

当随机变量 $X_1,X_2,\cdots,X_n$ 相互独立且具有相同的分布函数 $F(x)$ 时，有

$$F_{\max}(z)=[F(z)]^n,z\in\mathbf{R};F_{\min}(z)=1-[1-F(z)]^n,z\in\mathbf{R}.$$

注意：第(1)～(2)条(★)，第(3)～(5)条(★★★).

分类习题 3-3

1. 设随机变量 X,Y 相互独立，其密度函数分别为

$$f_X(x)=\begin{cases}1, & 0\leqslant x\leqslant 1\\0, & 其他\end{cases},f_Y(y)=\begin{cases}e^{-y}, & y>0\\0, & y\leqslant 0\end{cases},$$

求随机变量 $Z=2X+Y$ 的密度函数 $f_Z(z)$.

【析】考查相互独立的二维随机变量函数的概率密度.

【解】方法一：分布函数求导法.

如图 3-2 所示，因为随机变量 X,Y 相互独立，所以二元随机变量 (X,Y) 的概率密度函数为

$$f(x,y)=f_X(x)f_Y(y)=\begin{cases}e^{-y}, & 0\leqslant x\leqslant 1,y>0\\0, & 其他\end{cases},$$

故随机变量 Z 的分布函数为

$$F_Z(z)=P(Z\leqslant z)=P(2X+Y\leqslant z)=\iint\limits_{2x+y\leqslant z}f(x,y)\mathrm{d}x\mathrm{d}y.$$

当 $z\leqslant 0$ 时，$F_Z(z)=\iint\limits_{2x+y\leqslant z}0\mathrm{d}x\mathrm{d}y=0$；

当 $0<z\leqslant 2$ 时，$0\leqslant y\leqslant z-2x,0\leqslant x\leqslant\dfrac{z}{2}$，

从而　$$F_Z(z)=\int_0^{\frac{z}{2}}\mathrm{d}x\int_0^{z-2x}e^{-y}\mathrm{d}y=\int_0^{\frac{z}{2}}(1-e^{2x-z})\mathrm{d}x=\frac{z}{2}-\frac{1}{2}+\frac{1}{2}e^{-z};$$

当 $z>2$ 时，$0\leqslant y\leqslant z-2x,0\leqslant x\leqslant 1$，

从而　$$F_Z(z)=\int_0^1\mathrm{d}x\int_0^{z-2x}e^{-y}\mathrm{d}y=\int_0^1(1-e^{2x-z})\mathrm{d}x=1-\frac{1}{2}(e^2-1)e^{-z}.$$

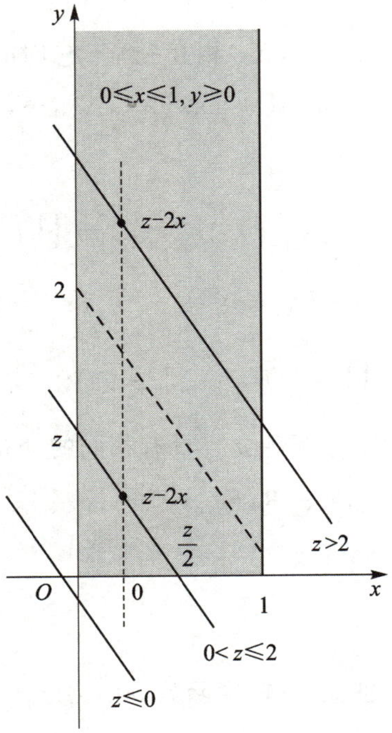

图 3-2

于是
$$F_Z(z)=\begin{cases}0, & z\leqslant 0\\ \dfrac{z}{2}-\dfrac{1}{2}+\dfrac{1}{2}e^{-z}, & 0<z\leqslant 2\\ 1-\dfrac{1}{2}(e^2-1)e^{-z}, & z>2\end{cases},$$

故
$$f_Z(z)=F'_Z(z)=\begin{cases}0, & z\leqslant 0\\ \dfrac{1}{2}(1-e^{-z}), & 0<z\leqslant 2\\ \dfrac{1}{2}(e^2-1)e^{-z}, & z>2\end{cases}.$$

方法二：卷积公式法.

如图 3-3 所示，因为随机变量 X，Y 相互独立，所以随机变量 $Z=2X+Y$ 的概率密度函数为

$$f_Z(z)=\int_{-\infty}^{z}f_X(x)f_Y(z-2x)\mathrm{d}x=\int_0^z f_Y(z-2x)\mathrm{d}x$$
$$=\begin{cases}0, & z\leqslant 0\\ \int_0^{\frac{z}{2}}e^{-(z-2x)}\mathrm{d}x, & 0<z\leqslant 2\\ \int_0^1 e^{-(z-2x)}\mathrm{d}x, & z>2\end{cases}=\begin{cases}0, & z\leqslant 0\\ \dfrac{1}{2}(1-e^{-z}), & 0<z\leqslant 2\\ \dfrac{1}{2}(e^2-1)e^{-z}, & z>2\end{cases}.$$

2. 设随机变量 X 与 Y 独立，且 X 服从均值为 1，标准差（均方差）为$\sqrt{2}$的正态分布，而 Y 服从标准正态分布，试求随机变量 $Z=2X-Y+3$ 的概率密度函数.

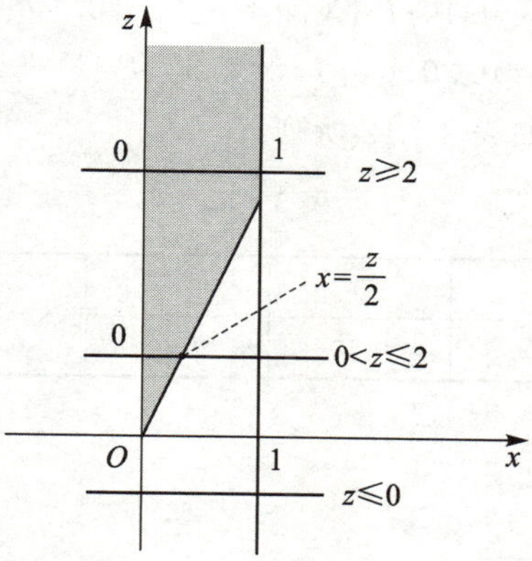

图 3 - 3

【析】考查二维相互独立正态随机变量的函数的概率密度与第 4 章的数学期望和方差的性质.

【解】因相互独立的正态随机变量的线性组合仍然服从正态分布,故只需确定 Z 的均值 $E(Z)$ 和方差 $D(Z)$. 由于 $E(Z)=2E(X)-E(Y)+3=5, D(Z)=2^2D(X)+D(Y)=9$,所以 Z 的概率密度函数为

$$f_Z(z)=\frac{1}{3\sqrt{2\pi}}e^{-\frac{(z-5)^2}{18}}.$$

3. 已知随机变量 X 和 Y 的联合概率分布如表 3 - 10 所列.

表 3 - 10

(X,Y)	(0,0)	(0,1)	(1,0)	(1,1)	(2,0)	(2,1)
$P\{X=x,Y=y\}$	0.10	0.15	0.25	0.20	0.15	0.15

(1) 求 X 的概率分布;

(2) 求 $X+Y$ 的概率分布;

(3) 求 $Z=\sin\frac{\pi(X+Y)}{2}$ 的数学期望.

【析】考查离散型二维随机变量的边缘分布以及其函数的概率分布和第 4 章的数学期望.

【解】(1) X 的可能取值为 0,1,2,根据联合分布可得

$$P\{X=0\}=0.10+0.15=0.25;$$
$$P\{X=1\}=0.25+0.20=0.45;$$
$$P\{X=2\}=0.15+0.15=0.30.$$

因此 X 的概率分布如表 3 - 11 所列.

表 3 - 11

X	0	1	2
$P\{X=x\}$	0.25	0.45	0.30

(2) $X+Y$ 的可能取值为 0,1,2,3,根据联合分布可得

$P\{X+Y=0\}=0.10;P\{X+Y=1\}=0.15+0.25=0.40;$

$P\{X+Y=2\}=0.20+0.15=0.35;P\{X+Y=3\}=0.15.$

因此 $X+Y$ 的概率分布如表 3-12 所列.

表 3-12

$X+Y$	0	1	2	3
$P\{X+Y=s\}$	0.10	0.40	0.35	0.15

(3) $E\left[\sin\dfrac{\pi(X+Y)}{2}\right]$

$$=\sin 0\times 0.10+\sin\frac{\pi}{2}\times 0.40+\sin\pi\times 0.35+\sin\frac{3\pi}{2}\times 0.15$$

$$=0.40-0.15=0.25.$$

4. 设二维随机变量 (X,Y) 的概率密度为

$$f(x,y)=\begin{cases}2e^{-(x+2y)}, & x>0,y>0\\0, & \text{其他}\end{cases},$$

求 $Z=X+2Y$ 的分布函数.

【析】考查二维连续型随机变量函数的分布函数.

【解】根据题意,

$$F_Z(z)=P\{Z\leqslant z\}=P\{X+2Y\leqslant z\}=\iint\limits_{x+2y\leqslant z}f(x,y)\mathrm{d}x\mathrm{d}y.$$

当 $z\leqslant 0$ 时, $P\{Z\leqslant z\}=0$.

当 $z>0$ 时,

$$P\{Z\leqslant z\}=\int_0^z \mathrm{d}x\int_0^{\frac{z-x}{2}}2e^{-(x+2y)}\mathrm{d}y$$

$$=\int_0^z e^{-x}\mathrm{d}x\int_0^{\frac{z-x}{2}}2e^{-2y}\mathrm{d}y=\int_0^z(e^{-x}-e^{-z})\mathrm{d}x$$

$$=1-e^{-z}-ze^{-z}.$$

所以 $Z=X+2Y$ 的分布函数为

$$F_Z(z)=\begin{cases}0, & z\leqslant 0\\1-e^{-z}-ze^{-z}, & z>0\end{cases}.$$

5. 设二维随机变量 (X,Y) 的概率密度为 $f(x,y)=\begin{cases}e^{-y}, & 0<x<y\\0, & \text{其他}\end{cases}$,求:

(1) 随机变量 X 的密度 $f_X(x)$;

(2) 概率 $P\{X+Y\leqslant 1\}$.

【析】考查二维连续型随机变量的边缘概率密度及其函数的分布.

【解】如图 3-4 所示.

(1) $f_X(x)=\displaystyle\int_{-\infty}^{+\infty}f(x,y)dy=\begin{cases}\displaystyle\int_x^{+\infty}e^{-y}\mathrm{d}y=e^{-x}, & x>0\\0, & x\leqslant 0\end{cases}.$

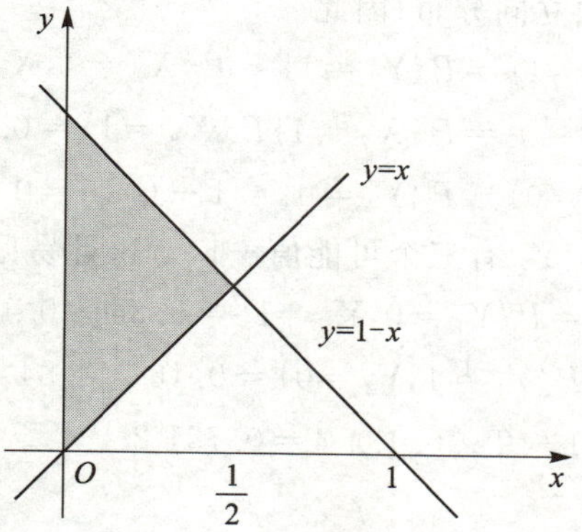

图 3－4

(2) $P\{X+Y\leqslant 1\}=\iint\limits_{x+y\leqslant 1} f(x,y)\mathrm{d}x\mathrm{d}y=\int_0^{\frac{1}{2}}\mathrm{d}x\int_x^{1-x}\mathrm{e}^{-y}\mathrm{d}y$

$=-\int_0^{\frac{1}{2}}[\mathrm{e}^{-(1-x)}-\mathrm{e}^{-x}]\mathrm{d}x=1+\mathrm{e}^{-1}-2\mathrm{e}^{-\frac{1}{2}}.$

6. 设随机变量 X 与 Y 独立，X 服从正态分布 $N(\mu,\sigma^2)$，Y 服从$[-\pi,\pi]$上的均匀分布，试求 $Z=X+Y$ 的概率分布密度.（计算结果用标准正态分布函数 $\Phi(x)$ 表示，其中 $\Phi(x)=\frac{1}{\sqrt{2\pi}}\int_{-\infty}^{x}\mathrm{e}^{-\frac{t^2}{2}}\mathrm{d}t$）.

【析】考查正态分布、均匀分布以及二维连续型随机变量函数的概率密度.

【解】由题设，X 和 Y 的概率分布密度分别为

$$f_X(x)=\frac{1}{\sqrt{2\pi}\sigma}\mathrm{e}^{-\frac{(x-\mu)^2}{2\sigma^2}},-\infty<x<+\infty;$$

$$f_Y(y)=\begin{cases}\frac{1}{2\pi}, & -\pi\leqslant y\leqslant\pi\\ 0, & \text{其他}\end{cases}.$$

因 X 和 Y 独立，故可用卷积公式. 考虑到 $f_Y(y)$ 仅在$[-\pi,\pi]$上才有非零值，所以 Z 的概率分布密度为

$$f_Z(z)=\int_{-\infty}^{+\infty}f_X(z-y)f_Y(y)\mathrm{d}y=\frac{1}{2\pi\sqrt{2\pi}\sigma}\int_{-\pi}^{\pi}\mathrm{e}^{-\frac{(z-y-\mu)^2}{2\sigma^2}}\mathrm{d}y.$$

令 $t=\frac{z-y-\mu}{\sigma}$，则

$$f_Z(z)=\frac{1}{2\pi\sqrt{2\pi}}\int_{\frac{z-\pi-\mu}{\sigma}}^{\frac{z+\pi-\mu}{\sigma}}\mathrm{e}^{-\frac{t^2}{2}}\mathrm{d}t=\frac{1}{2\pi}\left[\Phi\left(\frac{z+\pi-\mu}{\sigma}\right)-\Phi\left(\frac{z-\pi-\mu}{\sigma}\right)\right].$$

7. 假设随机变量 X_1,X_2,X_3,X_4 相互独立且同分布，且 $P\{X_i=0\}=0.6$，$P\{X_i=1\}=0.4(i=1,2,3,4)$. 求行列式 $X=\begin{vmatrix}X_1 & X_2\\ X_3 & X_4\end{vmatrix}$ 的概率分布.

【析】考查二维离散型随机变量函数的分布律与相互独立性.

【解】记 $Y_1=X_1X_4$，$Y_2=X_2X_3$，由于随机变量 X_1,X_2,X_3,X_4 相互独立且同分布，

则 $X=Y_1-Y_2$，且 Y_1,Y_2 独立同分布；因此

$$P\{Y_1=1\}=P\{Y_2=1\}=P\{X_2=1,X_3=1\}$$
$$=P\{X_2=1\}P\{X_3=1\}=0.16.$$
$$P\{Y_1=0\}=P\{Y_2=0\}=1-0.16=0.84.$$

于是随机变量 $X=Y_1-Y_2$ 有三个可能值 $-1,0,1$，且易见

$$P\{X=-1\}=P\{Y_1=0,Y_2=1\}=0.84\times 0.16=0.134\,4,$$
$$P\{X=1\}=P\{Y_1=1,Y_2=0\}=0.16\times 0.84=0.134\,4,$$
$$P\{X=0\}=1-2\times 0.134\,4=0.731\,2.$$

于是 X 的概率分布为

$$X=\begin{vmatrix} X_1 & X_2 \\ X_3 & X_4 \end{vmatrix}\sim\begin{bmatrix} -1 & 0 & 1 \\ 0.134\,4 & 0.731\,2 & 0.134\,4 \end{bmatrix}.$$

小试牛刀

一、填空题

1. 设平面区域 D 由曲线 $y=\dfrac{1}{x}$ 及直线 $y=0,x=1,x=e^2$ 所围成，二维随机变量 (X,Y) 在区域 D 上服从均匀分布，则 (X,Y) 关于 X 的边缘概率密度在 $x=2$ 处的值为________.

2. 设随机变量 X 和 Y 相互独立，表 3-13 列出了二维随机变量 (X,Y) 的联合分布律及关于 X 和关于 Y 的边缘分布中的部分数值，试将其余数值填入表 3-13 中的空白处.

表 3-13

X	Y			
	y_1	y_2	y_3	$P\{X=x_i\}=p_{i\cdot}$
x_1		$\frac{1}{8}$		
x_2	$\frac{1}{8}$			
$P\{Y=y_j\}=p_{\cdot j}$	$\frac{1}{6}$			1

3. 设二维随机变量 (X,Y) 的概率密度为 $f(x,y)=\begin{cases}6x, & 0\leqslant x\leqslant y\leqslant 1\\ 0, & \text{其他}\end{cases}$，则 $P\{X+Y\leqslant 1\}=$________.

4. 设随机变量 X 与 Y 相互独立，且均服从区间 $[0,3]$ 上的均匀分布，则 $P\{\max\{X,Y\}\leqslant 1\}=$________.

5. 利用二维随机变量函数的分布函数解答第 1 章小试牛刀填空题的第 6 小题.

6. 设随机变量 Y 服从参数为 1 的指数分布，a 为常数且大于零，则 $P\{Y\leqslant a+1\mid Y>$

$a\}=$________.

7. 设二维随机变量(X,Y)服从正态分布$N(1,0;1,1;0)$，则$P\{XY-Y<0\}=$________.

二、选择题

1. 设两个随机变量 X 和 Y 相互独立同分布，且$P\{X=-1\}=P\{Y=-1\}=\frac{1}{2}$，$P\{X=1\}=P\{Y=1\}=\frac{1}{2}$，则下列各式中成立的是(　　).

A. $P\{X=Y\}=\frac{1}{2}$　　B. $P\{X=Y\}=1$

C. $P\{X+Y=0\}=\frac{1}{4}$　　D. $P\{XY=1\}=\frac{1}{4}$

2. 设两个相互独立的随机变量 X 和 Y 分别服从$N(0,1)$和$N(1,1)$，则(　　).

A. $P(X+Y\leqslant 0)=\frac{1}{2}$　　B. $P(X+Y\leqslant 1)=\frac{1}{2}$

C. $P(X-Y\leqslant 0)=\frac{1}{2}$　　D. $P(X-Y\leqslant 1)=\frac{1}{2}$

3. 设随机变量$X_i\sim\begin{bmatrix}-1 & 0 & 1\\ \frac{1}{4} & \frac{1}{2} & \frac{1}{4}\end{bmatrix}(i=1,2)$，且满足$P\{X_1X_2=0\}=1$，则$P\{X_1=X_2\}$等于(　　).

A. 0　　B. $\frac{1}{4}$　　C. $\frac{1}{2}$　　D. 1

4. 设二维随机变量(X,Y)的概率分布如表 3-14 所列，已知随机事件$\{X=0\}$与$\{X+Y=1\}$相互独立，则(　　).

表 3-14

X	Y	
	0	1
0	0.4	a
1	b	0.1

A. $a=0.2,b=0.3$　　B. $a=0.4,b=0.1$

C. $a=0.3,b=0.2$　　D. $a=0.1,b=0.4$

5. 设随机变量 X,Y 独立同分布，且 X 的分布函数为$F(x)$，则$Z=\max\{X,Y\}$的分布函数为(　　).

A. $F^2(x)$　　B. $F(x)F(y)$

C. $1-[1-F(x)]^2$　　D. $[1-F(x)][1-F(y)]$

6. 设随机变量 X 与 Y 相互独立，且 X 服从标准正态分布$N(0,1)$，Y 的概率分布为$P\{Y=0\}=P\{Y=1\}=\frac{1}{2}$. 记$F_Z(z)$为随机变量$Z=XY$的分布函数，则函数$F_Z(z)$的间

断点个数为(　　).

A. 0　　B. 1　　C. 2　　D. 3

7. 设随机变量 X 与 Y 相互独立,且分别服从参数为 1 与参数为 4 的指数分布,则 $P\{X<Y\}=$(　　).

A. $\frac{1}{5}$　　B. $\frac{1}{3}$　　C. $\frac{2}{3}$　　D. $\frac{4}{5}$

8. 设随机变量 X 与 Y 相互独立,且都服从区间(0,1)上均匀分布,则 $P\{X^2+Y^2\leqslant 1\}=$(　　).

A. $\frac{1}{4}$　　B. $\frac{1}{2}$　　C. $\frac{\pi}{8}$　　D. $\frac{\pi}{4}$

9. 设随机变量 X 和 Y 相互独立,且 X 和 Y 的概率分布分别如表 3-15、表 3-16 所列,则 $P\{X+Y=2\}=$(　　).

表 3-15

X	0	1	2	3
P	$\frac{1}{2}$	$\frac{1}{4}$	$\frac{1}{8}$	$\frac{1}{8}$

表 3-16

Y	-1	0	1
P	$\frac{1}{3}$	$\frac{1}{3}$	$\frac{1}{3}$

A. $\frac{1}{12}$　　B. $\frac{1}{8}$　　C. $\frac{1}{6}$　　D. $\frac{1}{2}$

10. 设随机变量 X 与 Y 相互独立,且都服从正态分布 $N(\mu,\sigma^2)$,则 $P\{|X-Y|<1\}$(　　).

A. 与 μ 无关,而与 σ^2 有关　　B. 与 μ 有关,而与 σ^2 无关

C. 与 μ,σ^2 都有关　　D. 与 μ,σ^2 都无关

三、解答题

1. 设 (ξ,η) 是相互独立且服从同一分布的随机变量,已知 ξ 的分布律为 $P(\xi=i)=\frac{1}{3}$,$i=1,2,3$. 又设 $X=\max\{\xi,\eta\}$,$Y=\min\{\xi,\eta\}$.

(1) 写出二维随机变量 (X,Y) 的分布律;

(2) 求随机变量 X 的数学期望 EX.

2. 两台同样的自动记录仪,每台无故障工作的时间服从参数为 5 的指数分布,首先开动其中一台,当其发生故障时停用而另一台自动开动. 试求两台记录仪无故障工作的总时间 T 的概率密度 $f(t)$、数学期望和方差.

3. 假设随机变量 Y 服从参数为 $\lambda=1$ 的指数分布,随机变量

$$X_k=\begin{cases}0, & Y\leqslant k\\ 1, & Y>k\end{cases}\quad(k=1,2),$$

求:(1) X_1 和 X_2 的联合概率分布;

(2) $E(X_1+X_2)$.

4. 设二维随机变量 (X,Y) 在矩形 $G=\{(x,y)\mid 0\leqslant x\leqslant 2,0\leqslant y\leqslant 1\}$ 上服从均匀分布,试求边长为 X 和 Y 的矩形面积 S 的概率密度 $f(s)$.

5. 已知随机变量 X_1 和 X_2 的概率分布 $X_1 \sim \begin{bmatrix} -1 & 0 & 1 \\ \frac{1}{4} & \frac{1}{2} & \frac{1}{4} \end{bmatrix}$，$X_2 \sim \begin{bmatrix} 0 & 1 \\ \frac{1}{2} & \frac{1}{2} \end{bmatrix}$，且 $P\{X_1X_2=0\}=1$.

(1) 求 X_1 和 X_2 的联合分布；

(2) 问 X_1 和 X_2 是否独立？为什么？

6. 设某班车起点站上客人数 X 服从参数 $\lambda(\lambda>0)$ 的泊松分布，每位乘客在中途下车的概率为 $p(0<p<1)$，且途中下车与否相互独立，以 Y 表示在中途下车的人数，求：

(1) 在发车时有 n 个乘客的条件下，中途有 m 人下车的概率；

(2) 二维随机变量 (X,Y) 的概率分布.

7. 设随机变量 X 和 Y 的联合分布是正方形 $G=\{(x,y)\mid 1\leqslant x\leqslant 3, 1\leqslant y\leqslant 3\}$ 上的均匀分布，试求随机变量 $U=|X-Y|$ 的概率密度 $p(u)$.

8. 假设随机变量 U 在区间 $[-2,2]$ 上服从均匀分布，随机变量

$$X=\begin{cases} -1, & U\leqslant -1 \\ 1, & U>-1 \end{cases}, Y=\begin{cases} -1, & U\leqslant 1 \\ 1, & U>1 \end{cases},$$

试求：(1) X 和 Y 的联合概率分布；

(2) $D(X+Y)$.

9. 设随机变量 X 与 Y 独立，其中 X 的概率分布为 $X\sim\begin{bmatrix} 1 & 2 \\ 0.3 & 0.7 \end{bmatrix}$. 而 Y 的概率密度为 $f(y)$，求随机变量 $U=X+Y$ 的概率密度 $g(u)$.

10. 设随机变量 X 在区间 $(0,1)$ 上服从均匀分布，在 $X=x(0<x<1)$ 的条件下，随机变量 Y 在区间 $(0,x)$ 上服从均匀分布，求：

(1) 随机变量 X 和 Y 的联合概率密度；

(2) Y 的概率密度；

(3) 概率 $P\{X+Y>1\}$.

11. 设二维随机变量 (X,Y) 的概率密度为

$$f(x,y)=\begin{cases} 1, & 0<x<1, 0<y<2x \\ 0, & \text{其他} \end{cases},$$

求：(1) (X,Y) 的边缘概率密度 $f_X(x)$，$f_Y(y)$；

(2) $Z=2X-Y$ 的概率密度 $f_Z(z)$；

(3) $P\left\{Y\leqslant\frac{1}{2}\mid X\leqslant\frac{1}{2}\right\}$.

12. 设二维随机变量 (X,Y) 的概率分布如表 3-17 所列.

表 3-17

X	Y		
	-1	0	1
-1	a	0	0.2
0	0.1	b	0.2
1	0	0.1	c

其中 a,b,c 为常数，且 X 的数学期望 $EX=-0.2$，$P\{Y\leqslant 0\mid X\leqslant 0\}=0.5$，记 $Z=X+Y$，求：

(1) a,b,c 的值；

(2) Z 的概率分布；

(3) $P\{X=Z\}$.

13. 设二维随机变量 (X,Y) 的概率密度为

$$f(x,y)=\begin{cases}2-x-y, & 0<x<1,0<y<1\\0, & \text{其他}\end{cases},$$

求：(1) $P\{X>2Y\}$；

(2) $Z=X+Y$ 的概率密度 $f_Z(z)$.

14. 设随机变量 X 与 Y 相互独立，X 的概率分布为 $P\{X=i\}=\dfrac{1}{3}(i=-1,0,1)$，$Y$ 的概率密度为 $f_Y(y)=\begin{cases}1, & 0\leqslant y<1\\0, & \text{其他}\end{cases}$，记 $Z=X+Y$.

求：(1) $P\left\{Z\leqslant\dfrac{1}{2}\mid X=0\right\}$；

(2) Z 的概率密度 $f_Z(z)$.

15. 袋中有 1 个红球、2 个黑球与 3 个白球. 现有放回地从袋中取两次，每次取一个球. 以 X,Y,Z 分别表示两次取球所取得的红球、黑球与白球的个数. 求：

(1) $P\{X=1\mid Z=0\}$；

(2) 二维随机变量 (X,Y) 的概率分布.

16. 设二维随机变量 (X,Y) 的概率密度为

$$f(x,y)=\begin{cases}\mathrm{e}^{-x}, & 0<y<x\\0, & \text{其他}\end{cases},$$

求：(1) 条件概率密度 $f_{Y|X}(y|x)$；

(2) 条件概率 $P\{X\leqslant 1\mid Y\leqslant 1\}$.

17. 设二维随机变量 (X,Y) 的概率密度为

$$f(x,y)=Ae^{-2x^2+2xy-y^2},\ -\infty<x<+\infty,\ -\infty<y<+\infty,$$

求常数 A 及条件概率密度 $f_{Y|X}(y|x)$.

18. 设二维随机变量 (X,Y) 服从区域 G 上的均匀分布，其中 G 是由 $x-y=0$，$x+y=2$ 与 $y=0$ 所围成的三角形区域. 求：

(1) X 的概率密度 $f_X(x)$；

(2) 条件概率密度 $f_{X|Y}(x|y)$.

19. 设 (X,Y) 是二维随机变量，X 的边缘概率密度为

$$f_X(x)=\begin{cases}3x^2, & 0<x<1\\0, & \text{其他}\end{cases},$$

在给定 $X=x(0<x<1)$ 的条件下 Y 的条件概率密度为

$$f_{Y|X}(y|x)=\begin{cases}\dfrac{3y^2}{x^3}, & 0<y<x\\0, & \text{其他}\end{cases},$$

求：(1) (X,Y)的概率密度 $f(x,y)$；

(2) Y 的边缘概率密度 $f_Y(y)$；

(3) $P\{X>2Y\}$.

20. 设二维随机变量(X,Y)在区域 $D=\{(x,y)\mid 0<x<1,x^2<y<\sqrt{x}\}$上服从均匀分布，令 $U=\begin{cases}1, & X\leqslant Y\\ 0, & X>Y\end{cases}$.

(1) 写出(X,Y)的概率密度；

(2) 问 U 与 X 是否相互独立？并说明理由；

(3) 求 $Z=U+X$ 的分布函数 $F(z)$.

21. 设随机变量 X_1,X_2,X_3 相互独立，其中 X_1 与 X_2 均服从标准正态分布，X_3 的概率分布为

$$P\{X_3=0\}=P\{X_3=1\}=\frac{1}{2}.\ Y=X_3X_1+(1-X_3)X_2.$$

(1) 求二维随机变量(X_1,Y)的分布函数，结果用标准正态分布函数 $\Phi(x)$表示.

(2) 证明随机变量 Y 服从标准正态分布.

22. 在区间$(0,2)$上随机取一点，将该区间分成两段，较短一段的长度记为 X，较长一段的长度记为 Y，令 $Z=\dfrac{Y}{X}$. 求：

(1) X 的概率密度；

(2) Z 的概率密度；

(3) $E\left(\dfrac{X}{Y}\right)$.

小试牛刀参考答案与解析

一、填空题

1.【答】应填$\dfrac{1}{4}$.

【解】设平面区域 D 的面积为 S_D. 由于二维随机变量(X,Y)在区域 D 上服从均匀分布，因此，(X,Y)的联合密度函数 $f(x,y)$为：

$$f(x,y)=\begin{cases}\dfrac{1}{S_D}, & (x,y)\in D\\ 0, & (x,y)\notin D\end{cases},$$

而

$$S_D=\int_1^{e^2}\mathrm{d}x\int_0^{\frac{1}{x}}\mathrm{d}y=\int_1^{e^2}\frac{1}{x}\mathrm{d}x=2.$$

$$f_X(x)=\int_0^{\frac{1}{x}}\frac{1}{2}\mathrm{d}y=\frac{1}{2x},1\leqslant x\leqslant e^2,$$

故 $f_X(2)=\frac{1}{4}$.

2.【答】应填见表 3－18.

【解】由于 X,Y 相互独立，因此

$$P\{X=x_i,Y=y_j\}=P\{X=x_i\}\cdot P\{Y=y_j\},i,j=1,2.$$

根据边缘概率分布的性质知：

$$P\{Y=y_j\}=P\{X=x_1,Y=y_j\}+P\{X=x_2,Y=y_j\},$$

$$P\{X=x_i\}=P\{X=x_i,Y=y_1\}+P\{X=x_i,Y=y_2\}+P\{X=x_i,Y=y_3\}.$$

若记 $p_{ij}=P\{X=x_i,Y=y_j\}$，则：

$$p_{11}=\frac{1}{6}-\frac{1}{8}=\frac{1}{24};$$

$$p_{1\cdot}=\frac{p_{11}}{p_{\cdot 1}}=\frac{1}{4};$$

$$p_{13}=p_{1\cdot}-p_{11}-p_{12}=\frac{1}{4}-\frac{1}{8}-\frac{1}{24}=\frac{1}{12}.$$

同理，可计算出 $p_{2\cdot}$；$p_{\cdot 2}$；$p_{\cdot 3}$；p_{22}；p_{23}. 具体结果如表 3－18 所列.

表 3－18

X	Y			
	y_1	y_2	y_3	$P\{X=x_i\}=p_{i\cdot}$
x_1	$\frac{1}{24}$	$\frac{1}{8}$	$\frac{1}{12}$	$\frac{1}{4}$
x_2	$\frac{1}{8}$	$\frac{3}{8}$	$\frac{1}{4}$	$\frac{3}{4}$
$P\{Y=y_j\}=p_{\cdot j}$	$\frac{1}{6}$	$\frac{1}{2}$	$\frac{1}{3}$	1

3.【答】应填$\frac{1}{4}$.

【解】如图 3－5 所示.

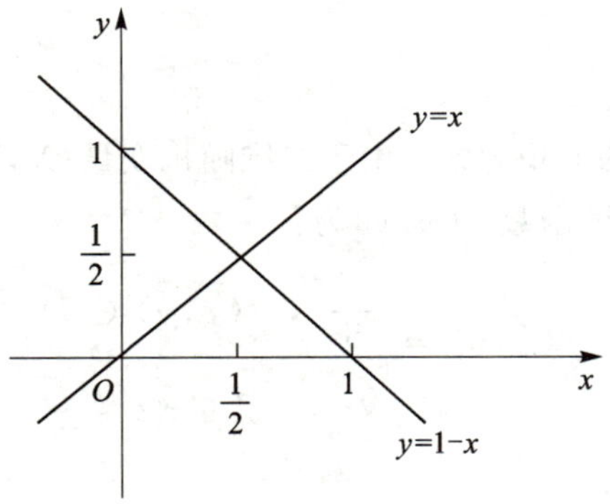

图 3－5

$$P(X+Y\leqslant 1)=\iint\limits_{x+y\leqslant 1} f(x,y)\,\mathrm{d}x\,\mathrm{d}y=\int_0^{\frac{1}{2}}\mathrm{d}x\int_x^{1-x}6x\,\mathrm{d}y$$

$$=\int_0^{\frac{1}{2}}6x(1-2x)\,\mathrm{d}x=\frac{1}{4}.$$

4.【答】应填$\frac{1}{9}$.

【解】$P\{\max\{X,Y\}\leqslant 1\}=P\{X\leqslant 1,Y\leqslant 1\}=P\{X\leqslant 1\}P\{Y\leqslant 1\}$

$$=\frac{1}{3}\times\frac{1}{3}=\frac{1}{9}.$$

5.【答】应填$\frac{3}{4}$.

如图 3－6 所示.

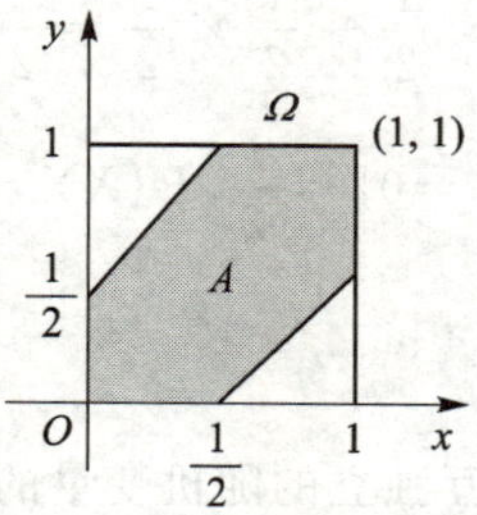

图 3－6

【解】以 X,Y 分别表示在区间$(0,1)$中随机抽取的两个数，则由题意，知(X,Y)在 $D=\{(x,y)\mid 0<x<1,0<x<1\}$服从二维均匀分布，其联合密度为

$$f(x,y)=\begin{cases}1, & (x,y)\in D\\ 0, & \text{其他}\end{cases},$$

故所求为

$$P\left(|X-Y|<\frac{1}{2}\right)=\iint_D f(x,y)\,\mathrm{d}x\,\mathrm{d}y=\iint_A \mathrm{d}x\,\mathrm{d}y=A\text{ 的面积}$$

$$=1-2\times\frac{1}{2}\times\left(\frac{1}{2}\right)^2=\frac{3}{4}.$$

6.【答】应填 $1-\frac{1}{\mathrm{e}}$.

【解】因 Y 服从参数为 1 的指数分布，故 Y 的概率密度为

$$f(x)=\begin{cases}\mathrm{e}^{-x}, & x\geqslant 0\\ 0, & x<0\end{cases},$$

因此 $P\{Y\leqslant a+1\mid Y>a\}=\dfrac{P\{a<Y\leqslant a+1\}}{P\{Y>a\}}=\dfrac{\int_a^{a+1}\mathrm{e}^{-x}\,\mathrm{d}x}{\int_a^{+\infty}\mathrm{e}^{-x}\,\mathrm{d}x}=1-\dfrac{1}{\mathrm{e}}.$

7.【答】应填$\frac{1}{2}$.

【解】由题设知 X 与 Y 独立，且 $X\sim N(1,1)$，$Y\sim N(0,1)$，从而

$$\begin{aligned}P\{XY-Y<0\}&=P\{(X-1)Y<0\}\\&=P\{X<1,Y>0\}+P\{X>1,Y<0\}\\&=P\{X<1\}P\{Y>0\}+P\{X>1\}P\{Y<0\}\\&=\frac{1}{2}\times\frac{1}{2}+\frac{1}{2}\times\frac{1}{2}=\frac{1}{2}.\end{aligned}$$

二、选择题

1.【答】应选 A.

【解】由于随机变量 X 和 Y 相互独立，因此

$$\begin{aligned}P\{X=Y\}&=P\{X=1,Y=1\}+P\{X=-1,Y=-1\}\\&=\frac{1}{2}\times\frac{1}{2}+\frac{1}{2}\times\frac{1}{2}=\frac{1}{2}.\end{aligned}$$

而

$$P\{X+Y=0\}=\frac{1}{2},P\{XY=1\}=\frac{1}{2},$$

故选 A.

2.【答】应选 B.

【解】由于服从正态分布的相互独立的随机变量的线性组合仍服从正态分布，因此

$$X+Y\sim N(1,(\sqrt{2})^2),X-Y\sim N(-1,(\sqrt{2})^2).$$

即

$$\frac{X+Y-1}{\sqrt{2}}\sim N(0,1),\frac{X-Y+1}{\sqrt{2}}\sim N(0,1).$$

根据标准正态分布的性质，变量小于 0 的概率为$\frac{1}{2}$，于是有

$$P\left\{\frac{X+Y-1}{\sqrt{2}}<0\right\}=\frac{1}{2},P\left\{\frac{X-Y+1}{\sqrt{2}}<0\right\}=\frac{1}{2}.$$

即

$$P(X+Y-1<0)=\frac{1}{2},P(X-Y+1<0)=\frac{1}{2},$$

故选 B.

3.【答】应选 A.

【解】首先，在表 3-19 中列出二维随机变量(X_1,X_2)的联合分布律及其边缘分布律中的部分数值.

表 3-19

X_2	X_1: -1	0	1	$P\{X_1=X_{1j}\}$
-1	a	b	c	$\frac{1}{4}$
0	d	e	f	$\frac{1}{2}$

续表 3-19

X_2	X_1			
	-1	0	1	$P\{X_1=X_{1j}\}$
1	g	h	k	$\frac{1}{4}$
$P\{X_2=X_{2j}\}$	$\frac{1}{4}$	$\frac{1}{2}$	$\frac{1}{4}$	1

由于 $P\{X_1X_2=0\}=1$,故 $P\{X_1X_2\neq 0\}=0$,因此 $a=0,c=0,g=0,k=0$. 根据边缘分布的性质 $b=\frac{1}{4},d=\frac{1}{4},h=\frac{1}{4},f=\frac{1}{4},e=\frac{1}{2}-(b+h)=\frac{1}{2}-\frac{1}{2}=0$. 至此,$(X_1,X_2)$ 的联合分布律应如表 3-20 所列.

表 3-20

X_2	X_1			
	-1	0	1	$P\{X_1=X_{1i}\}$
-1	0	$\frac{1}{4}$	0	$\frac{1}{4}$
0	$\frac{1}{4}$	0	$\frac{1}{4}$	$\frac{1}{2}$
1	0	$\frac{1}{4}$	0	$\frac{1}{4}$
$P\{X_2=X_{2i}\}$	$\frac{1}{4}$	$\frac{1}{2}$	$\frac{1}{4}$	1

可见

$$P\{X_1=X_2\}=P\{X_1=-1,X_2=-1\}\{X_1=0,X_2=0\}+P\{X_1=1,X_2=1\}=0.$$

4.【答】应选 B.

【解】已知随机事件 $\{X=0\}$ 与 $\{X+Y=1\}$ 相互独立,也就是

$$P\{X=0,X+Y=1\}=P\{X=0\}P\{X+Y=1\},$$

而

$$P\{X=0,X+Y=1\}=P\{X=0,Y=1\}=a,$$

$$P\{X=0\}=P\{X=0,Y=0\}+P\{X=0,Y=1\}=0.4+a,$$

$$P\{X+Y=1\}=P\{X=0,Y=1\}+P\{X=1,Y=0\}=a+b,$$

则

$$a=(0.4+a)(a+b).$$

又因为 $0.4+a+b+0.1=1$,即 $a+b=0.5$,易得 $a=0.4,b=0.1$. 故应选 B.

5.【答】应选 A.

【解】由 X,Y 同分布可知,Y 的分布函数也为 $F(x)$,于是由 X,Y 独立,得 Z 的分布函数为

$$F_Z(x)=P\{\max\{X,Y\}\leqslant x\}=P\{X\leqslant x\}P\{Y\leqslant x\}=F^2(x),$$

故选 A.

6.【答】应选 B.

【解】 $F_Z(z)=P\{XY\leqslant z\}$

$$=P\{XY\leqslant z\mid Y=0\}P\{Y=0\}+P\{XY\leqslant z\mid Y=1\}P\{Y=1\}$$
$$=\frac{1}{2}[P\{XY\leqslant z\mid Y=0\}+P\{XY\leqslant z\mid Y=1\}]$$
$$=\frac{1}{2}[P\{0\leqslant z\}+P\{X\leqslant z\}]=\begin{cases}\frac{1}{2}\Phi(z), & z<0\\ \frac{1}{2}(1+\Phi(z)), & z\geqslant 0\end{cases},$$

所以 $z=0$ 是唯一间断点.

7.【答】应选 A.

【解】由已知得,X 与 Y 的概率密度分别为

$$f_X(x)=\begin{cases}e^{-x}, & x>0\\ 0, & x\leqslant 0\end{cases}, f_Y(y)=\begin{cases}4e^{-4y}, & y>0\\ 0, & y\leqslant 0\end{cases},$$

又 X 与 Y 相互独立,所以 X 与 Y 的联合密度函数为

$$f(x,y)=f_X(x)f_Y(y)=\begin{cases}4e^{-x-4y}, & x>0,y>0\\ 0, & 其他\end{cases},$$

故
$$P\{X<Y\}=\iint\limits_{x<y}f(x,y)\mathrm{d}x\mathrm{d}y=4\int_0^{+\infty}\int_0^{+\infty}e^{-x-4y}\mathrm{d}x\mathrm{d}y$$
$$=4\int_0^{+\infty}e^{-x}\mathrm{d}x\int_x^{+\infty}e^{-4y}\mathrm{d}y=\frac{1}{5}.$$

8.【答】应选 D.

【解】由题意知,二维随机变量(X,Y)在区域 $D=\{(x,y)\mid 0\leqslant x\leqslant 1,0\leqslant y\leqslant 1\}$上服从二维均匀分布,所以

$$P\{X^2+Y^2\leqslant 1\}=\iint\limits_{x^2+y^2\leqslant 1}f(x,y)\mathrm{d}x\mathrm{d}y=\frac{S_{\{(x,y)\mid x^2+y^2\leqslant 1\}\cap D}}{S_D}=\frac{\pi}{4}.$$

9.【答】应选 C.

【解】因为,

$$\begin{aligned}P\{X+Y=2\}&=P\{X=1,Y=1\}+P\{X=2,Y=0\}+\\&\quad P\{X=3,Y=-1\}\\&=P\{X=1\}P\{Y=1\}+P\{X=2\}P\{Y=0\}+\\&\quad P\{X=3\}P\{Y=-1\}\\&=\frac{1}{4}\times\frac{1}{3}+\frac{1}{8}\times\frac{1}{3}+\frac{1}{8}\times\frac{1}{3}=\frac{1}{6}.\end{aligned}$$

故选 C.

10.【答】应选 A.

【解】方法一:

由 $X\sim N(\mu,\sigma^2)$,$Y\sim N(\mu,\sigma^2)$且相互独立,则 $E(X-Y)=0$,$D(X-Y)=0=DX+DY=2\sigma^2$,得

$$\frac{X-Y}{\sqrt{2}\sigma}\sim N(0,1),$$

故 $$P\{|X-Y|<1\}=P\left\{\frac{|X-Y|}{\sqrt{2}\sigma}<\frac{1}{\sqrt{2}\sigma}\right\}=2\Phi\left(\frac{1}{\sqrt{2}\sigma}\right)-1.$$

因此 $P\{|X-Y|<1\}$ 与 σ^2 有关,与 μ 无关.

方法二:

由 $\frac{X}{\sigma}-\frac{Y}{\sigma}\sim N(0,2)$,及 $P\{|X-Y|<1\}=P\left\{\left|\frac{X}{\sigma}-\frac{Y}{\sigma}\right|<\frac{1}{\sigma}\right\}$,即可判断 $P\{|X-Y|<1\}$ 与 μ 无关,而与 σ^2 有关.

综上,应选 A.

三、解答题

1.【解】(1) 由题设可知,(X,Y)的可能取值为(1,1),(2,1),(2,2),(3,1),(3,2),(3,3),则

$$P\{X=1,Y=1\}=P\{\xi=1,\eta=1\}=P\{\xi=1\}P\{\eta=1\}=\frac{1}{9};$$

$$P\{X=2,Y=1\}=P\{\xi=2,\eta=1\}+P\{\xi=1,\eta=2\}=\frac{2}{9};$$

$$P\{X=2,Y=2\}=P\{\xi=2,\eta=2\}=P\{\xi=2\}P\{\eta=2\}=\frac{1}{9};$$

$$P\{X=3,Y=1\}=P\{\xi=3,\eta=1\}+P\{\xi=1,\eta=3\}=\frac{2}{9};$$

$$P\{X=3,Y=2\}=P\{\xi=3,\eta=2\}+P\{\xi=2,\eta=3\}=\frac{2}{9};$$

$$P\{X=3,Y=3\}=P\{\xi=3,\eta=3\}=P\{\xi=3\}P\{\eta=3\}=\frac{1}{9}.$$

因此,(X,Y)的分布律如表 3-21 所列.

表 3-21

X	Y		
	1	2	3
1	$\frac{1}{9}$	0	0
2	$\frac{2}{9}$	$\frac{1}{9}$	0
3	$\frac{2}{9}$	$\frac{2}{9}$	$\frac{1}{9}$

(2) 由(1)可得 X 的分布律如表 3-22 所列.

表 3-22

X	1	2	3
P	$\frac{1}{9}$	$\frac{1}{3}$	$\frac{5}{9}$

因此，$E(X)=\frac{1}{9}\times1+\frac{3}{9}\times2+\frac{5}{9}\times3=\frac{22}{9}$.

2.【解】以 X_1 和 X_2 表示先后开动的记录仪无故障工作的时间，则 $T=X_1+X_2$，由条件知 $X_i(i=1,2)$ 的概率密度为 $p_i(x)=\begin{cases}5e^{-5x}, & x>0\\0, & x\leqslant0\end{cases}$. 两台仪器无故障工作时间 X_1 和 X_2 显然相互独立，利用相互独立的两个随机变量和的密度公式求 T 的概率密度.

对于 $t>0$，有

$$f(t)=\int_{-\infty}^{+\infty}p_1(x)p_2(t-x)\,dx=25\int_0^t e^{-5x}e^{-5(t-x)}\,dx$$

$$=25e^{-5t}\int_0^t dx=25te^{-5t}.$$

当 $t\leqslant0$ 时，显然 $f(t)=0$. 于是，得

$$f(t)=\begin{cases}25te^{-5t}, & t>0\\0, & t\leqslant0\end{cases}.$$

由于 X_i 服从参数为 $\lambda=5$ 的指数分布，知

$$EX_i=\frac{1}{5};DX_i=\frac{1}{25}(i=1,2).$$

因此，有

$$ET=E(X_1+X_2)=EX_1+EX_2=\frac{2}{5}.$$

由于 X_1 和 X_2 独立，可见

$$DT=D(X_1+X_2)=DX_1+DX_2=\frac{2}{25}.$$

3.【解】(1) 已知 Y 服从参数为 $\lambda=1$ 的指数分布，因此 Y 的分布函数为

$$F(y)=\begin{cases}1-e^{-y}, & y>0\\0, & y\leqslant0\end{cases},$$

而 (X_1,X_2) 有四个可能值：(0,0)，(0,1)，(1,0)，(1,1). 易见

$$P\{X_1=0,X_2=0\}=P\{Y\leqslant1,Y\leqslant2\}=P\{Y\leqslant1\}=1-e^{-1};$$

$$P\{X_1=0,X_2=1\}=P\{Y\leqslant1,Y>2\}=0;$$

$$P\{X_1=1,X_2=0\}=P\{Y>1,Y\leqslant2\}=P\{1<Y\leqslant2\}=e^{-1}-e^{-2};$$

$$P\{X_1=1,X_2=1\}=P\{Y>1,Y>2\}=P\{Y>2\}=e^{-2}.$$

于是，可将 X_1 和 X_2 联合概率分布如表 3-23 所列.

表 3-23

X_2	X_1	
	0	1
0	$1-e^{1}$	$e^{-1}-e^{-2}$
1	0	e^{-2}

(2) 易见，$X_k(k=1,2)$服从(0－1)分布：

$$X_k \sim \begin{bmatrix} 0 & 1 \\ P\{Y \leqslant k\} & P\{Y > k\} \end{bmatrix} = \begin{bmatrix} 0 & 1 \\ 1-e^{-k} & e^{-k} \end{bmatrix}.$$

于是，$E(X_1+X_2)=EX_1+EX_2=e^{-1}+e^{-2}$.

4.【解】二维随机变量(X,Y)的概率密度为

$$\psi(x,y)=\begin{cases} \dfrac{1}{2}, & (x,y)\in G \\ 0, & (x,y)\notin G \end{cases}.$$

设$F(s)=P\{S\leqslant s\}$为 S 的分布函数，则当 $s\leqslant 0$ 时，$F(s)=0$；当 $s\geqslant 2$ 时，$F(s)=1$. 如图 3－7 所示.

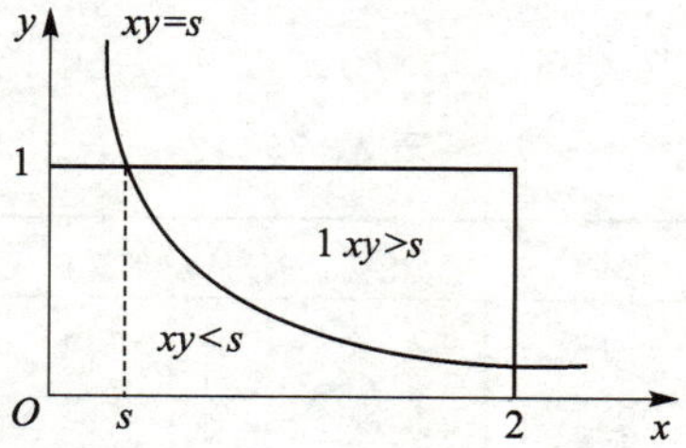

图 3－7

现令 $0<s<2$，曲线 $xy=s$ 与矩形 G 的上边交于点$(s,1)$；位于曲线 $xy=s$ 上方的点满足 $xy>s$，于是

$$F(s)=P\{S\leqslant s\}=P\{XY\leqslant s\}=1-P\{XY>s\}$$

$$=1-\iint\limits_{xy>s}\frac{1}{2}\mathrm{d}x\,\mathrm{d}y=1-\frac{1}{2}\int_s^2\mathrm{d}x\int_{\frac{s}{x}}^1\mathrm{d}y=\frac{s}{2}(1+\ln 2-\ln s).$$

从而，$f(s)=\begin{cases} \dfrac{1}{2}(\ln 2-\ln s), & 0<s<2 \\ 0, & s\leqslant 0 \text{ 或 } s\geqslant 2 \end{cases}.$

5.【解】(1) 方法一：

由 $P\{X_1X_2=0\}=1$，可见 $P\{X_1=-1,X_2=1\}=P\{X_1=1,X_2=1\}=0$. 易见

$$P\{X_1=-1,X_2=0\}=P\{X_1=-1\}=\frac{1}{4},$$

$$P\{X_1=0,X_2=1\}=P\{X_2=1\}=\frac{1}{2},$$

$$P\{X_1=1,X_2=0\}=P\{X_1=1\}=\frac{1}{4},$$

$$P\{X_1=0,X_2=0\}=1-\left(\frac{1}{4}+\frac{1}{2}+\frac{1}{4}\right)=0.$$

于是得 X_1 和 X_2 的联合分布如表 3－24 所列.

表 3-24

X_1	X_2			
	-1	0	1	$\sum$
0	$\frac{1}{4}$	0	$\frac{1}{4}$	$\frac{1}{2}$
1	0	$\frac{1}{2}$	0	$\frac{1}{2}$
$\sum$	$\frac{1}{4}$	$\frac{1}{2}$	$\frac{1}{4}$	1

方法二：

由 $P\{X_1X_2=0\}=1$，可见 $P\{X_1=-1,X_2=1\}=P\{X_1=1,X_2=1\}=0$. 因此，$X_1$ 和 X_2 的联合分布如表 3-25 所列.

表 3-25

X_1	X_2			
	-1	0	1	$\sum$
0	p_{11}	p_{12}	p_{13}	$\frac{1}{2}$
1	0	p_{22}	0	$\frac{1}{2}$
$\sum$	$\frac{1}{4}$	$\frac{1}{2}$	$\frac{1}{4}$	1

于是，由表 3-25 易见 X_1 和 X_2 的联合分布如表 3-26 所列.

表 3-26

X_1	X_2			
	-1	0	1	$\sum$
0	$\frac{1}{4}$	0	$\frac{1}{4}$	$\frac{1}{2}$
1	0	$\frac{1}{2}$	0	$\frac{1}{2}$
$\sum$	$\frac{1}{4}$	$\frac{1}{2}$	$\frac{1}{4}$	1

(2) 由以上结果，可见 $P\{X_1=0,X_2=0\}=0$，$P\{X_1=0\}\cdot P\{X_2=0\}=\frac{1}{4}\neq 0$，于是 X_1 和 X_2 不独立.

6.【解】(1) $P\{Y=m\mid X=n\}=C_n^m p^m(1-p)^{n-m}$，$0\leqslant m\leqslant n$，$n=0,1,2,\cdots$.

(2) 由题意知，X 服从参数为 λ，$\lambda>0$ 的泊松分布，因此有

$$P\{X=n\}=\frac{e^{-\lambda}}{n!}\lambda^n, n=0,1,2,\cdots,$$

从而
$$P\{X=n,Y=m\}=P\{Y=m\mid X=n\}P\{X=n\}$$

$$=C_n^m p^m(1-p)^{n-m}\cdot\frac{e^{-\lambda}}{n!}\lambda^n,$$

其中，$0\leqslant m\leqslant n, n=0,1,2,\cdots$.

7. 【解】如图 3-8 所示.

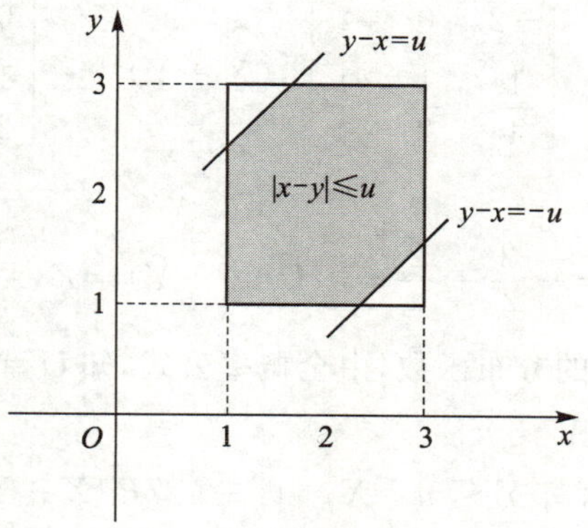

图 3-8

由条件知，X 和 Y 的联合密度为

$$f(x,y)=\begin{cases}\frac{1}{4}, & 1\leqslant x\leqslant 3,1\leqslant y\leqslant 3,\\ 0, & \text{其他}\end{cases}$$

令 $F(u)=P\{U\leqslant u\}$ 表示随机变量 U 的分布函数. 显然，当 $u\leqslant 0$ 时，$F(u)=0$；当 $u\geqslant 2$ 时，$F(u)=1$. 当 $0<u<2$，则

$$F(u)=\iint\limits_{|x-y|\leqslant u}f(x,y)\mathrm{d}x\mathrm{d}y=\iint\limits_{|x-y|\leqslant u}\frac{1}{4}\mathrm{d}x\mathrm{d}y$$

$$=\frac{1}{4}[4-(2-u)^2]=1-\frac{1}{4}(2-u)^2.$$

于是，随机变量的密度为

$$p(u)=\begin{cases}\frac{1}{2}(2-u), & 0<u<2,\\ 0, & \text{其他}\end{cases}$$

8. 【解】(1) 随机向量(X,Y)的可能取值为：$(-1,-1),(-1,1),(1,-1),(1,1)$. 由随机变量 U 在区间$[-2,2]$上服从均匀分布，可得：

$$P\{X=-1,Y=-1\}=P\{U\leqslant -1,U\leqslant 1\}=\frac{1}{4};$$

$$P\{X=-1,Y=1\}=P\{U\leqslant -1,U>1\}=0;$$

$$P\{X=1,Y=-1\}=P\{U>-1,U\leqslant 1\}=\frac{1}{2};$$

$$P\{X=1,Y=1\}=P\{U>-1,U>1\}=\frac{1}{4}.$$

于是，得 X 和 Y 的联合概率分布为

$$(X,Y)\sim\begin{bmatrix}(-1,-1) & (-1,1) & (1,-1) & (1,1)\\ \frac{1}{4} & 0 & \frac{1}{2} & \frac{1}{4}\end{bmatrix}.$$

(2) $X+Y$ 和 $(X+Y)^2$ 的概率分布相应为

$$X+Y\sim\begin{bmatrix}-2 & 0 & 2\\ \frac{1}{4} & \frac{1}{2} & \frac{1}{4}\end{bmatrix},(X+Y)^2\sim\begin{bmatrix}0 & 4\\ \frac{1}{2} & \frac{1}{2}\end{bmatrix},$$

由此可见

$$E(X+Y)=-\frac{2}{4}+\frac{2}{4}=0;D(X+Y)=E(X+Y)^2=2.$$

9.【解】设 $F(y)$ 是 Y 的分布函数，由全概率公式，知 $U=X+Y$ 的分布函数为

$$\begin{aligned}G(u)&=P\{X+Y\leqslant u\}\\&=0.3P\{X+Y\leqslant u\mid X=1\}+0.7P\{X+Y\leqslant u\mid X=2\}\\&=0.3P\{Y\leqslant u-1\mid X=1\}+0.7P\{Y\leqslant u-2\mid X=2\},\end{aligned}$$

由于 X 与 Y 独立，可见

$$G(u)=0.3P\{Y\leqslant u-1\}+0.7P\{Y\leqslant u-2\},$$

由此得 U 的概率密度

$$\begin{aligned}g(u)=G'(u)&=0.3F'(u-1)+0.7F'(u-2)\\&=0.3f(u-1)+0.7f(u-2).\end{aligned}$$

10.【解】(1) X 的概率密度为

$$f_X(x)=\begin{cases}1, & 0<x<1\\ 0, & \text{其他}\end{cases},$$

在 $X=x(0<x<1)$ 条件下，Y 的条件密度为

$$f_{Y|X}(y|x)=\begin{cases}\frac{1}{x}, & 0<y<x\\ 0, & \text{其他}\end{cases},$$

当 $0<y<x<1$ 时，随机变量 X 和 Y 的联合密度为 $f(x,y)=f_X(x)f_{Y|X}(y|x)=\frac{1}{x}$，在其他点 (x,y) 处，有 $f(x,y)=0$，即

$$f(x,y)=\begin{cases}\frac{1}{x}, & 0<y<x<1\\ 0, & \text{其他}\end{cases}.$$

(2) 当 $0<y<1$ 时，Y 的概率密度为

$$f_Y(y)=\int_{-\infty}^{+\infty}f(x,y)\,\mathrm{d}x=\int_y^1\frac{1}{x}\mathrm{d}x=-\ln y.$$

当 $y\leqslant 0$ 或 $y\geqslant 1$ 时，$f_Y(y)=0$. 因此

$$f_Y(y)=\begin{cases}-\ln y, & 0<y<1\\ 0, & \text{其他}\end{cases}.$$

(3) 所求概率

$$P\{X+Y>1\}=\iint\limits_{x+y>1} f(x,y)\,\mathrm{d}x\,\mathrm{d}y=\int_{\frac{1}{2}}^{1}\mathrm{d}x\int_{1-x}^{x}\frac{1}{x}\mathrm{d}y$$

$$=\int_{\frac{1}{2}}^{1}\left(2-\frac{1}{x}\right)\mathrm{d}x=1-\ln 2.$$

11.【解】(1) 当 $0<x<1$ 时,

$$f_X(x)=\int_{-\infty}^{+\infty}f(x,y)\,\mathrm{d}y=\int_0^{2x}\mathrm{d}y=2x;$$

当 $x\leqslant 0$ 或 $x\geqslant 1$ 时, $f_X(x)=0$, 即

$$f_X(x)=\begin{cases}2x, & 0<x<1\\ 0, & \text{其他}\end{cases};$$

当 $0<y<2$ 时,

$$f_Y(y)=\int_{-\infty}^{+\infty}f(x,y)\,\mathrm{d}x=\int_{\frac{y}{2}}^{1}\mathrm{d}x=1-\frac{y}{2};$$

当 $y\leqslant 0$ 或 $y\geqslant 1$ 时, $f_Y(y)=0$, 即

$$f_Y(y)=\begin{cases}1-\dfrac{y}{2}, & 0<y<2\\ 0, & \text{其他}\end{cases}.$$

(2) 方法一:

当 $z\leqslant 0$ 时, $F_Z(z)=0$;

当 $0<z<2$ 时,

$$F_Z(z)=P\{2X-Y\leqslant z\}=\iint\limits_{2x-y\leqslant z}f(x,y)\,\mathrm{d}x\,\mathrm{d}y=z-\frac{z^2}{4};$$

当 $z\geqslant 2$ 时, $F_Z(z)=1$, 所以

$$f_Z(z)=\begin{cases}1-\dfrac{z}{2}, & 0<z<2\\ 0, & \text{其他}\end{cases}.$$

方法二:

$$f_Z(z)=\int_{-\infty}^{+\infty}f(x,2x-z)\,\mathrm{d}x, \text{其中 } f(x,2x-z)=\begin{cases}1, & 0<x<1, 0<z<2x\\ 0, & \text{其他}\end{cases}.$$

当 $z\leqslant 0$ 或 $z\geqslant 2$ 时, $f_Z(z)=0$;

当 $0<z<2$ 时, $f_Z(z)=\int_{\frac{z}{2}}^{1}\mathrm{d}x=1-\dfrac{z}{2}$, 即

$$f_Z(z)=\begin{cases}1-\dfrac{z}{2}, & 0<z<2\\ 0, & \text{其他}\end{cases}.$$

(3) $P\left\{X\leqslant\dfrac{1}{2},Y\leqslant\dfrac{1}{2}\right\}=\int_0^{\frac{1}{4}}\mathrm{d}x\int_0^{2x}\mathrm{d}y+\int_{\frac{1}{4}}^{\frac{1}{2}}\mathrm{d}x\int_0^{\frac{1}{2}}\mathrm{d}y=\dfrac{3}{16}$, 由条件概率可知:

$$P\left\{Y\leqslant\frac{1}{2}\,\middle|\,X\leqslant\frac{1}{2}\right\}=\frac{P\left\{X\leqslant\dfrac{1}{2},Y\leqslant\dfrac{1}{2}\right\}}{P\left\{X\leqslant\dfrac{1}{2}\right\}}=\frac{\dfrac{3}{16}}{\dfrac{1}{4}}=\frac{3}{4}.$$

12.【解】(1) 由概率分布的性质知：$a+b+c+0.6=1$，即 $a+b+c=0.4$. 由 $EX=-0.2$，可得 $-a+c=-0.1$. 再由

$$P\{Y\leqslant 0|X\leqslant 0\}=\frac{P\{X\leqslant 0,Y\leqslant 0\}}{P\{X\leqslant 0\}}=\frac{a+b+0.1}{a+b+0.5}=0.5,$$

得 $a+b=0.3$. 解以上关于 a,b,c 的三个方程，得 $a=0.2,b=0.1,c=0.1$.

(2) Z 的可能取值为 $-2,-1,0,1,2$，于是

$P\{Z=-2\}=P\{X=-1,Y=-1\}=0.2$；

$P\{Z=-1\}=P\{X=-1,Y=0\}+P\{X=0,Y=-1\}=0.1$；

$P\{Z=0\}=P\{X=-1,Y=1\}+P\{X=0,Y=0\}+P\{X=1,Y=-1\}=0.3$；

$P\{Z=1\}=P\{X=1,Y=0\}+P\{X=0,Y=1\}=0.3$；

$P\{Z=2\}=P\{X=1,Y=1\}=0.1$.

即 Z 的概率分布如表 3-27 所列.

表 3-27

Z	-2	-1	0	1	2
P	0.2	0.1	0.3	0.3	0.1

(3) $P\{X=Z\}=P\{Y=0\}=0+b+0.1=0.1+0.1=0.2$.

13.【解】(1) $P\{X>2Y\}=\iint\limits_{x>2y} f(x,y)\,\mathrm{d}x\mathrm{d}y$

$$=\int_0^1\mathrm{d}x\int_0^{\frac{x}{2}}(2-x-y)\,\mathrm{d}y=\frac{7}{24}.$$

(2) 方法一：

$$f_Z(z)=\int_{-\infty}^{+\infty}f(x,z-x)\,\mathrm{d}x,$$

其中

$$f(x,z-x)=\begin{cases}2-x-(z-x), & 0<x<1,0<z-x<1\\ 0, & \text{其他}\end{cases}$$

$$=\begin{cases}2-z, & 0<x<1,0<z-x<1\\ 0, & \text{其他}\end{cases}.$$

当 $z\leqslant 0$ 或 $z\leqslant 2$ 时，$f_Z(z)=0$；

当 $0<z<1$ 时，$f_Z(z)=\int_0^z(2-z)\,\mathrm{d}x=z(2-z)$；

当 $1\leqslant z<2$ 时，$f_Z(z)=\int_{z-1}^1(2-z)\,\mathrm{d}x=(2-z)^2$，即 Z 的概率密度为

$$f_Z(z)=\begin{cases}z(2-z), & 0<z<1\\ (2-z)^2, & 1\leqslant z<2.\\ 0, & \text{其他}\end{cases}$$

方法二：

记 $F_Z(z)$ 为 Z 的分布函数，则 $F_Z(z)=P\{X+Y\leqslant z\}$.

当 $z\leqslant 0$ 时，$F_Z(z)=0$；

当 $0<z<1$ 时，

$$F_Z(z)=\iint\limits_{x+y\leqslant z} f(x,y)\mathrm{d}x\mathrm{d}y=\int_0^z \mathrm{d}x\int_0^{z-x}(2-x-y)\mathrm{d}y=z^2-\frac{z^3}{3};$$

当 $1\leqslant z<2$ 时，

$$F_Z(z)=\iint\limits_{x+y\leqslant z} f(x,y)\mathrm{d}x\mathrm{d}y=1-\int_{z-1}^1 \mathrm{d}x\int_{z-x}^1 (2-x-y)\mathrm{d}y$$

$$=\frac{z^3}{3}-2z^2+4z-\frac{5}{3};$$

当 $z\geqslant 2$ 时，$F_Z(z)=1$. 则

$$f_z(z)=\begin{cases} z(2-z), & 0<z<1 \\ (2-z)^2, & 1\leqslant z<2. \\ 0, & \text{其他} \end{cases}$$

14.【解】(1) $P\left\{Z\leqslant\frac{1}{2}\,\middle|\,X=0\right\}=P\left\{X+Y\leqslant\frac{1}{2}\,\middle|\,X=0\right\}=P\left\{Y\leqslant\frac{1}{2}\right\}=\frac{1}{2}$.

(2)
$$\begin{aligned}F_Z(z)&=P\{Z\leqslant z\}=P\{X+Y\leqslant z\}\\ &=P\{X+Y\leqslant z,X=-1\}+P\{X+Y\leqslant z,X=0\}+\\ &\quad P\{X+Y\leqslant z,X=1\}\\ &=P\{Y\leqslant z+1,X=-1\}+P\{Y\leqslant z,X=0\}+\\ &\quad P\{Y\leqslant z-1,X=1\}\\ &=P\{Y\leqslant z+1\}P\{X=-1\}+P\{Y\leqslant z\}P\{X=0\}+\\ &\quad P\{Y\leqslant z-1\}P\{X=1\}\\ &=\frac{1}{3}[P\{Y\leqslant z+1\}+P\{Y\leqslant z\}+P\{Y\leqslant z-1\}]\\ &=\frac{1}{3}[F_Y(z+1)+F_Y(z)+F_Y(z-1)].\end{aligned}$$

因此 Z 的概率密度为

$$f_Z(z)=F'_Z(z)=\frac{1}{3}[f_Y(z+1)+f_Y(z)+f_Y(z-1)]$$

$$=\begin{cases}\frac{1}{3}, & -1\leqslant z<2 \\ 0, & \text{其他}\end{cases}.$$

15.【解】(1) $P\{X=1|Z=0\}=\dfrac{P\{X=1,Z=0\}}{P\{Z=0\}}=\dfrac{C_2^1\frac{1}{6}\cdot\frac{1}{3}}{\left(\frac{1}{2}\right)^2}=\dfrac{4}{9}$.

(2) 由题意知 X 与 Y 的所有可能取值均为 0,1,2. 因此 (X,Y) 的概率分布如表 3－28 所列.

表 3-28

X	Y		
	0	1	2
0	$\frac{1}{4}$	$\frac{1}{3}$	$\frac{1}{9}$
1	$\frac{1}{6}$	$\frac{1}{9}$	0
2	$\frac{1}{36}$	0	0

16.【解】(1) 根据题意,X 的概率密度为

$$f_X(x)=\int_{-\infty}^{+\infty}f(x,y)\mathrm{d}y=\begin{cases}\int_0^x \mathrm{e}^{-x}\mathrm{d}y, & x>0\\ 0, & x\leqslant 0\end{cases}=\begin{cases}x\mathrm{e}^{-x}, & x>0\\ 0, & x\leqslant 0\end{cases}.$$

因此,当 $x>0$ 时,Y 的条件概率密度

$$f_{Y|X}(y|x)=\frac{f(x,y)}{f_X(x)}=\frac{1}{x},$$

从而
$$f_{Y|X}(y|x)=\begin{cases}\frac{1}{x}, & 0<y<x\\ 0, & \text{其他}\end{cases}.$$

(2) 由题意,Y 的概率密度为

$$f_Y(y)=\int_{-\infty}^{+\infty}f(x,y)\mathrm{d}x=\begin{cases}\mathrm{e}^{-y}, & y>0\\ 0, & y\leqslant 0\end{cases}.$$

因此,

$$P\{X\leqslant 1|Y\leqslant 1\}=\frac{P\{X\leqslant 1,Y\leqslant 1\}}{P\{Y\leqslant 1\}}=\frac{\int_{-\infty}^1\int_{-\infty}^1 f(x,y)\mathrm{d}x\mathrm{d}y}{\int_0^1 \mathrm{e}^{-y}\mathrm{d}y}$$

$$=\frac{\int_0^1\mathrm{d}x\int_0^x \mathrm{e}^{-x}\mathrm{d}y}{1-\mathrm{e}^{-1}}=\frac{\mathrm{e}-2}{\mathrm{e}-1}.$$

17.【解】方法一:

$$f_X(x)=\int_{-\infty}^{+\infty}f(x,y)\mathrm{d}y=A\int_{-\infty}^{+\infty}\mathrm{e}^{-2x^2+2xy-y^2}\mathrm{d}y=A\int_{-\infty}^{+\infty}\mathrm{e}^{-(y-x)^2-x^2}\mathrm{d}y$$

$$=A\mathrm{e}^{-x^2}\int_{-\infty}^{+\infty}\mathrm{e}^{-(y-x)^2}\mathrm{d}y=A\sqrt{\pi}\,\mathrm{e}^{-x^2},-\infty<x<+\infty,$$

所以 $1=\int_{-\infty}^{+\infty}f_X(x)\mathrm{d}x=A\sqrt{\pi}\int_{-\infty}^{+\infty}\mathrm{e}^{-x^2}\mathrm{d}x=A\pi$, 从而 $A=\frac{1}{\pi}$.

当 $x\in(-\infty,+\infty)$时,

$$f_{Y|X}(y|x)=\frac{f(x,y)}{f_X(x)}=\frac{\frac{1}{\pi}\mathrm{e}^{-2x^2+2xy-y^2}}{\frac{1}{\sqrt{\pi}}\mathrm{e}^{-x^2}}$$

$$=\frac{1}{\sqrt{\pi}}e^{-x^2+2xy-y^2}=\frac{1}{\sqrt{\pi}}e^{-(x-y)^2},-\infty<y<+\infty.$$

方法二：

因为

$$1=\int_{-\infty}^{+\infty}\int_{-\infty}^{+\infty}f(x,y)\mathrm{d}x\mathrm{d}y=A\int_{-\infty}^{+\infty}e^{-x^2}\mathrm{d}x\int_{-\infty}^{+\infty}e^{-(y-x)^2}\mathrm{d}y$$
$$=A\int_{-\infty}^{+\infty}e^{-x^2}\mathrm{d}x\int_{-\infty}^{+\infty}e^{-u^2}\mathrm{d}u=A\pi,$$

从而 $A=\frac{1}{\pi}$. 又

$$f_X(x)=\int_{-\infty}^{+\infty}f(x,y)\mathrm{d}y=\frac{1}{\pi}\int_{-\infty}^{+\infty}e^{-2x^2+2xy-y^2}\mathrm{d}y$$
$$=\frac{1}{\pi}e^{-x^2}\int_{-\infty}^{+\infty}e^{-(y-x)^2}\mathrm{d}y=\frac{1}{\sqrt{\pi}}e^{-x^2},-\infty<x<+\infty,$$

所以当 $x\in(-\infty,+\infty)$ 时，

$$f_{Y|X}(y|x)=\frac{f(x,y)}{f_X(x)}=\frac{\frac{1}{\pi}e^{-2x^2+2xy-y^2}}{\frac{1}{\sqrt{\pi}}e^{-x^2}}$$
$$=\frac{1}{\sqrt{\pi}}e^{-x^2+2xy-y^2}=\frac{1}{\sqrt{\pi}}e^{-(x-y)^2},-\infty<y<+\infty.$$

18.【解】(1) 方法一：

因为 (X,Y) 的概率密度为

$$f(x,y)=\begin{cases}1, & (x,y)\in G\\ 0, & 其他\end{cases},$$

所以 X 的概率密度为

$$f_X(x)=\int_{-\infty}^{+\infty}f(x,y)\mathrm{d}y=\begin{cases}\int_0^x\mathrm{d}y, & 0\leqslant x\leqslant 1\\ \int_0^{2-x}\mathrm{d}y, & 1<x\leqslant 2\\ 0, & 其他\end{cases}$$
$$=\begin{cases}x, & 0\leqslant x\leqslant 1\\ 2-x, & 1<x\leqslant 2.\\ 0, & 其他\end{cases}$$

方法二：

因 X 的分布函数为

$$F_X(u)=P\{X\leqslant u\}=\frac{S_{G\cap\{(x,y)|x\leqslant u\}}}{S_G}\text{(面积比)}$$

$$=\begin{cases}0, & u<0\\ \dfrac{u^2}{2}, & 0\leqslant u<1\\ 1-\dfrac{(2-u)^2}{2}, & 1\leqslant u<2\\ 1, & u\geqslant 2\end{cases},$$

故 X 的概率密度为

$$f_X(x)=F'_X(x)=\begin{cases}x, & 0\leqslant x\leqslant 1\\ 2-x, & 1<x\leqslant 2.\\ 0, & \text{其他}\end{cases}$$

(2) 因为 Y 的概率密度为

$$f_Y(y)=\int_{-\infty}^{+\infty}f(x,y)\mathrm{d}x=\begin{cases}\displaystyle\int_y^{2-y}\mathrm{d}x, & 0\leqslant y\leqslant 1\\ 0, & \text{其他}\end{cases}$$

$$=\begin{cases}2(1-y), & 0\leqslant y\leqslant 1\\ 0, & \text{其他}\end{cases},$$

所以在 $Y=y(0\leqslant y<1)$ 时，X 的条件概率密度为

$$f_{X|Y}(x|y)=\frac{f(x,y)}{f_Y(y)}=\begin{cases}\dfrac{1}{2(1-y)}, & y<x<2-y\\ 0, & \text{其他}\end{cases}.$$

19.【解】(1) 由题设知，当 $0<x<1$ 时，(X,Y)的概率密度为

$$f(x,y)=f_X(x)f_{Y|X}(y\mid x)=\begin{cases}\dfrac{9y^2}{x}, & 0<y<x,0<x<1\\ 0, & \text{其他}\end{cases};$$

当 $x\leqslant 0$ 或 $x\geqslant 1$ 时，虽然 $f_{Y|X}(y|x)$没有定义，但由于

$$\int_0^1\mathrm{d}x\int_{-\infty}^{+\infty}f(x,y)\mathrm{d}x\mathrm{d}y=\int_0^1\mathrm{d}x\int_0^x\frac{9y^2}{x}\mathrm{d}y=\int_0^1 3x^2\mathrm{d}x=1,$$

所以可以认定：当 $x\leqslant 0$ 或 $x\geqslant 1$ 时，$f(x,y)=0$.

综上，(X,Y)的概率密度为

$$f(x,y)=\begin{cases}\dfrac{9y^2}{x}, & 0<y<x<1\\ 0, & \text{其他}\end{cases}.$$

(2) Y 的边缘概率密度为 $f_Y(y)=\int_{-\infty}^{+\infty}f(x,y)\mathrm{d}x$.

当 $y\in(0,1)$时，$f_Y(y)=\int_y^1\frac{9y^2}{x}\mathrm{d}x=-9y^2\ln y$；当 $y\notin(0,1)$时，$f_Y(y)=0$.

所以，Y 的边缘概率密度为

$$f_Y(y)=\begin{cases}-9y^2\ln y, & 0<y<1\\ 0, & \text{其他}\end{cases}.$$

(3) $P\{X>2Y\}=\iint\limits_{X>2Y}f(x,y)\mathrm{d}x\mathrm{d}y=\int_0^1\mathrm{d}x\int_0^{\frac{x}{2}}\frac{9y^2}{x}\mathrm{d}y=\frac{1}{8}$.

20.【解】(1) 区域 D 的面积为

$$S_D=\int_0^1\sqrt{x}\,\mathrm{d}x-\int_0^1 x^2\,\mathrm{d}x=\frac{1}{3}.$$

因此,(X,Y)的概率密度为

$$f(x,y)=\begin{cases}3, & (x,y)\in D\\ 0, & \text{其他}\end{cases}.$$

(2) 方法一:

对于 $0<t<1$,则

$$P\{U\leqslant 0,X\leqslant t\}=P\{X>Y,X\leqslant t\}=\int_0^t\mathrm{d}x\int_{x^2}^{x}3\mathrm{d}y=\frac{3}{2}t^2-t^3,$$

$$P\{U\leqslant 0\}=P\{X>Y\}=\frac{1}{2},$$

$$P\{X\leqslant t\}=\int_0^t\mathrm{d}x\int_{x^2}^{\sqrt{x}}3\mathrm{d}y=2t^{\frac{3}{2}}-t^3.$$

由于 $P\{U\leqslant 0,X\leqslant t\}\neq P\{U\leqslant 0\}P\{X\leqslant t\}$,所以 U 与 X 不相互独立.

方法二:

$$P\left\{U=0,X\leqslant\frac{1}{2}\right\}=P\left\{X>Y,X\leqslant\frac{1}{2}\right\}=\int_0^{\frac{1}{2}}\mathrm{d}x\int_{x^2}^{x}3\mathrm{d}y=\frac{1}{4},$$

$$P\{U=0\}=\frac{1}{2},P\left\{X\leqslant\frac{1}{2}\right\}=\int_0^{\frac{1}{2}}\mathrm{d}x\int_{x^2}^{\sqrt{x}}3\mathrm{d}y=\frac{\sqrt{2}}{2}-\frac{1}{8}.$$

由于 $P\left\{U=0,X\leqslant\frac{1}{2}\right\}\neq P\{U=0\}P\left\{X\leqslant\frac{1}{2}\right\}$,所以 U 与 X 不相互独立.

方法三:

$EU=\frac{1}{2},EX=\int_0^1 x\,\mathrm{d}x\int_{x^2}^{\sqrt{x}}3\mathrm{d}y=\frac{9}{20},E(UX)=\iint\limits_G x\,\mathrm{d}x\,\mathrm{d}y$,其中 $G=\{(x,y)\mid 0\leqslant x\leqslant 1,x\leqslant y\leqslant\sqrt{x}\}$,从而

$$E(UX)=\int_0^1 x\,\mathrm{d}x\int_x^{\sqrt{x}}\mathrm{d}y=\frac{1}{15}.$$

由于 $Cov(U,X)=E(UX)-EU\cdot EX=-\frac{19}{120}\neq 0$,所以 U 与 X 不相互独立.

(3) 当 $z<0$ 时,$F(z)=0$;

当 $0\leqslant z<1$ 时,

$$\begin{aligned}F(z)&=P\{Z\leqslant z\}=P\{U+X\leqslant z\}\\&=P\{U=0,X\leqslant z\}=P\{X>Y,X\leqslant z\}=\frac{3}{2}z^2-z^3;\end{aligned}$$

当 $1\leqslant z<2$ 时,

$$\begin{aligned}F(z)&=P\{U+X\leqslant z\}\\&=P\{U=0,X\leqslant z\}+P\{U=1,X\leqslant z-1\}\\&=\frac{1}{2}+2(z-1)^{\frac{3}{2}}-\frac{3}{2}(z-1)^2;\end{aligned}$$

当 $z\geqslant 2$ 时,$F(z)=P\{U+X\leqslant z\}=1$. 所以

$$F(z)=\begin{cases}0, & z<0\\ \dfrac{3}{2}z^2-z^3, & 0\leqslant z<1\\ \dfrac{1}{2}+2(z-1)^{\frac{3}{2}}-\dfrac{3}{2}(z-1)^2, & 1\leqslant z<2\\ 1, & z\geqslant 2\end{cases}.$$

21.【解】(1) 记(X_1,Y)的分布函数为$F(x,y)$,则对任意实数 x 和 y,都有

$$\begin{aligned}F(x,y)&=P\{X_1\leqslant x,Y\leqslant y\}\\&=P\{X_1\leqslant x,X_3X_1+(1-X_3)X_2\leqslant y\}\\&=P\{X_3=0\}P\{X_1\leqslant x,X_3X_1+(1-X_3)X_2\leqslant y\mid X_3=0\}+\\&\quad P\{X_3=1\}P\{X_1\leqslant x,X_1+(1-X_3)X_2\leqslant y\mid X_3=1\}\\&=\frac{1}{2}P\{X_1\leqslant x,X_2\leqslant y\mid X_3=0\}+\\&\quad\frac{1}{2}P\{X_1\leqslant x,X_1\leqslant y\mid X_3=1\}\\&=\frac{1}{2}P\{X_1\leqslant x,X_2\leqslant y\}+\frac{1}{2}P\{X_1\leqslant x,X_1\leqslant y\}\\&=\frac{1}{2}\Phi(x)\Phi(y)+\frac{1}{2}\Phi(\min\{x,y\}).\end{aligned}$$

(2) 证法一:

由(1)知,Y 的分布函数为

$$\begin{aligned}F_Y(y)&=\lim_{x\to+\infty}F(x,y)=\lim_{x\to+\infty}\left[\frac{1}{2}\Phi(x)\Phi(y)+\frac{1}{2}\Phi(\min\{x,y\}\right]\\&=\frac{1}{2}\Phi(y)+\frac{1}{2}\Phi(y)=\Phi(y),\end{aligned}$$

所以 Y 服从标准正态分布.

证法二:

Y 的分布函数为

$$\begin{aligned}F_Y(y)&=P\{Y\leqslant y\}=P\{X_3X_1+(1-X_3)X_2\leqslant y\}\\&=P\{X_3=0\}P\{X_3X_1+(1-X_3)X_2\leqslant y\mid X_3=0\}+\\&\quad P\{X_3=1\}P\{X_3X_1+(1-X_3)X_2\leqslant y\mid X_3=1\}\\&=\frac{1}{2}P\{X_2\leqslant y\mid X_3=0\}+\frac{1}{2}P\{X_1\leqslant y\mid X_3=1\}\\&=\frac{1}{2}P\{X_2\leqslant y\}+\frac{1}{2}P\{X_1\leqslant y\}\\&=\frac{1}{2}\Phi(y)+\frac{1}{2}\Phi(y)=\Phi(y),\end{aligned}$$

所以 Y 服从标准正态分布.

22.【解】(1) 方法一：

设随机取的点的坐标记为 V，则 $V \sim U(0,2)$，$X=\min\{V,2-V\}$，下面计算 X 的分布函数 $F_X(x)$.

由于 $P\{0 \leqslant X \leqslant 1\}=1$，故当 $x<0$ 时，$F_X(x)=0$；当 $0 \leqslant x<1$ 时，

$$\begin{aligned} F_X(x) &= P\{X \leqslant x\}=P\{\min\{V,2-V\} \leqslant x\} \\ &= 1-P\{\min\{V,2-V\}>x\}=1-P\{x<V<2-x\} \\ &= 1-\frac{2-x-x}{2}=x; \end{aligned}$$

当 $x \geqslant 1$ 时，$F_X(x)=1$，所以 X 的分布函数为

$$F_X(x)=\begin{cases} 0, & x<0 \\ x, & 0 \leqslant x<1, \\ 1, & x \geqslant 1 \end{cases}$$

故 X 的概率密度为

$$f_X(x)=\begin{cases} 1, & 0<x<1 \\ 0, & \text{其他} \end{cases}.$$

方法二：

设随机取的点的坐标记为 V，则

$$V \sim U(0,2), X=\begin{cases} V, & 0<V<1 \\ 2-V, & 1 \leqslant V<2 \end{cases}.$$

下面计算 X 的分布函数 $F_X(x)$. 当 $x<0$ 时，$F_X(x)=0$；当 $0 \leqslant x<1$ 时，

$$\begin{aligned} F_X(x) &= P\{X \leqslant x\} \\ &= P\{X \leqslant x \mid 0<V<1\} P\{0<V<1\}+ \\ &\quad P\{X \leqslant x \mid 1 \leqslant V<2\} P\{1 \leqslant V<2\} \\ &= \frac{x}{2}+\frac{2-(2-x)}{2}=x; \end{aligned}$$

当 $x \geqslant 1$ 时，$F_X(x)=1$，故 X 的概率密度为

$$f_X(x)=\begin{cases} 1, & 0<x<1 \\ 0, & \text{其他} \end{cases}.$$

方法三：

设随机取的点的坐标记为 V，则 $V \sim U(0,2)$. 下面计算 X 的分布函数 $F_X(x)$.

当 $x<0$ 时，$F_X(x)=0$；

当 $0 \leqslant x<1$ 时，由于 $\{X \leqslant x\}=\{0 \leqslant V \leqslant x\} \cup \{2-x \leqslant V \leqslant 2\}$，且事件 $\{0 \leqslant V \leqslant x\}$ 与事件 $\{2-x \leqslant V \leqslant 2\}$ 互不相容，从而

$$\begin{aligned} F_X(x) &= P\{X \leqslant x\}=P\{0 \leqslant V \leqslant x\}+P\{2-x \leqslant V \leqslant 2\} \\ &= \frac{x}{2}+\frac{2-(2-x)}{2}=x; \end{aligned}$$

当 $x \geqslant 1$ 时，$F_X(x)=1$，故 X 的概率密度为

$$f_X(x)=\begin{cases} 1, & 0<x<1 \\ 0, & \text{其他} \end{cases}.$$

(2) 方法一：反函数法.

由条件 $Z=\frac{Y}{X}=\frac{2-X}{X}$. 由于函数 $z=\frac{2-x}{x}$ 在(0,1)内严格单调且可导，反函数为 $x=\frac{2}{1+z}$，$\frac{dx}{dz}=-\frac{2}{(1+z)^2}$，故 Z 的概率密度为

$$f_Z(z)=\begin{cases} f_X\left(\frac{2}{1+z}\right)\left|-\frac{2}{(1+z)^2}\right|, & z>1 \\ 0, & \text{其他} \end{cases}=\begin{cases} \frac{2}{(1+z)^2}, & z>1 \\ 0, & \text{其他} \end{cases}.$$

方法二：分布函数求导法.

先求 $Z=\frac{Y}{X}$ 的分布函数.

当 $z<1$ 时，$F_Z(z)=0$，

当 $z\geqslant 1$ 时，

$$F_Z(z)=P\left\{\frac{Y}{X}\leqslant z\right\}=P\left\{\frac{2-X}{X}\leqslant Z\right\}$$
$$=P\left\{X\geqslant\frac{2}{1+z}\right\}=1-\frac{2}{1+z}.$$

故 Z 的概率密度为

$$f_Z(z)=\begin{cases} \frac{2}{(1+z)^2}, & z>1 \\ 0, & \text{其他} \end{cases}.$$

(3) 方法一：

$$E\left(\frac{X}{Y}\right)=E\left(\frac{X}{2-X}\right)=\int_0^1\frac{x}{2-x}dx=2\ln 2-1.$$

方法二：

$$E\left(\frac{X}{Y}\right)=E\left(\frac{1}{Z}\right)=\int_1^{+\infty}\frac{1}{z}\cdot\frac{2}{(1+z)^2}dz=2\ln 2-1.$$

方法三：

先求出 $U=\frac{X}{Y}$ 的概率密度

$$f_U(u)=\begin{cases} \frac{2}{(1+u)^2}, & 0<u<1 \\ 0, & \text{其他} \end{cases},$$

从而
$$E\left(\frac{X}{Y}\right)=E(U)=\int_0^1 u\cdot\frac{2}{(1+u)^2}du=2\ln 2-1.$$

第 4 章　随机变量的数字特征

知识扫描

随机变量的数字特征是全书的重点，与定积分和反常积分联系紧密. 这一章节考点单一、难度较高，读者在复习时，可借助思维导图和列举的要点着重掌握.

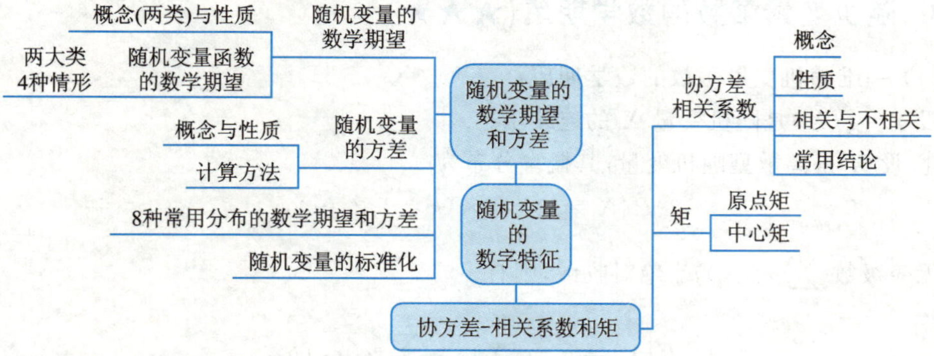

1. 理解随机变量数字特征(数学期望、方差、标准差、矩、协方差、相关系数)的概念，会运用数字特征的基本性质，并掌握常用分布的数字特征.

2. 会求随机变量函数的数学期望.

第 1 节　随机变量的数学期望和方差

一、随机变量的数学期望

1. 定　义(★★★)

(1) 离散型随机变量的数学期望：

设离散型随机变量 X 的概率分布为 $P\{X=x_k\}=p_k(k=1,2,\cdots)$，如果无穷级数 $\sum\limits_{k=1}^{\infty}x_kp_k$ 绝对收敛，则称此无穷级数的和为 X 的数学期望或均值，记为 $E(X)$，即 $E(X)=\sum\limits_{k=1}^{\infty}x_kp_k$ (若 X 仅取有限个孤立的点，则 k 可不取到无穷).

(2) 连续型随机变量的数学期望：

设连续型随机变量 X 的概率密度为 $f(x)$，如果反常积分 $\int_{-\infty}^{+\infty}xf(x)\mathrm{d}x$ 绝对收敛，则称此反常积分的值为 X 的数学期望或均值，即 $E(X)=\int_{-\infty}^{+\infty}xf(x)\mathrm{d}x$.

注意：X 的数学期望存在的前提：$\sum_{k=1}^{\infty} x_k p_k$ 或 $\int_{-\infty}^{+\infty} xf(x)\mathrm{d}x$ 绝对收敛.

2. 性　质(★★)

(1) 设 C 是常数,则有 $E(C)=C$.

(2) 设 X 是随机变量,C 是常数,则有 $E(CX)=CE(X)$.

(3) 设 X 和 Y 是两个随机变量,a,b,c 是常数,则有

$$E(aX+bY+c)=aE(X)+bE(Y)+c.$$

(4) 设 X 和 Y 是两个相互独立的随机变量,则有 $E(XY)=E(X)E(Y)$.

3. 随机变量函数的数学期望(★★★)

(1) 一维随机变量函数的数学期望：

设 $Y=g(X)$是随机变量 X 的连续函数.

① 设 X 是离散型随机变量,其概率分布为

$$P\{X=x_k\}=p_k(k=1,2,\cdots),$$

如果无穷级数 $\sum_{k=1}^{\infty} g(x_k)p_k$ 绝对收敛,则有

$$E(Y)=E[g(X)]=\sum_{k=1}^{\infty} g(x_k)p_k.$$

② 设 X 是连续型随机变量,其概率密度为 $f(x)$. 若反常积分 $\int_{-\infty}^{+\infty} g(x)f(x)\mathrm{d}x$ 绝对收敛,则有

$$E(Y)=E[g(X)]=\int_{-\infty}^{+\infty} g(x)f(x)\mathrm{d}x.$$

(2) 二维随机变量函数的数学期望：

设 $Z=g(X,Y)$是二维随机变量(X,Y)的连续函数.

① 设(X,Y)是二维离散型随机变量,其概率分布为

$$P\{X=x_i,Y=y_i\}=p_{ij}(i,j=1,2,\cdots),$$

如果无穷级数 $\sum_{j=1}^{\infty}\sum_{i=1}^{\infty} g(x_i,y_i)p_{ij}$ 绝对收敛,则有

$$E(Z)=E[g(X,Y)]=\sum_{j=1}^{\infty}\sum_{i=1}^{\infty} g(x_i,y_i)p_{ij}.$$

② 设(X,Y)是二维连续型随机变量,其概率密度为 $f(x,y)$,如果反常积分 $\int_{-\infty}^{+\infty}\int_{-\infty}^{+\infty} g(x,y)f(x,y)\mathrm{d}x\mathrm{d}y$ 绝对收敛,则有

$$E(Z)=E[gX,Y)]=\int_{-\infty}^{+\infty}\int_{-\infty}^{+\infty} g(x,y)f(x,y)\mathrm{d}x\mathrm{d}y.$$

分类习题 4－1

1. 已知随机变量 Y 的概率密度为

$$f(y)=\begin{cases}\dfrac{y}{a^2}e^{-\frac{y^2}{2a^2}}, & y\geqslant 0,\\ 0, & y<0\end{cases}$$

求随机变量 $Z=\dfrac{1}{Y}$ 的数学期望 EZ.

【析】考查连续型随机变量函数的数学期望以及正态分布的基本结论.

【解】利用正态分布的结论 $\int_0^{+\infty}\dfrac{1}{\sqrt{2\pi}\sigma}e^{-\frac{x^2}{2\sigma^2}}dx=\dfrac{1}{2}$ 计算：

$$EZ=E\left(\frac{1}{Y}\right)=\int_{-\infty}^{+\infty}\frac{1}{y}f(y)dy=\int_0^{+\infty}\frac{1}{y}\cdot\frac{y}{a^2}e^{-\frac{y^2}{2a^2}}dy$$

$$=\frac{1}{a^2}\int_0^{+\infty}e^{-\frac{y^2}{2a^2}}dy=\frac{\sqrt{2\pi}}{a}\int_0^{+\infty}\frac{1}{\sqrt{2\pi}a}e^{-\frac{y^2}{2a^2}}dy$$

$$=\frac{\sqrt{2\pi}}{a}\cdot\frac{1}{2}=\frac{\sqrt{2\pi}}{2a}.$$

也可利用标准正态分布的结论 $\int_0^{+\infty}\dfrac{1}{\sqrt{2\pi}}e^{-\frac{x^2}{2}}dx=\dfrac{1}{2}$ 计算：

$$EZ=\frac{1}{a^2}\int_0^{+\infty}e^{-\frac{y^2}{2a^2}}dy=\frac{1}{a^2}\cdot\sqrt{2\pi}a\int_0^{+\infty}\frac{1}{\sqrt{2\pi}}e^{-\frac{\left(\frac{y}{a}\right)^2}{2}}d\left(\frac{y}{a}\right)$$

$$=\frac{\sqrt{2\pi}}{a}\cdot\frac{1}{2}=\frac{\sqrt{2\pi}}{2a}.$$

还可利用结论 $\int_0^{+\infty}e^{-x^2}dx=\dfrac{\sqrt{\pi}}{2}$ 计算：

$$EZ=\frac{1}{a^2}\int_0^{+\infty}e^{-\frac{y^2}{2a^2}}dy=\frac{1}{a^2}\cdot\sqrt{2}a\int_0^{+\infty}e^{-\left(\frac{y}{\sqrt{2}a}\right)^2}d\left(\frac{y}{\sqrt{2}a}\right)$$

$$=\frac{\sqrt{2}}{a}\cdot\frac{\sqrt{\pi}}{2}=\frac{\sqrt{2\pi}}{2a}.$$

注：$\begin{cases}\int_0^{+\infty}\dfrac{1}{\sqrt{2\pi}\sigma}e^{-\frac{x^2}{2\sigma^2}}dx=\dfrac{1}{2}\\ \int_0^{+\infty}\dfrac{1}{\sqrt{2\pi}}e^{-\frac{x^2}{2}}dx=\dfrac{1}{2}\end{cases}$ 和 $\int_0^{+\infty}e^{-x^2}dx=\dfrac{\sqrt{\pi}}{2}$ 是必记结论.

2. 设随机变量 X 服从参数为 1 的指数分布，则数学期望 $E(X+e^{-2X})=$________.

【答】应填 $\dfrac{4}{3}$.

【析】考查指数分布、数学期望的性质以及随机变量函数的期望.

【解】因 X 服从参数为 1 的指数分布，故其密度

$$f(x)=\begin{cases}e^{-x}, & x>0\\ 0, & x\geqslant 0\end{cases},$$

且 $E(X)=1$,所以

$$E(X+e^{-2X})=E(X)+E(e^{-2X})=1+\int_{-\infty}^{+\infty}e^{-2x}f(x)dx$$
$$=1+\int_{0}^{+\infty}e^{-2x}\cdot e^{-x}dx=1+\frac{1}{3}=\frac{4}{3}.$$

3. 假设由自动生产线加工的某种零件的内径 X(单位: mm)服从正态分布 $N(\mu,1)$,内径小于 10 或大于 12 的为不合格品,其余为合格品,销售每件合格品获利,销售每件不合格品亏损,已知销售利润 T/元与销售零件的内径 X 有如下关系:

$$T=\begin{cases}-1, & X<10\\ 20, & 10\leqslant X\leqslant 12,\\ -5, & X>12\end{cases}$$

问平均内径 μ 取何值时,销售一个零件的平均利润最大?

【析】考查正态分布的性质、离散型随机变量的数学期望.

【解】设 $\Phi(x)$ 和 $\varphi(x)$ 分别是标准正态的分布函数和密度函数,则平均利润

$$ET=20P\{10\leqslant X\leqslant 12\}-P\{X<10\}-5P\{X>12\}$$
$$=20[\Phi(12-\mu)-\Phi(10-\mu)]-\Phi(10-\mu)-5[1-\Phi(12-\mu)]$$
$$=25\Phi(12-\mu)-21\Phi(10-\mu)-5.$$

令 $\frac{d(ET)}{d\mu}=-25\varphi(12-\mu)+21\varphi(10-\mu)=0$,得

$$-\frac{25}{\sqrt{2\pi}}e^{-\frac{(12-\mu)^2}{2}}+\frac{21}{\sqrt{2\pi}}e^{-\frac{(10-\mu)^2}{2}}=0,\text{即 }25e^{-\frac{(12-\mu)^2}{2}}=21e^{-\frac{(10-\mu)^2}{2}}.$$

解得 $\mu=\mu_0=11-\frac{1}{2}\ln\frac{25}{21}\approx 10.9$. 故当 $\mu=\mu_0\approx 10.9$ mm 时,平均利润最大.

二、随机变量的方差

1. 定　义(★★★)

随机变量的方差: 设 X 是一个随机变量,如果 $E\{[X-E(X)]^2\}$ 存在,则称之为 X 的方差,记为 $D(X)$,也记为 DX 或 $\sigma^2(X)$,即

$$D(X)=E\{[X-E(X)]^2\}.$$

称 $\sqrt{D(X)}$ 为随机变量 X 的标准差或均方差,记为 $\sigma(X)$,即 $\sigma(X)=\sqrt{D(X)}$.

2. 计算方法(★★★)

基本公式: $D(X)=E(X^2)-[E(X)]^2$.

(1) 设 X 为离散型随机变量,其概率分布为 $P\{X=x_k\}=p_k,k=1,2,\cdots$,则

$$D(X)=\sum_{k=1}^{\infty}[x_k-E(X)]^2p_k.$$

(2) 设 X 为连续型随机变量,其概率密度为 $f(x)$,则

$$D(X)=\int_{-\infty}^{+\infty}[x-E(X)]^2f(x)dx.$$

3. 性　质(★★)

(1) 设 X 是随机变量，C 是常数，则 $D(C)=0, D(X+C)=D(X)$.

(2) 设 X 是随机变量，a,b 是常数，则 $D(aX+b)=a^2D(X)$.

(3) 设 X 和 Y 是两个相互独立的随机变量，a,b,c 是常数，则

$$D(aX+bY+c)=a^2D(X)+b^2D(Y).$$

特别地，$D(X\pm Y)=D(X)+D(Y)$.

(4) $D(X)=0$ 的充分必要条件是 X 以概率 1 取常数 C，即 $P\{X=C\}=1$，这里 $C=E(X)$.

三、常用分布的数学期望和方差

离散型常用分布的数学期望和方差(★★★)如表 4-1 所列.

表 4-1

X	EX	DX
离散型均匀分布	$\bar{x}_k$	$\bar{x}_k^2-\bar{x}_k^2$
$B(1,p)$	p	$p(1-p)$
$B(n,p)$	np	$np(1-p)$
$G(p)(0<p<1)$	$\dfrac{1}{p}$	$\dfrac{1-p}{p^2}$
$\pi(\lambda)$	λ	λ

连续型常用分布的数学期望和方差(★★★)如表 4-2 所列.

表 4-2

X	EX	DX
$U(a,b)$	$\dfrac{a+b}{2}$	$\dfrac{(b-a)^2}{12}$
$E(\lambda)(\lambda>0)$	$\dfrac{1}{\lambda}$	$\dfrac{1}{\lambda^2}$
$N(\mu,\sigma^2)$	μ	σ^2

四、随机变量的标准化

如果随机变量 X 的数学期望 $E(X)$ 及方差 $D(X)$ 都存在，且 $D(X)>0$，则 X 的标准化随机变量为 $X^*=\dfrac{X-E(X)}{\sqrt{D(X)}}$. 显然 $E(X^*)=0, D(X^*)=1$.

注意：随机变量的标准化(★★★).

分类习题 4-2

1. 设随机变量 X 的概率密度 $f(x)=\dfrac{1}{\sqrt{\pi}}e^{-x^2+2x-1}$，则 X 的数学期望 EX 为

________，X 的方差为________.

【答】应填 1；$\frac{1}{2}$.

【析】直接考查连续型随机变量的数学期望和方差.

【解】因为 $f(x)=\frac{1}{\sqrt{\pi}}e^{-x^2+2x-1}=\frac{1}{\sqrt{2\pi}\cdot\frac{1}{\sqrt{2}}}e^{-\frac{(x-1)^2}{2\cdot\left(\frac{1}{\sqrt{2}}\right)^2}}$，所以 $X\sim N\left(1,\frac{1}{2}\right)$.

因此，$EX=1,DX=\frac{1}{2}$.

注：若 $X\sim N(\mu,\sigma^2)$，则其概率密度 $f(x)=\frac{1}{\sqrt{2\pi}\sigma}e^{-\frac{(x-\mu)^2}{2\sigma^2}}$.

2. 假设有 10 只同种电器元件，其中有两只废品. 装配仪器时，从这批元件中任取一只，如是废品，则扔掉重新取一只，如仍是废品，则扔掉再取一只. 试求在取得正品之前，已取出的废品只数的分布、数学期望和方差.

【析】考查离散型分布及其数学期望和方差.

【解】设 X 为在取到正品前已取出的废品数.

X 是一随机变量，有 3 个可能的取值：0，1，2.

(1) 分布：

$$P\{X=0\}=\frac{8}{10}=\frac{4}{5};$$

$$P\{X=1\}=\frac{2}{10}\times\frac{8}{9}=\frac{8}{45};$$

$$P\{X=2\}=\frac{2}{10}\times\frac{1}{9}\times\frac{8}{8}=\frac{1}{45}.$$

于是，已取出的废品只数 X 的分布如表 4-3 所列.

表 4-3

X	0	1	2
P	$\frac{4}{5}$	$\frac{8}{45}$	$\frac{1}{45}$

(2) 数学期望：

$$EX=\sum_{k=0}^{2}kP\{X=k\}=0\times\frac{4}{5}+1\times\frac{8}{45}+2\times\frac{1}{45}=\frac{2}{9}.$$

(3) 方差：

$$E(X^2)=\sum_{k=0}^{2}k^2P\{X=k\}=0^2\times 0.8+1^2\times\frac{8}{45}+2^2\times\frac{1}{45}=\frac{4}{15};$$

$$DX=E(X^2)-(EX)^2=\frac{88}{405}.$$

3. 设随机变量 X_1,X_2,X_3 相互独立，其中 X_1 在[0,6]上服从均匀分布，X_2 服从正态分布 $N(0,2^2)$，X_3 服从参数 $\lambda=3$ 的泊松分布. 记 $Y=X_1-2X_2+3X_3$，则 $DY=$

________.

【答】应填 46.

【析】考查均匀分布、正态分布和泊松分布的方差以及方差的性质.

【解】因 $X_1 \sim U[0,6]$，$X_2 \sim N(0,2^2)$，$X_3 \sim P(3)$，故

$$D(X_1)=\frac{(6-0)^2}{12}=3, D(X_2)=2^2=4, D(X_3)=3.$$

又 X_1,X_2,X_3 相互独立，所以有

$$\begin{aligned}D(Y)&=D(X_1-2X_2+3X_3)\\&=D(X_1)+(-2)^2D(X_2)+3^2D(X_3)=46.\end{aligned}$$

4. 已知随机变量 $X \sim N(-3,1)$，$Y \sim N(2,1)$，且 X,Y 相互独立，设随机变量 $Z=X-2Y+7$，则 $Z \sim$________.

【答】应填 $N(0,5)$.

【析】考查正态分布、数学期望和方差的性质.

【解】由 $X \sim N(-3,1)$，$Y \sim N(2,1)$，知 $EX=-3$，$EY=2$，$DX=DY=1$，于是 $EZ=E(X-2Y+7)=EX-2EY+7=0$，且

$$DZ=D(X-2Y+7)=1^2 \cdot DX+(-2)^2 \cdot DY=5.$$

又 X,Y 相互独立且都服从正态分布，故其线性组合 $Z \sim N(0,5)$.

5. 已知离散型随机变量 X 服从参数为 2 的泊松分布，则随机变量 $Z=3X-2$ 的数学期望 $EZ=$________.

【答】应填 4.

【析】考查泊松分布的数学期望以及期望的性质.

【解】因 X 服从参数为 2 的泊松分布，故 $EX=2$，于是

$$EZ=E(3X-2)=3EX-2=4.$$

6. 已知随机变量 X 服从二项分布，且 $EX=2.4$，$DX=1.44$，则二项分布的参数 n,p 的值为(　　).

A. $n=4,p=0.6$　　　　B. $n=6,p=0.4$

C. $n=8,p=0.3$　　　　D. $n=24,p=0.1$

【答】应选 B.

【析】考查二项分布的数学期望和方差.

【解】由题意，有 $X \sim B(n,p)$，于是 $EX=np=2.4$，$DX=np(1-p)=1.44$，解得 $n=6$，$p=0.4$. 故选 B.

7. 一台设备由三大部件构成，在设备运转中各部件需要调整的概率相应为 0.10、0.20 和 0.30. 假设各部件的状态相互独立，以 X 表示同时需要调的部件数，试求 X 的数学期望 EX 和方差 DX.

【析】直接考查离散型随机变量的数学期望与方差.

【解】方法一：

设 $A_i=\{$第 i 个部件需要调整$\}$，$X_i=\begin{cases}1, & 若 A_i 出现\\0, & 若 A_i 不出现\end{cases}$ $(i=1,2,3)$，易见 $EX_i=P(A_i)$；$DX_i=P(A_i)[1-P(A_i)]$，$X=X_1+X_2+X_3$，因此，由 X_1,X_2,X_3 独立，可见

$$EX=0.1+0.2+0.3=0.6,$$
$$DX=0.1\times 0.9+0.2\times 0.8+0.3\times 0.7=0.46.$$

方法二：

设 $A_i=\{$第 i 个部件需要调整$\}(i=1,2,3)$，则 A_1,A_2,A_3 独立，于是有

$$P\{X=0\}=P(\overline{A}_1\overline{A}_2\overline{A}_3)=0.9\times 0.8\times 0.7=0.504;$$
$$P\{X=1\}=P(A_1\overline{A}_2\overline{A}_3)+P(\overline{A}_1A_2\overline{A}_3)+P(\overline{A}_1\overline{A}_2A_3)$$
$$=0.1\times 0.8\times 0.7+0.9\times 0.2\times 0.7+0.9\times 0.8\times 0.3$$
$$=0.398;$$
$$P\{X=2\}=P(A_1A_2\overline{A}_3)+P(A_1\overline{A}_2A_3)+P(\overline{A}_1A_2A_3)$$
$$=0.1\times 0.2\times 0.7+0.1\times 0.8\times 0.3+0.9\times 0.2\times 0.3$$
$$=0.092;$$
$$P\{X=3\}=P(A_1A_2A_3)=0.1\times 0.2\times 0.3=0.006.$$

因此 X 的概率分布为 $X\sim\begin{bmatrix}0 & 1 & 2 & 3\\ 0.504 & 0.398 & 0.092 & 0.006\end{bmatrix}$. 从而

$$EX=1\times 0.398+2\times 0.092+3\times 0.006=0.6;$$
$$DX=E(X^2)-(EX)^2$$
$$=1\times 0.398+4\times 0.092+9\times 0.006-(0.6)^2$$
$$=0.006-(0.6)^2=0.006-(0.06)$$
$$=0.82-0.36=0.46.$$

8. 设 X 表示 10 次独立重复射击命中目标的次数，每次射中目标的概率为 0.4，则 X^2 的数学期望 $E(X^2)=$________.

【答】应填 18.4.

【析】考查二项分布及其数学期望与方差.

【解】由于 X 服从 $n=10,p=0.4$ 的二项分布，根据二项分布的性质，

$$EX=np=10\times 0.4=4, DX=np(1-p)=2.4,$$

因此得

$$E(X^2)=DX+(EX)^2=2.4+4^2=18.4.$$

9. 设 X 是一个随机变量，其概率密度为 $f(x)=\begin{cases}1+x, & -1\leqslant x\leqslant 0\\ 1-x, & 0\leqslant x\leqslant 1\\ 0, & \text{其他}\end{cases}$，则方差 $D(X)=$________.

【答】应填 $\dfrac{1}{6}$.

【析】考查连续型随机变量的方差.

【解】因 $EX=\int_{-\infty}^{+\infty}xf(x)\mathrm{d}x=\int_{-1}^{0}x\cdot(1+x)\mathrm{d}x+\int_{0}^{1}x\cdot(1-x)\mathrm{d}x=0,$

而 $$E(X^2)=\int_{-\infty}^{+\infty}x^2f(x)\mathrm{d}x=\int_{-1}^{0}x^2\cdot(1+x)\mathrm{d}x+\int_{0}^{1}x^2\cdot(1-x)\mathrm{d}x=\frac{1}{6},$$

故
$$DX=E(X^2)-(EX)^2=\frac{1}{6}.$$

第 2 节　协方差–相关系数和矩

一、协方差–相关系数

1. 定　义

(1) 协方差(★)：

对于随机变量 X 和 Y，称 $E\{[X-E(X)][Y-E(Y)]\}$ 为 X 与 Y 的协方差，记为 $\mathrm{Cov}(X,Y)$，即 $\mathrm{Cov}(X,Y)=E\{[X-E(X)][Y-E(Y)]\}$.

(2) 相关系数(★★★)：

如果 $D(X)\neq 0, D(Y)\neq 0$，则称 $\rho_{XY}=\dfrac{\mathrm{Cov}(X,Y)}{\sqrt{D(X)}\sqrt{D(Y)}}$ 为随机变量 X 和 Y 的相关系数. 当 $\rho_{XY}=0$ 时，称随机变量 X 和 Y 不相关. 如果随机变量 X 和 Y 相互独立，则 X 和 Y 不相关.

2. 性　质(★★)

(1) 协方差的性质：

① $\mathrm{Cov}(X,Y)=\mathrm{Cov}(Y,X)$.

② $\mathrm{Cov}(aX,bX)=ab\mathrm{Cov}(X,Y)$，其中 a,b 是常数.

③ $\mathrm{Cov}(X_1+X_2,Y)=\mathrm{Cov}(X_1,Y)+\mathrm{Cov}(X_2,Y)$.

④ 对于任意两个随机变量 X 和 Y，有
$$D(X\pm Y)=D(X)+D(Y)\pm 2\mathrm{Cov}(X,Y),$$
$$\mathrm{Cov}(X,Y)=E(XY)-E(X)E(Y).$$

(2) 相关系数的性质(★★)

① $|\rho_{XY}|\leqslant 1$.

② $|\rho_{XY}|=1$ 的充分必要条件是存在常数 a,b，使 $P\{Y=a+bX\}=1$.

注意：在以上条件下，$\rho_{XY}=\dfrac{|b|}{b}=\begin{cases}1, & b>0\\ -1, & b<0\end{cases}$.

③ 设 $(X,Y)\sim N(\mu_1,\mu_2,\sigma_1^2,\sigma_2^2,\rho)$，则 $\rho_{XY}=\rho$，且 X 和 Y 相互独立的充分必要条件是 $\rho=0$，即此处 X 和 Y 相互独立与 X 和 Y 不相关是等价的.

3. 常用结论(★★★)

(1) 相互独立和不相关不是等价概念，但在二维正态分布 $(X,Y)\sim N(\mu_1,\mu_2,\sigma_1^2,\sigma_2^2,\rho)$ 中二者等价. 独立一定不相关，不相关未必独立；相关一定不独立，不独立未必相关.

(2) 对于随机变量 X,Y，有 $\mathrm{Cov}(X,Y)=0\Leftrightarrow X,Y$ 不相关 $\Leftrightarrow D(X\pm Y)=D(X)+D(Y)\Leftrightarrow E(XY)=E(X)E(Y)$.

(3) 计算协方差的几个公式：

① $\mathrm{Cov}(X,Y)=\rho_{XY}\sqrt{D(X)}\sqrt{D(Y)}$；

② $\mathrm{Cov}(X,Y)=\dfrac{D(X)+D(Y)-D(X-Y)}{2}$

$=\dfrac{D(X+Y)-D(X)-D(Y)}{2}$；

③ $\mathrm{Cov}(X,Y)=E(XY)-E(X)E(Y)$.

二、矩

设 X 和 Y 是随机变量.

(1) 若 $\mu_k=E(X^k),k=1,2,\cdots$存在，则称之为 X 的 k 阶原点矩，简称为 k 阶矩.

(2) 若 $E\{[X-E(X)]^k\},k=1,2,\cdots$存在，则称之为 X 的 k 阶中心矩.

(3) 若 $E(X^kY^l),k,l=1,2,\cdots$存在，则称之为 X 和 Y 的 $k+l$ 阶混合原点矩.

(4) 若 $E\{[X-E(X)]^k[Y-E(Y)]^l\},k,l=1,2,\cdots$存在，则称之为 X 和 Y 的 $k+l$ 阶混合中心矩.

分类习题 4-3

1. 对于任意两个随机变量 X 和 Y，若 $E(XY)=EXEY$，则(　　).

A. $D(XY)=D(X)D(Y)$　　B. $D(X+Y)=D(X)+D(Y)$

C. X 和 Y 独立　　D. X 和 Y 不独立

【答】应选 B.

【析】考查协方差、随机变量的独立与相关.

【解】因 $E(XY)=EXEY$，故 $\mathrm{Cov}(X,Y)=E(XY)-EXEY=0$，于是有 $D(X+Y)=DX+DY+2\mathrm{Cov}(X,Y)=DX+DY$. 故选 B.

2. 假设随机变量 X 和 Y 在圆域 $x^2+y^2\leqslant r^2$ 上服从联合均匀分布.

(1) 求 X 和 Y 的相关系数 ρ；

(2) 问 X 和 Y 是否独立？

【析】考查二维均匀分布的边缘密度、随机变量的相关性与独立性.

【解】(1) 因 X 和 Y 的联合密度为

$$p(x,y)=\begin{cases}\dfrac{1}{\pi r^2}, & x^2+y^2\leqslant r^2,\\ 0, & x^2+y^2>r^2\end{cases}$$

故 X 的密度为

$$p_1(x)=\frac{1}{\pi r^2}\int_{-\sqrt{r^2-x^2}}^{\sqrt{r^2-x^2}}\mathrm{d}y=\frac{2}{\pi r^2}\sqrt{r^2-x^2}\,(|x|\leqslant r).$$

同理，Y 的密度为

$$p_2(y)=\frac{2}{\pi r^2}\sqrt{r^2-y^2}\,(|y|\leqslant r).$$

于是

$$EX=\frac{2}{\pi r^2}\int_{-r}^{r}x\sqrt{r^2-x^2}\,\mathrm{d}x=0,$$

$$EY=\frac{2}{\pi r^2}\int_{-r}^{r} y\sqrt{r^2-y^2}\,\mathrm{d}y=0,$$

$$\mathrm{Cov}(X,Y)=E(XY)=\iint\limits_{x^2+y^2r^2}-\frac{xy}{\pi r^2}\mathrm{d}x\,\mathrm{d}y=0,$$

因此 X 和 Y 的相关系数 $\rho=0$.

(2) 由于 $p(x,y)\neq p_1(x)p_2(y)$,故 X 和 Y 不独立.

3. 设随机变量 X 的概率分布密度为 $f(x)=\frac{1}{2}\mathrm{e}^{-|x|}$,$-\infty<x<+\infty$.

(1) 求 X 的数学期望 EX 和方差 DX;

(2) 求 X 与 $|X|$ 的协方差,并问 X 与 $|X|$ 是否不相关?

(3) 问 X 与 $|X|$ 是否相互独立?为什么?

【析】考查连续型随机变量的数学期望与方差、协方差及随机变量的独立和相关性.

【解】(1) $EX=\int_{-\infty}^{+\infty}xf(x)\,\mathrm{d}x=0$,

$$DX=\int_{-\infty}^{+\infty}x^2f(x)\,\mathrm{d}x-0=\int_{0}^{+\infty}x^2\,\mathrm{e}^{-x}\,\mathrm{d}x=2.$$

(2) 计算 X 和 $|X|$ 的协方差,得

$$\begin{aligned}\mathrm{Cov}(X,|X|)&=E(X\cdot|X|)-EX\cdot E|X|\\&=\int_{-\infty}^{+\infty}x|x|f(x)\,\mathrm{d}x-0=0,\end{aligned}$$

故 X 与 $|X|$ 不相关.

(3) 对给定 $0<a<+\infty$,显然 $\{|X|<a\subset\{X<a\}\}$,故 $P\{X<a,|X|<a\}=P\{|X|<a\}$. 又易见 $P\{X<a\}<1$,$P\{|X|<a\}>0$,所以 $P\{X<a\}\cdot P\{|X|<a\}<P\{|X|<a\}$,故 $P\{X<a,|X|<a\}\neq P\{X<a\}\cdot P\{|X|<a\}$,即 X,$|X|$ 不独立.

4. 若随机变量 X 和 Y 分别服从正态分布 $N(1,3^2)$ 和 $N(0,4^2)$,且 X 与 Y 的相关系数 $\rho_{XY}=-\frac{1}{2}$,设 $Z=\frac{X}{3}+\frac{Y}{2}$.

(1) 求 EZ 和 DZ;

(2) 求 X 与 Z 的相关系数 ρ_{XZ};

(3) 问 X 与 Z 是否独立?为什么?

【析】考查数学期望与方差的性质、相关系数以及正态分布相关与独立的等价性.

【解】(1) 根据题设知,$EX=1$,$DX=9$,$EY=0$,$DY=16$,所以

$$\mathrm{Cov}(X,Y)=\rho_{XY}\cdot\sqrt{DX}\cdot\sqrt{DY}=-\frac{1}{2}\times3\times4=-6,$$

$$EZ=E\left(\frac{X}{3}+\frac{Y}{2}\right)=\frac{1}{3}EX+\frac{1}{2}EY=\frac{1}{3},$$

$$DZ=D\left(\frac{X}{3}+\frac{Y}{2}\right)=\frac{1}{9}DX+\frac{1}{4}DY+2\times\frac{1}{6}\mathrm{Cov}(X,Y)=3.$$

(2) $\mathrm{Cov}(X,Z)=\frac{1}{3}\mathrm{Cov}(X,X)+\frac{1}{2}\mathrm{Cov}(X,Y)$

$$=\frac{1}{3}\times3^2+\frac{1}{2}\left(-\frac{1}{2}\right)\times3\times4=0,$$

故 $\rho_{XZ}=\dfrac{\mathrm{Cov}(X,Z)}{\sqrt{DX}\sqrt{DZ}}=0.$

(3) 因 X,Y 均是正态分布，故 Z 也是正态分布，又 $\rho_{XZ}=0$，所以 X 与 Z 相互独立.

5. 设随机变量 X 和 Y 独立同分布，记 $U=X-Y,V=X+Y$，则随机变量 U 与 V 必然(　　).

A. 不独立　　B. 独立

C. 相关系数不为零　　D. 相关系数为零

【答】应选 D.

【析】考查随机变量的相关性和独立性.

【解】因 X 和 Y 独立同分布，所以有 $EX=EY,E(X^2)=E(Y^2)$，于是得

$$\begin{aligned}\mathrm{Cov}(U,V)&=E(UV)-EU\cdot EV\\&=E[(X-Y)(X+Y)]-E(X-Y)\cdot E(X+Y)\\&=E(X^2-Y^2)-(EX-EY)(EX+EY)\\&=E(X^2)-E(Y^2)-0\cdot(EX+EY)=0.\end{aligned}$$

故选 D.

小试牛刀

一、填空题

1. 设 ξ 和 η 是两个相互独立且均服从正态分布 $N\left(0,\left(\frac{1}{\sqrt{2}}\right)^2\right)$ 的随机变量，则 $E(|\xi-\eta|)=$________.

2. 设一次试验成功的概率为 p，进行 100 次独立重复试验，当 $p=$________时，成功次数的标准差的值最大；其最大值为________.

3. 设随机变量 $X_{ij}(i,j=1,2,\cdots n;n\geqslant2)$ 独立同分布，$EX_{ij}=2$，则行列式 $Y=\begin{vmatrix}X_{11}&X_{12}&\cdots&X_{1n}\\X_{21}&X_{22}&\cdots&X_{2n}\\\cdots&\cdots&\cdots&\cdots\\X_{n1}&X_{n2}&\cdots&X_{nn}\end{vmatrix}$ 的数学期望 $EY=$________.

4. 设 X 服从参数为 λ 的泊松分布，且已知 $E[(X-1)(X-2)]=1$，则 $\lambda=$________.

5. 设随机变量 X 在区间 $[-1,2]$ 上服从均匀分布，随机变量 $Y=\begin{cases}1, & X>0\\0, & X=0\\-1, & X<0\end{cases}$，则方差 $DY=$________.

6. 设随机变量 X 和 Y 的联合概率分布如表 4－4 所列.

表 4-4

X	Y		
	-1	0	1
0	0.07	0.18	0.15
1	0.08	0.32	0.20

则 X^2 和 Y^2 的协方差 $\mathrm{Cov}(X^2,Y^2)=$________.

7. 设随机变量 X 和 Y 的联合概率分布如表 4-5 所列.

表 4-5

X	Y		
	-1	0	1
0	0.07	0.18	0.15
1	0.08	0.32	0.20

则 X 和 Y 的相关系数 $\rho=$________.

8. 设随机变量 X 与 Y 的相关系数为 0.9,若 $Z=X-0.4$,则 Y 与 Z 的相关系数为________.

9. 设随机变量 X 和 Y 的相关系数为 0.5,$EX=EY=0$,$E(X^2)=E(Y^2)=2$,则 $E(X+Y)^2=$________.

10. 设随机变量 X 服从参数为 λ 的指数分布,则 $P\{X>\sqrt{DX}\}=$________.

11. 设随机变量 X 服从参数为 1 的泊松分布,则 $P\{X=E(X^2)\}=$________.

12. 设随机变量 X 的概率分布为 $P\{X=k\}=\dfrac{C}{k!}$,$k=0,1,2,\cdots$,则 $E(X^2)=$________.

13. 设二维随机变量 (X,Y) 服从正态分布 $N(\mu,\mu;\sigma^2,\sigma^2;0)$,则 $E(XY^2)=$________.

14. 设随机变量 X 服从标准正态分布 $N(0,1)$,则 $E(X\mathrm{e}^{2X})=$________.

15. 设随机变量 X 的分布函数为 $F(x)=0.5\Phi(x)+0.5\Phi\left(\dfrac{x-4}{2}\right)$,其中 $\Phi(x)$ 为标准正态分布函数,则 $EX=$________.

16. 设随机变量 X 的概率分布为 $P\{X=-2\}=\dfrac{1}{2}$,$P\{X=1\}=a$,$P\{X=3\}=b$.若 $EX=0$,则 $DX=$________.

17. 设随机变量 X 的概率密度为 $f(x)=\begin{cases}\dfrac{x}{2}, & 0<x<2\\ 0, & 其他\end{cases}$,$F(x)$ 为 X 的分布函数,EX 为 X 的数学期望,则 $P\{F(X)>EX-1\}=$________.

18. 设 X 服从区间 $\left(-\dfrac{\pi}{2},\dfrac{\pi}{2}\right)$ 上的均匀分布,$Y=\sin X$,则 $\mathrm{Cov}(X,Y)=$________.

19. 设随机变量 X 的概率分布 $P\{X=k\}=\frac{1}{2^k}, k=1,2,3,\cdots$，$Y$ 表示 X 被 3 整除的余数，则 $E(Y)=$________.

20. 甲乙两个盒子中各装有 2 个红球和 2 个白球，先从甲盒中任取一球，观察颜色后放入乙盒中，再从乙盒中任取一球. 令 X,Y 分别表示从甲盒和乙盒中取到的红球个数，则 X 与 Y 的相关系数为________.

二、选择题

1. 设两个相互独立的随机变量 X 和 Y 的方差分别为 4 和 2，则随机变量 $3X-2Y$ 的方差是(   ).

A. 8　　B. 16　　C. 28　　D. 44

2. 设 X 是一随机变量，$EX=\mu, DX=\sigma^2$ ($\mu,\sigma>0$ 常数)，则对任意常数 c，必有(   ).

A. $E(X-c)^2=E(X^2)-c^2$　　B. $E(X-c)^2=E(X-\mu)^2$

C. $E(X-c)^2\leqslant E(X-\mu)^2$　　D. $E(X-c)^2\geqslant E(X-\mu)^2$

3. 设随机变量 X 和 Y 的方差存在且不等于 0，则 $D(X+Y)=DX+DY$ 是 X 和 Y (   ).

A. 不相关的充分条件，但不是必要条件

B. 独立的充分条件，但不是必要条件

C. 不相关的充分必要条件

D. 独立的充分必要条件

4. 设二维随机变量 (X,Y) 服从二维正态分布，则随机变量 $\xi=X+Y$ 与 $\eta=X-Y$ 不相关的充分必要条件为(   ).

A. $E(X)=E(Y)$

B. $E(X^2)-[E(X)]^2=E(Y^2)-[E(Y)]^2$

C. $E(X^2)=E(Y^2)$

D. $E(X^2)+[E(X)]^2=E(Y^2)+[E(Y)]^2$

5. 将一枚硬币重复掷 n 次，以 X 和 Y 分别表示正面向上和反面向上的次数，则 X 和 Y 的相关系数等于(   ).

A. -1　　B. 0　　C. $\frac{1}{2}$　　D. 1

6. 设随机变量 X 和 Y 都服从正态分布，且它们不相关，则(   ).

A. X 与 Y 一定独立　　B. (X,Y) 服从二维正态分布

C. X 与 Y 未必独立　　D. $X+Y$ 服从一维正态分布

7. 设随机变量 $X_1,X_2,\cdots,X_n$ ($n>1$) 独立同分布，且其方差为 $\sigma^2>0$，令 $Y=\frac{1}{n}\sum_{i=1}^{n}X_i$，则(   ).

A. $\mathrm{Cov}(X_1,Y)=\frac{\sigma^2}{n}$　　B. $\mathrm{Cov}(X_1,Y)=\sigma^2$

C. $D(X_1+Y)=\frac{n+2}{n}\sigma^2$　　D. $D(X_1-Y)=\frac{n+1}{n}\sigma^2$

8. 设随机变量 (X,Y) 服从二维正态分布，且 X 与 Y 不相关，$f_X(x)$，$f_Y(y)$ 分别表示 X,Y 的概率密度，则在 $Y=y$ 的条件下，X 的条件概率密度 $f_{X|Y}(x|y)$ 为(　　).

A. $f_X(x)$　　B. $f_Y(y)$　　C. $f_X(x)f_Y(y)$　　D. $\dfrac{f_X(x)}{f_Y(y)}$

9. 设随机变量 $X\sim N(0,1)$，$Y\sim N(1,4)$，相关系数 $\rho_{XY}=1$，则(　　).

A. $P\{Y=-2X-1\}=1$　　B. $P\{Y=2X-1\}=1$

C. $P\{Y=-2X+1\}=1$　　D. $P\{Y=2X+1\}=1$

10. 设随机变量 X 的分布函数 $F(x)=0.3\Phi(x)+0.7\Phi\left(\dfrac{x-1}{2}\right)$，其中 $\Phi(x)$ 为标准正态分布的分布函数，则 $EX=$(　　).

A. 0　　B. 0.3　　C. 0.7　　D. 1

11. 设随机变量 X 与 Y 相互独立，且 EX 与 EY 存在，记 $U=\max\{X,Y\}$，$V=\min\{X,Y\}$，则 $E(UV)=$(　　).

A. $EU\cdot EV$　　B. $EX\cdot EY$　　C. $EU\cdot EY$　　D. $EX\cdot EV$

12. 将长度为 1m 的木棒随机的截成两段，则两段长度的相关系数为(　　).

A. 1　　B. $\dfrac{1}{2}$　　C. $-\dfrac{1}{2}$　　D. -1

13. 设连续型随机变量 X_1 与 X_2 相互独立且方差均存在，X_1 与 X_2 的概率密度分别为 $f_1(x)$ 与 $f_2(x)$，随机变量 Y_1 的概率密度为 $f_{Y_1}(y)=\dfrac{1}{2}(f_1(y)+f_2(y))$，随机变量 $Y_2=\dfrac{1}{2}(X_1+X_2)$，则(　　).

A. $EY_1>EY_2,DY_1>DY_2$　　B. $EY_1=EY_2,DY_1=DY_2$

C. $EY_1=EY_2,DY_1<DY_2$　　D. $EY_1=EY_2,DY_1>DY_2$

14. 设随机变量 X,Y 不相关，且 $EX=2$，$EY=1$，$DX=3$，则 $E[X(X+Y-2)]=$(　　).

A. -3　　B. 3　　C. -5　　D. 5

15. 随机试验 E 有 3 种两两不相容的结果 A_1,A_2,A_3，且 3 种结果发生的概率均为 $\dfrac{1}{3}$. 将试验 E 独立重复做 2 次，X 表示 2 次试验中结果 A_1 发生的次数，Y 表示 2 次试验中结果 A_2 发生的次数，则 X 与 Y 的相关系数为(　　).

A. $-\dfrac{1}{2}$　　B. $\dfrac{1}{2}$　　C. $-\dfrac{1}{3}$　　D. $\dfrac{1}{3}$

16. 设随机变量 X 与 Y 相互独立，且 $X\sim N(1,2)$，$Y\sim N(1,4)$，则 $D(XY)=$(　　).

A. 6　　B. 8　　C. 14　　D. 15

17. 设随机变量 (X,Y) 服从二维正态分布 $N\left(0,0;1,4;-\dfrac{1}{2}\right)$，则下列随机变量中服从标准正态分布且与 X 独立的是(　　).

A. $\dfrac{\sqrt{5}}{5}(X+Y)$　　B. $\dfrac{\sqrt{5}}{5}(X-Y)$

C. $\frac{\sqrt{3}}{3}(X+Y)$　　D. $\frac{\sqrt{3}}{3}(X-Y)$

18. 设随机变量 $X\sim U(0,3)$，随机变量 Y 服从参数为 2 的泊松分布，且 X 与 Y 的协方差为 -1，则 $D(2X-Y+1)=$(　　).

A. 1　　B. 5　　C. 9　　D. 12

19. 设随机变量 $X\sim N(0,1)$，在 $X=x$ 条件下，随机变量 $Y\sim N(X,1)$，则 X 与 Y 的相关系数为(　　).

A. $\frac{1}{4}$　　B. $\frac{1}{2}$　　C. $\frac{\sqrt{3}}{3}$　　D. $\frac{\sqrt{2}}{2}$

20. 设随机变量 $X\sim N(0,4)$，随机变量 $Y\sim B\left(3,\frac{1}{3}\right)$，且 X 与 Y 不相关，则 $D(X-3Y+1)=$(　　).

A. 2　　B. 4　　C. 6　　D. 10

21. 设二维随机变量 (X,Y) 的概率分布如表 4-6 所列.

表 4-6

X	Y		
	0	1	2
-1	0.1	0.1	b
1	a	0.1	0.1

若事件 $\{\max\{X,Y\}=2\}$ 与事件 $\{\min\{X,Y\}=1\}$ 相互独立，则 $\mathrm{Cov}(X,Y)=$(　　).

A. -0.6　　B. -0.36　　C. 0　　D. 0.48

三、解答题

1. 假设一部机器在一天内发生故障的概率为 0.2，机器发生故障时全天停止工作，若一周 5 个工作日里无障碍，可获利润 10 万元；发生一次故障仍可获利润 5 万元；发生二次故障可获利润 0 元；发生三次或三次以上故障就要亏损 2 万元，求一周内期望利润是多少？

2. 游客乘电梯从底层到电视塔顶层观光，电梯于每个整点的第 5 min、25 min 和 55 min 从底层起行. 假设一游客在早 8 点的第 X 分钟到达底层候梯处，且 X 在 $[0,60]$ 上服从均匀分布，求该游客等候时间的数学期望.

3. 设两个随机变量 X,Y 相互独立，且都服从均值为 0，方差为 $\frac{1}{2}$ 的正态分布，求随机变量 $|X-Y|$ 的方差.

4. 一商店经销某种商品，每周进货的数量 X 与顾客对该种商品的需求量 Y 是相互独立的随机变量，且都服从区间 $[10,20]$ 上的均匀分布. 商店每售出一单位商品可得利润 1 000 元；若需求量超过了进货量，商店可从其他商店调剂供应，这时每单位商品获利润为 500 元. 试计算此商店经销该种商品每周所得利润的期望值.

5. 求某种商品每周的需求量 X 是服从区间[10,30]上均匀分布的随机变量，而经销商进货数量为区间[10,30]中的某一整数，商店每销售一单位商品可获利 500 元；若供大于求则削价处理，每处理 1 单位商品亏损 100 元；若供不应求，则可从外部调剂供应，此时每 1 单位商品仅获利 300 元，为使商品所获利润期望值不小于 9 280 元，试确定最少进货量.

6. 某箱装有 100 件产品，其中一、二、三等品分别为 80 件、10 件和 10 件，现在从中随机抽取一件，记 $X_i=\begin{cases}1, & \text{抽到 } i \text{ 等品}(i=1,2,3)\\ 0, & \text{其他}\end{cases}$，试求：

(1) 随机变量 X_1,X_2 的联合分布；

(2) 随机变量 X_1,X_2 的相关系数 ρ.

7. 假设二维随机变量 (X,Y) 在矩阵 $\boldsymbol{G}=\{(x,y)\mid 0\leqslant x\leqslant 2,0\leqslant y\leqslant 1\}$ 上服从均匀分布，记 $U=\begin{cases}0, & X\leqslant Y\\ 1, & X>Y\end{cases}$，$V=\begin{cases}0, & X\leqslant 2Y\\ 1, & X>2Y\end{cases}$.

(1) 求 U 和 V 的联合分布；

(2) 求 U 和 V 的相关系数 r.

8. 某流水生产线上每个产品不合格的概率为 $p(0<p<1)$，各产品合格与否相互独立，当出现一个不合格产品时即停机检修. 设开机后第一次停机时已生产了的产品个数为 X，求 X 的数学期望 $E(X)$ 和方差 $D(X)$.

9. 设 A,B 是两随机事件，随机变量 $X=\begin{cases}1, & A \text{ 出现}\\ -1, & A \text{ 不出现}\end{cases}$，$Y=\begin{cases}1, & B \text{ 出现}\\ -1, & B \text{ 不出现}\end{cases}$，试证明随机变量 X 和 Y 不相关的充分必要条件是 A 与 B 相互独立.

10. 设二维随机变量 (X,Y) 的密度函数为 $f(x,y)=\dfrac{1}{2}[\varphi_1(x,y)+\varphi_2(x,y)]$，其中 $\varphi_1(x,y)$ 和 $\varphi_2(x,y)$ 都是二维正态密度函数，且它们对应的二维随机变量的相关系数分别为 $\dfrac{1}{3}$ 和 $-\dfrac{1}{3}$，它们的边缘密度对应的随机变量的数学期望都是零，方差都是 1.

(1) 求随机变量 X 和 Y 的密度函数及 X 和 Y 的相关系数 ρ（可以直接利用二维正态密度的性质）.

(2) 问 X 和 Y 是否独立？为什么？

11. 设随机变量 X 和 Y 的联合分布在以点(0,1)，(1,0)，(1,1)为顶点的三角形区域上服从均匀分布，试求随机变量 $U=X+Y$ 的方差.

12. 设随机变量 X 的概率密度为 $f(x)=\begin{cases}\dfrac{1}{2}\cos\dfrac{x}{2}, & 0\leqslant x\leqslant \pi\\ 0, & \text{其他}\end{cases}$，对 X 独立地重复观察 4 次，用 Y 表示观察值大于 $\dfrac{\pi}{3}$ 的次数，求 Y^2 的数学期望.

13. 已知甲乙两箱中装有同种产品，其中甲箱中装有 3 件合格品和 3 件次品，乙箱中仅装有 3 件合格品，从甲箱中任取 3 件产品放入乙箱后，求：

(1) 乙箱中次品数量 X 的数学期望；

(2) 从乙箱中任取 1 件产品是次品的概率.

14. 对于任意两事件 A 和 B，$0<P(A)<1$，$0<P(B)<1$，

$$\rho=\frac{P(AB)-P(A)P(B)}{\sqrt{P(A)P(B)P(\overline{A})P(\overline{B})}}$$

称作事件 A 和 B 的相关系数.

(1) 证明事件 A 和 B 独立的充分必要条件是其相关系数等于 0.

(2) 利用随机变量相关系数的基本性质，证明 $|\rho|\leqslant 1$.

15. 设随机变量 X 的概率密度为 $f_X(x)=\begin{cases}\dfrac{1}{2}, & -1<x<0\\ \dfrac{1}{4}, & 0\leqslant x<2\\ 0, & 其他\end{cases}$，令 $Y=X^2$，$F(x,y)$ 为二维随机变量 (X,Y) 的分布函数，求：

(1) Y 的概率密度 $f_Y(y)$；

(2) $\mathrm{Cov}(X,Y)$；

(3) $F\left(-\dfrac{1}{2},4\right)$.

16. 设随机变量 X 与 Y 独立同分布，且 X 的概率分布如表 4-7 所列.

表 4-7

X	1	2
P	$\frac{2}{3}$	$\frac{1}{3}$

记 $U=\max\{X,Y\}$，$V=\min\{X,Y\}$，求：

(1) (U,V) 的概率分布；

(2) U 与 V 的协方差 $\mathrm{Cov}(U,V)$.

17. 设某企业生产线上产品合格率为 0.96，不合格产品中只有 $\frac{3}{4}$，产品可进行再加工，且再加工合格率为 0.8，其余均为废品，每件合格产品获利 80 元，每件废品亏损 20 元，为保证该企业每天平均利润不低于 2 万元，问企业每天至少应生产多少件产品？

18. 箱中装有 6 个球，其中红、白、黑球的个数分别为 1，2，3 个，现从箱中随机取出 2 个球，记 X 为取出的红球的个数，Y 为取出的白球的个数.

(1) 求随机变量 (X,Y) 的概率分布；

(2) 求 $\mathrm{Cov}(X,Y)$.

19. 设随机变量 X 与 Y 的概率分布分别如表 4-8、表 4-9 所列，且 $P\{X^2=Y^2\}=1$.

表 4-8

X	0	1
P	$\frac{1}{3}$	$\frac{2}{3}$

表 4-9

Y	-1	0	1
P	$\frac{1}{3}$	$\frac{1}{3}$	$\frac{1}{3}$

(1) 求二维随机变量(X,Y)的概率分布;

(2) 求$Z=XY$的概率分布;

(3) 求X与Y的相关系数ρ_{XY}.

20. 设二维离散型随机变量(X,Y)的概率分布如表4-10所列.

表4-10

X	Y		
	0	1	2
0	$\frac{1}{4}$	0	$\frac{1}{4}$
1	0	$\frac{1}{3}$	0
2	$\frac{1}{12}$	0	$\frac{1}{12}$

(1) 求$P\{X=2Y\}$;(2) 求$\mathrm{Cov}(X-Y,Y)$.

21. 设随机变量X与Y相互独立,且都服从参数为1的指数分布.记$U=\max\{X,Y\}$,$V=\min\{X,Y\}$.

(1) 求V的概率密度$f_V(v)$;

(2) 求$E(U+V)$.

22. 设随机变量X的概率分布为$P\{X=1\}=P\{X=2\}=\frac{1}{2}$,在给定$X=i$的条件下,随机变量$Y$服从均匀分布$U(0,i)$,$i=1,2$.

(1) 求Y的分布函数$F_Y(y)$;

(2) 求EY.

23. 设随机变量X,Y的概率分布相同,X的概率分布为$P\{X=0\}=\frac{1}{3}$,$P\{X=1\}=\frac{2}{3}$,且X与Y的相关系数$\rho_{XY}=\frac{1}{2}$.

(1) 求(X,Y)的概率分布;

(2) 求$P\{X+Y\leqslant 1\}$.

24. 设随机变量X,Y相互独立,且X的概率分布为$P\{X=0\}=P\{X=2\}=\frac{1}{2}$,$Y$的概率密度为$f(y)=\begin{cases}2y, & 0<y<1\\ 0, & \text{其他}\end{cases}$.

(1) 求$P\{Y\leqslant EY\}$;

(2) 求$Z=X+Y$的概率密度.

25. 设随机变量X与Y相互独立,X的概率分布为$P\{X=1\}=P\{X=-1\}=\frac{1}{2}$,$Y$服从参数为$\lambda$的泊松分布,令$Z=XY$.

(1) 求$\mathrm{Cov}(X,Z)$;

(2) 求Z的概率分布.

26. 设随机变量 X 与 Y 相互独立,X 服从参数为 1 的指数分布,Y 的概率分布为 $P\{Y=-1\}=p,P\{Y=1\}=1-p(0<p<1)$. 令 $Z=XY$.

(1) 求 Z 的概率密度;

(2) p 为何值时,X 与 Z 不相关?

(3) X 与 Z 是否相互独立?

27. 设二维随机变量(X,Y)在区域 $D=\{(x,y)\mid 0<y<\sqrt{1-x^2}\}$上服从均匀分布,令 $Z_1=\begin{cases}1, & X-Y>0\\ 0, & X-Y\geqslant 0\end{cases},Z_2=\begin{cases}1, & X+Y>0\\ 0, & X+Y\leqslant 0\end{cases}$.

(1) 求二维随机变量(Z_1,Z_2)的概率分布;

(2) 求 Z_1 与 Z_2 的相关系数.

28. 设 A,B 为随机事件,且 $P(A)=\dfrac{1}{4},P(B\mid A)=\dfrac{1}{3},P(A\mid B)=\dfrac{1}{2}$,令 $X=\begin{cases}1,A\text{ 出现}\\ 0,A\text{ 不出现}\end{cases},Y=\begin{cases}1,B\text{ 出现}\\ 0,B\text{ 不出现}\end{cases}$,求:

(1) 二维随机变量(X,Y)的概率分布;

(2) X 和 Y 的相关系数 ρ_{XY};

(3) $Z=X^2+Y^2$ 的概率分布.

小试牛刀参考答案与解析

一、填空题

1.【答】应填$\sqrt{\dfrac{2}{\pi}}$.

【解】由 ξ,η 相互独立且均服从正态分布 $N\left(0,\left(\dfrac{1}{\sqrt{2}}\right)^2\right)$,知 $Z=\xi-\eta$ 也服从正态分布,$E\xi=E\eta=0,D\xi=D\eta=\dfrac{1}{2}$,于是有

$$EZ=E\xi-E\eta=0,$$

$$DZ=D\xi+D\eta=\frac{1}{2}+\frac{1}{2}=1,$$

从而 $Z\sim N(0,1)$,因此得

$$E(|\xi-\eta|)=E(|Z|)=\int_{-\infty}^{+\infty}|z|\cdot\frac{1}{\sqrt{2\pi}}\cdot e^{-\frac{z^2}{2}}dz$$

$$=\frac{2}{\sqrt{2\pi}}\int_0^{+\infty}ze^{-\frac{z^2}{2}}dz=\sqrt{\frac{2}{\pi}}\left(-e^{-\frac{z^2}{2}}\right)\Big|_0^{+\infty}=\sqrt{\frac{2}{\pi}}.$$

2.【答】应填$\dfrac{1}{2}$;5.

【解】设 X 表示 100 次独立重复试验,则 X 服从二项分布,均值 $EX=100p$,标准差

$\sqrt{DX}=\sqrt{100p(1-p)}$，计算得知 $p=\frac{1}{2}$ 时，$\sqrt{DX}$ 最大，且最大值为 5.

3.【答】应填 0.

【解】由于 $Y=\sum(-1)^{\tau}X_{1i_1}X_{2i_2}\cdots X_{ni_n}$，其中 τ 为 $i_1i_2\cdots i_n$ 的逆序数. 由于随机变量 $X_{ij}(i,j=1,2,\cdots,n)$ 独立同分布，因此

$$EY=\sum(-1)^{\tau}EX_{1i_1}\cdot EX_{2i_2}\cdots EX_{ni_n}$$

$$=\begin{vmatrix} EX_{11} & EX_{12} & \cdots & EX_{1n} \\ EX_{21} & EX_{22} & \cdots & EX_{2n} \\ \vdots & \vdots & \ddots & \vdots \\ EX_{n1} & EX_{n2} & \cdots & EX_{nn} \end{vmatrix}=\begin{vmatrix} 2 & 2 & \cdots & 2 \\ 2 & 2 & \cdots & 2 \\ \vdots & \vdots & \ddots & \vdots \\ 2 & 2 & \cdots & 2 \end{vmatrix}=0.$$

4.【答】应填 1.

【解】由于 $X\sim P(\lambda)$，则 $EX=\lambda, DX=\lambda$.

$$E[(X-1)(X-2)]=E(X^2)-3EX+2=DX+(EX)^2-3EX+2$$
$$=\lambda+\lambda^2-3\lambda+2=1.$$

解得 $\lambda=1$.

5.【答】应填 $\frac{8}{9}$.

【解】因为 X 在区间 $[-1,2]$ 上服从均匀分布，所以

$$f(x)=\begin{cases}\frac{1}{3}, & x\in[-1,2] \\ 0, & x\notin[-1,2]\end{cases}.$$

因此

$$EY=1\cdot P\{X>0\}+0\cdot P\{X=0\}-P\{X<0\}=\frac{2}{3}-\frac{1}{3}=\frac{1}{3}.$$

$$DY=(1-EY)^2\cdot P\{X>0\}+(0-EY)^2\cdot P\{X=0\}+(-1-EY)^2\cdot P\{X<0\}$$
$$=\frac{4}{9}\times\frac{2}{3}+\frac{1}{9}\times 0+\frac{16}{9}\times\frac{1}{3}=\frac{8}{9}.$$

6.【答】应填 -0.02.

【解】由 X 和 Y 的联合概率分布，可见

$$X^2\sim\begin{bmatrix} 0 & 1 \\ 0.4 & 0.6 \end{bmatrix}, Y^2\sim\begin{bmatrix} 0 & 1 \\ 0.5 & 0.5 \end{bmatrix},$$

$$X^2Y^2\sim\begin{bmatrix} 0 & 1 \\ 0.72 & 0.28 \end{bmatrix},$$

故 $E(X^2)=0.6, E(Y^2)=0.5, E(X^2Y^2)=0.28$. 因此

$$\mathrm{Cov}(X^2,Y^2)=E(X^2Y^2)-E(X^2)\cdot E(Y^2)$$
$$=0.28-0.6\times 0.5=-0.02.$$

7.【答】应填 0.

【解】由 X 和 Y 的联合概率分布，可见

$$X \sim \begin{bmatrix} 0 & 1 \\ 0.4 & 0.6 \end{bmatrix}, Y \sim \begin{bmatrix} -1 & 0 & 1 \\ 0.15 & 0.5 & 0.35 \end{bmatrix}, XY \sim \begin{bmatrix} -1 & 0 & 1 \\ 0.08 & 0.72 & 0.20 \end{bmatrix},$$

故 $E(X)=0.6, E(Y)=0.2, E(XY)=0.12$. 因此 $\mathrm{Cov}(X,Y)=E(XY)-EX\cdot EY=0.12-0.6\times0.2=0$.

8.【答】应填 0.9.

【解】$\rho_{YZ}=\dfrac{E[(Y-EY)(Z-EZ)]}{\sqrt{DY\cdot DZ}}$，而 $DZ=D(X-0.4)=DX$, $Z-EZ=(X-0.4)-E(X-0.4)=X-EX$，所以

$$\rho_{YZ}=\rho_{YX}=\rho_{XY}=0.9.$$

9.【答】应填 6.

【解】$E(X+Y)^2=E(X^2)+2E(XY)+E(Y^2)$，显然只需求得 $E(XY)$ 的值，由相关系数 $\rho=0.5$，有

$$\rho=\frac{\mathrm{Cov}(X,Y)}{\sqrt{DX}\cdot\sqrt{DY}}=\frac{E(XY)-EX\cdot EY}{\sqrt{DX}\cdot\sqrt{DY}}=\frac{E(XY)}{\sqrt{DX}\cdot\sqrt{DY}}=0.5,$$

所以 $E(XY)=0.5\sqrt{DX}\cdot\sqrt{DY}$，又 $DX=EX^2-(EX)^2=EX^2=2$, $DY=EY^2-(EY)^2=EY^2=2$, $E(XY)=0.5\sqrt{2}\times\sqrt{2}=1$，于是

$$E(X+Y)^2=EX^2+2E(XY)+EY^2=2+2+2=6.$$

10.【答】应填 $\dfrac{1}{\mathrm{e}}$.

【解】由 X 服从参数为 λ 的指数分布，故 $DX=\dfrac{1}{\lambda^2}$，于是有

$$P\{X>\sqrt{DX}\}=P\left\{X>\frac{1}{\lambda}\right\}=\int_{\frac{1}{\lambda}}^{+\infty}\lambda \mathrm{e}^{-\lambda x}\,\mathrm{d}x=\frac{1}{\mathrm{e}}.$$

11.【答】应填 $\dfrac{1}{2\mathrm{e}}$.

【解】因 X 服从参数为 1 的泊松分布，故 $DX=EX=1$, $E(X^2)=DX+(EX)^2=2$，于是，$P\{X=E(X^2)\}=P\{X=2\}=\dfrac{1^2}{2!}\mathrm{e}^{-1}=\dfrac{1}{2\mathrm{e}}$.

12.【答】应填 2.

【解】利用性质 $\sum\limits_{k=0}^{\infty}P\{X=k\}=1$. 因为 $\sum\limits_{k=0}^{\infty}P\{X=k\}=\sum\limits_{k=0}^{\infty}\dfrac{C}{k!}=C\mathrm{e}=1$，所以 $C=\mathrm{e}^{-1}$. 可知随机变量 X 服从参数为 1 的泊松分布. 于是，$E(X^2)=DX+(EX)^2=2$.

13.【答】应填 $\mu(\sigma^2+\mu^2)$.

【解】因为 (X,Y) 服从正态分布 $N(\mu,\mu;\sigma^2,\sigma^2;0)$，所以 X 与 Y 相互独立. 而

$$EX=EY=\mu, E(Y^2)=DY+(EY)^2=\sigma^2+\mu^2,$$

所以 $E(XY^2)=EX\cdot E(Y^2)=\mu(\sigma^2+\mu^2)$.

14.【答】应填 $2\mathrm{e}^2$.

【解】方法一：

因

$$E(Xe^{2X})=\int_{-\infty}^{+\infty}xe^{2x}\cdot\frac{1}{\sqrt{2\pi}}e^{-\frac{x^2}{2}}dx=e^2\int_{-\infty}^{+\infty}x\frac{1}{\sqrt{2\pi}}e^{-\frac{(x-2)^2}{2}}dx,$$

而积分 $\int_{-\infty}^{+\infty}x\frac{1}{\sqrt{2\pi}}e^{-\frac{(x-2)^2}{2}}dx$ 是正态分布 $N(2,1)$ 的数学期望,所以 $\int_{-\infty}^{+\infty}x\frac{1}{\sqrt{2\pi}}e^{-\frac{(x-2)^2}{2}}dx=2$,从而 $E(Xe^{2X})=2e^2$.

方法二:

$$E(Xe^{2X})=\int_{-\infty}^{+\infty}xe^{2x}\cdot\frac{1}{\sqrt{2\pi}}e^{-\frac{x^2}{2}}dx=\frac{e^2}{\sqrt{2\pi}}\int_{-\infty}^{+\infty}xe^{-\frac{(x-2)^2}{2}}dx,$$

对积分进行换元,令 $t=x-2$,则有

$$E(Xe^{2X})=\frac{e^2}{\sqrt{2\pi}}\int_{-\infty}^{+\infty}te^{-\frac{t^2}{2}}dx+\frac{2e^2}{\sqrt{2\pi}}\int_{-\infty}^{+\infty}e^{-\frac{t^2}{2}}dx=2e^2.$$

15.【答】应填 2.

【解】方法一:

由题设知 X 的密度函数为 $f(x)=0.5\varphi(x)+0.5\times\frac{1}{2}\varphi\left(\frac{x-4}{2}\right)$,其中 $\varphi(x)$ 为标准正态分布的密度函数,所以

$$EX=0.5\int_{-\infty}^{+\infty}x\varphi(x)dx+0.5\int_{-\infty}^{+\infty}x\cdot\frac{1}{2}\varphi\left(\frac{x-4}{2}\right)dx=0+0.5\times4=2.$$

方法二:

由题设知 X 的分布为两个正态分布 $N(0,1)$ 和 $N(4,4)$ 的混合,系数分别为 0.5 和 0.5.而正态分布的数学期望为 0,正态分布 $N(4,4)$ 的数学期望为 4,故 $EX=0.5\times0+0.5\times4=2$.

注:若随机变量 X 的分布函数为 $F(x)=pF_1(x)+qF_2(x)$,其中 $F_1(x),F_2(x)$ 为两个分布函数,常数 p,q 满足:$p>0,q>0,p+q=1$,那么 X 的分布叫作 $F_1(x),F_2(x)$ 的混合分布.该混合分布的数学期望为 $EX=p\mu_1+q\mu_2$,其中 μ_1,μ_2 分别为 $F_1(x),F_2(x)$ 的数学期望.这一性质对于多个分布的混合分布也成立.

16.【答】应填 $\frac{9}{2}$.

【解】由离散型随机变量概率分布的性质知 $\frac{1}{2}+a+b=1$,又由于 $EX=0$,因此 $-1+a+3b=0$.联立以上两个方程得 $a=b=\frac{1}{4}$,从而

$$DX=E(X^2)-(EX)^2=E(X^2)=(-2)^2\times\frac{1}{2}+1\times\frac{1}{4}+3^2\times\frac{1}{4}=\frac{9}{2},$$

所以应填 $\frac{9}{2}$.

17.【答】应填 $\frac{2}{3}$.

【解】方法一:

由随机变量 X 的概率密度为

$$f(x)=\begin{cases}\frac{x}{2}, & 0<x<2,\\ 0, & 其他\end{cases}$$

可知 X 的分布函数

$$F(x)=\begin{cases}0, & x<0\\ \frac{x^2}{4}, & 0\leqslant x<2,\\ 1, & x\geqslant 2\end{cases} EX=\int_{-\infty}^{+\infty}xf(x)\,\mathrm{d}x=\int_0^2 x\cdot\frac{x}{2}\mathrm{d}x=\frac{4}{3},$$

所以

$$P\{F(X)>EX-1\}=P\{F(X)>\frac{4}{3}-1\}=P\left\{\frac{X^2}{4}>\frac{1}{3}\right\}$$
$$=P\left\{X>\frac{2}{\sqrt{3}}\right\}=\int_{\frac{2}{\sqrt{3}}}^{2}\frac{x}{2}\mathrm{d}x=\frac{2}{3}.$$

方法二：

由随机变量 X 的概率密度为

$$f(x)=\begin{cases}\frac{x}{2}, & 0<x<2,\\ 0, & 其他\end{cases}$$

可知 X 的数学期望

$$EX=\int_{-\infty}^{+\infty}xf(x)\,\mathrm{d}x=\int_0^2 x\cdot\frac{x}{2}\mathrm{d}x=\frac{4}{3},$$

从而

$$P\{F(X)>EX-1\}=P\left\{F(X)>\frac{1}{3}\right\}=1-P\left\{F(X)\leqslant\frac{1}{3}\right\}$$
$$=1-P\left\{X\leqslant F^{-1}\left(\frac{1}{3}\right)\right\}$$
$$=1-F\left[F^{-1}\left(\frac{1}{3}\right)\right]=1-\frac{1}{3}=\frac{2}{3}.$$

方法三：

利用概率论中的一个结论：设 X 为连续型随机变量，其分布函数 $F(x)$ 严格单调递增，则 $Y=F(X)$ 在区间 $(0,1)$ 上服从均匀分布，故

$$P\{F(X)>EX-1\}=P\left\{Y>\frac{1}{3}\right\}=\frac{2}{3}.$$

综上，应填 $\frac{2}{3}$.

18.【答】应填 $\frac{2}{\pi}$.

【解】方法一：

由题设知 $EX=0$，且 X 的概率密度为

$$f(x)=\begin{cases}\dfrac{1}{\pi}, & -\dfrac{\pi}{2}<x<\dfrac{\pi}{2},\\ 0, & \text{其他}\end{cases}$$

从而

$$E(XY)=E(X\sin X)=\int_{-\frac{\pi}{2}}^{\frac{\pi}{2}}x\sin x\cdot\frac{1}{\pi}\mathrm{d}x=\frac{2}{\pi}\int_{0}^{\frac{\pi}{2}}x\sin x\,\mathrm{d}x$$

$$=\frac{2}{\pi}\left[(-x\cos x)\Big|_{0}^{\frac{\pi}{2}}+\int_{0}^{\frac{\pi}{2}}\cos x\,\mathrm{d}x\right]=\frac{2}{\pi},$$

所以 $\operatorname{Cov}(X,Y)=E(XY)-EX\cdot EY=\frac{2}{\pi}$. 故应填$\frac{2}{\pi}$.

方法二：

由题设知 $EX=0$，且 $E(\sin X)=\frac{1}{\pi}\int_{-\frac{\pi}{2}}^{\frac{\pi}{2}}\sin x\,\mathrm{d}x=0$，所以

$$\operatorname{Cov}(X,Y)=E[(X-EX)(Y-EY)]=E(XY)=\frac{2}{\pi}.$$

故应填$\frac{2}{\pi}$.

19.【答】应填$\frac{8}{7}$.

【解】先求出 Y 的概率分布，再求其数学期望

$$P\{Y=0\}=\sum_{k=1}^{\infty}P\{X=3k\}=\sum_{k=1}^{\infty}\frac{1}{2^{3k}}=\frac{1}{7},$$

$$P\{Y=1\}=\sum_{k=0}^{\infty}P\{X=3k+1\}=\sum_{k=0}^{\infty}\frac{1}{2^{3k+1}}=\frac{4}{7},$$

$$P\{Y=2\}=\sum_{k=0}^{\infty}P\{X=3k+2\}=\sum_{k=0}^{\infty}\frac{1}{2^{3k+2}}=\frac{2}{7},$$

所以 $E(Y)=0\times\frac{1}{7}+1\times\frac{4}{7}+2\times\frac{2}{7}=\frac{8}{7}$.

20.【答】应填$\frac{1}{5}$.

【解】方法一：

由题设知

$$P\{X=0\}=\frac{1}{2},$$

$$P\{X=1\}=\frac{1}{2},$$

$$P\{Y=1\}=P\{X=0\}P\{Y=1\mid X=0\}+P\{X=1\}P\{Y=1\mid X=1\}$$

$$=\frac{1}{2}\times\frac{2}{5}+\frac{1}{2}\times\frac{3}{5}=\frac{1}{2}.$$

又由于 X,Y 均为取 0,1 两值的随机变量，从而

$$E(X)=\frac{1}{2},D(X)=\frac{1}{2}\times\frac{1}{2}=\frac{1}{4},E(Y)=\frac{1}{2},D(Y)=\frac{1}{2}\times\frac{1}{2}=\frac{1}{4}.$$

XY 也是一个取 0,1 两值的随机变量,从而

$$E(XY)=P\{XY=1\}$$
$$=P\{X=1,Y=1\}=P\{X=1\}P\{Y=1\mid X=1\}=\frac{1}{2}\times\frac{3}{5}=\frac{3}{10},$$

所以 X 与 Y 的协方差为

$$\mathrm{Cov}(X,Y)=E(XY)-E(X)E(Y)=\frac{3}{10}-\frac{1}{2}\times\frac{1}{2}=\frac{1}{20},$$

故 X 与 Y 的相关系数为 $\rho=\dfrac{\mathrm{Cov}(X,Y)}{\sqrt{D(X)}\sqrt{D(Y)}}=\dfrac{1}{5}$.

方法二:

(X,Y)的分布律如表 4-11 所列.

表 4-11

X	Y	
	0	1
0	$\frac{3}{10}$	$\frac{2}{10}$
1	$\frac{2}{10}$	$\frac{3}{10}$

由此分布律可得

$$E(X)=\frac{1}{2},D(X)=\frac{1}{2}\times\frac{1}{2}=\frac{1}{4},$$

$$E(Y)=\frac{1}{2},D(Y)=\frac{1}{2}\times\frac{1}{2}=\frac{1}{4},$$

$$\mathrm{Cov}(X,Y)=E(XY)-E(X)E(Y)=\frac{1}{20},$$

故 X 与 Y 的相关系数为 $\rho=\dfrac{\mathrm{Cov}(X,Y)}{\sqrt{D(X)}\sqrt{D(X)}}=\dfrac{1}{5}$.

二、选择题

1.【答】应选 D.

【解】一般地,若随机变量 X 和 Y 相互独立,则有

$$E(aX+bY)=aEX+bEY,D(aX+bY)=a^2DX+b^2DY.$$

因此 $D(3X-2Y)=3^2DX+(-2)^2DY=9\times4+4\times2=44$,故选 D.

2.【答】应选 D.

【解】$E(X-c)^2=E(X-\mu+\mu-c)^2E(X-c)^2$

$$=E(X-\mu)^2+E(\mu-c)^2+2(\mu-c)E(X-\mu)$$
$$=E(X-\mu)^2+(\mu-c)^2\geqslant E(X-\mu)^2.$$

3.【答】应选 C.

【解】$D(X+Y)=E(X+Y-EX-EY)^2$

$$=E(X-EX)^2+E(Y-EY)^2+2E[(X-EX)(Y-EY)]$$

$$=DX+DY+2\sqrt{DX}\cdot\sqrt{DY}\cdot\rho_{XY}.$$

由 $D(X+Y)=DX+DY$ 知 $\rho_{XY}=0$. 两随机变量相关系数等于 0 是它们相互独立的必要而非充分条件.

4.【答】应选 B.

【解】随机变量 ξ 与 η 不相关，等价于 $\rho_{\xi\eta}=0$，即 $\mathrm{Cov}(\xi,\eta)=0$，$E(\xi\eta)=E(\xi)E(\eta)$，进而

$$E(X^2-Y^2)=E(X+Y)\cdot E(X-Y)=[E(X)]^2-[E(Y)]^2,$$

即
$$E(X^2)-[E(X)]^2=E(Y^2)-[E(Y)]^2.$$

另一方面，由 $E(X^2)-[E(X)]^2=E(Y^2)-[E(Y)]^2$ 可得 $E[(X+Y)(X-Y)]=E(X+Y)\cdot E(X-Y)$，即

$$E(\xi\eta)=E(\xi)E(\eta),$$

从而得出 ξ 与 η 不相关. 综上，应选 B.

5.【答】应选 A.

【解】方法一：

因 $X+Y=n$，故 $Y=n-X$. 由于相关系数 ρ_{XY} 的绝对值等于 1 的充要条件是 X 与 Y 之间存在线性关系，即 $Y=a+bX$（其中 a,b 是常数），且当 $b>0$ 时，$\rho_{XY}=1$；当 $b<0$ 时，$\rho_{XY}=-1$. 因此本题 $\rho_{XY}=-1$，故选 A.

方法二：

根据相关系数的定义，有 $\rho_{XY}=\dfrac{\mathrm{Cov}(X,Y)}{\sqrt{DX}\cdot\sqrt{DY}}$. 由于

$$DY=D(n-X)=DX,$$

$$\mathrm{Cov}(X,Y)=\mathrm{Cov}(X,n-X)=-\mathrm{Cov}(X,X)=-DX,$$

因此 $\rho_{XY}=\dfrac{-DX}{DX}=-1$.

6.【答】应选 C.

【解】相互独立的两个随机变量 X,Y 一定不相关，反之未必成立. 故选项 A 不正确，而只有选项 C 成立，选项 B,D 不成立. 因为当 X,Y 都服从正态分布，且它们不相关时，(X,Y) 的联合分布未必是正态分布，故选项 B 未必成立；$X+Y$ 也未必服从一维正态分布，选项 D 不正确. 故本题应选 C.

7.【答】应选 A.

【解】因 $X_1,X_2,\cdots,X_n\ (n>1)$ 相互独立，故 $\mathrm{Cov}(X_1,X_i)=0\ (i=2,3,\cdots,n)$，于是

$$\mathrm{Cov}(X_1,Y)=\mathrm{Cov}\left(X_1,\frac{1}{n}\sum_{i=1}^{n}X_i\right)=\frac{1}{n}\sum_{i=1}^{n}\mathrm{Cov}(X_1,X_i)$$

$$=\frac{1}{n}\mathrm{Cov}(X_1,X_1)=\frac{1}{n}D(X_1)=\frac{\sigma^2}{n},$$

又
$$D(X_1+Y)=D\left(\frac{n+1}{n}X_1+\frac{1}{n}X_2+\cdots+\frac{1}{n}X_n\right)$$

$$=\frac{(n+1)^2}{n^2}\sigma^2+\frac{n-1}{n^2}\sigma^2=\frac{n+3}{n}\sigma^2,$$

$$D(X_1-Y)=D\left(\frac{n-1}{n}X_1-\frac{1}{n}X_2-\cdots-\frac{1}{n}X_n\right)$$

$$=\frac{(n-1)^2}{n^2}\sigma^2+\frac{n-1}{n^2}\sigma^2=\frac{n-1}{n}\sigma^2,$$

故应选 A.

8.【答】应选 A.

【解】由于 (X,Y) 服从二维正态分布，且 X 与 Y 不相关，所以 X 与 Y 独立，因 (X,Y) 的联合概率密度 $f(x,y)=f_X(x)\cdot f_Y(y)$，故在 $Y=y$ 的条件下，X 的条件概率密度为

$$f_{X|Y}(x\mid y)=\frac{f(x,y)}{f_Y(y)}=f_X(x).$$

故选 A. 在 $X=x$ 的条件下，Y 的条件概率密度为

$$f_{Y|X}(y\mid x)=\frac{f(x,y)}{f_X(x)}=f_Y(y),$$

这正是选项 B，不能选. 显然，选项 C 是 (X,Y) 的概率密度.

9.【答】应选 D.

【解】因 $\rho_{XY}=1$，故存在常数 a,b，使得 $P\{Y=aX+b\}=1$，从而 $EY=aEX+b$. 又由 $X\sim N(0,1)$，$Y\sim N(1,4)$，有 $EX=0$，$EY=0$，$DX=1$，$DY=4$. 于是有 $b=1$；再由

$$1=\rho_{XY}=\frac{E(XY)-EXEY}{\sqrt{DX}\sqrt{DY}}=\frac{E(X(aX+b))-0\times 1}{\sqrt{1}\cdot\sqrt{4}}=\frac{a}{2},$$

可见 $a=2$，故选 D.

10.【答】应选 C.

【解】因为 $F(x)=0.3\Phi(x)+0.7\Phi\left(\frac{x-1}{2}\right)$，所以

$$F'(x)=0.3\Phi'(x)+\frac{0.7}{2}\Phi'\left(\frac{x-1}{2}\right),$$

则
$$EX=\int_{-\infty}^{+\infty}xF'(x)\mathrm{d}x=\int_{-\infty}^{+\infty}x\left[0.3\Phi'(x)+0.35\Phi'\left(\frac{x-1}{2}\right)\right]\mathrm{d}x$$

$$=0.3\int_{-\infty}^{+\infty}x\Phi'(x)\mathrm{d}x+0.35\int_{-\infty}^{+\infty}x\Phi'\left(\frac{x-1}{2}\right)\mathrm{d}x.$$

设 $u=\frac{x-1}{2}$，则

$$\int_{-\infty}^{+\infty}x\Phi'(x)\mathrm{d}x=0,$$

$$\int_{-\infty}^{+\infty}x\Phi'\left(\frac{x-1}{2}\right)\mathrm{d}x=2\int_{-\infty}^{+\infty}(2u+1)\Phi'(u)\mathrm{d}u=2,$$

故 $EX=0.35\times 2=0.7$.

11.【答】应选 B.

【解】利用 $UV=\max\{X,Y\}\min\{X,Y\}=XY$. 因为 $UV=XY$，且 X 与 Y 相互独立，故 $E(UV)=EX\cdot EY$，即应选 B.

12.【答】应选 D.

【解】设两段长度分别为 X,Y，则 $X+Y=1$，即 $Y=1-X$，所以 X 与 Y 存在线性关系，且为负相关，所以 $\rho_{XY}=-1$，故选 D.

13.【答】应选 D.

【解】方法一：

记 $\mu_1=EX_1,\mu_2=EX_2,\sigma_1^2=DX_1,\sigma_2^2=DX_2$，

$$EY_1=\int_{-\infty}^{+\infty}y\cdot\frac{1}{2}[f_1(y)+f_2(y)]\mathrm{d}y$$

$$=\frac{1}{2}\int_{-\infty}^{+\infty}yf_1(y)\mathrm{d}y+\frac{1}{2}\int_{-\infty}^{+\infty}yf_2(y)\mathrm{d}y=\frac{1}{2}(\mu_1+\mu_2),$$

$$EY_2=\frac{1}{2}(EX_1+EX_2)=\frac{1}{2}(\mu_1+\mu_2),$$

故 $EY_1=EY_2$.

$$DY_2=\frac{1}{4}(DX_1+DX_2)=\frac{1}{4}(\sigma_1^2+\sigma_2^2),$$

$$E(Y_1^2)=\int_{-\infty}^{+\infty}y^2\cdot\frac{1}{2}[f_1(y)+f_2(y)]\mathrm{d}y$$

$$=\frac{1}{2}\int_{-\infty}^{+\infty}y^2f_1(y)\mathrm{d}y+\frac{1}{2}\int_{-\infty}^{+\infty}y^2f_2(y)\mathrm{d}y$$

$$=\frac{1}{2}(\sigma_1^2+\mu_1^2)+\frac{1}{2}(\sigma_2^2+\mu_2^2),$$

所以

$$DY_1=E(Y_1^2)-(EY_1)^2$$

$$=\frac{1}{2}(\sigma_1^2+\sigma_2^2)+\frac{1}{2}(\mu_1^2+\mu_2^2)-\left(\frac{\mu_1+\mu_2}{2}\right)^2$$

$$=\frac{1}{2}(\sigma_1^2+\sigma_2^2)+\frac{(\mu_1-\mu_2)^2}{4},$$

因此 $DY_1>DY_2$.

方法二：

$$DY_1=\int_{-\infty}^{+\infty}\left(y-\frac{\mu_1+\mu_2}{2}\right)^2\cdot\frac{1}{2}[f_1(y)+f_2(y)]\mathrm{d}y$$

$$=\frac{1}{2}\int_{-\infty}^{+\infty}\left(y-\frac{\mu_1+\mu_2}{2}\right)^2f_1(y)\mathrm{d}y+\frac{1}{2}\int_{-\infty}^{+\infty}\left(y-\frac{\mu_1+\mu_2}{2}\right)^2f_2(y)\mathrm{d}y$$

$$=\frac{1}{2}E\left(X_1-\frac{\mu_1+\mu_2}{2}\right)^2+\frac{1}{2}E\left(X_2-\frac{\mu_1+\mu_2}{2}\right)^2$$

$$\geqslant\frac{1}{2}(\sigma_1^2+\sigma_2^2),$$

因此 $DY_1>DY_2$. EY_1 与 EY_2 的比较同方法一.

14.【答】应选 D.

【解】方法一：

由题设知 $E(X^2)=DX+(EX)^2=7, E(XY)=EX\cdot EY=2$,所以

$$E[X(X+Y-2)]=E(X^2+XY-2X)=E(X^2)+E(XY)-2EX=5.$$

方法二：

由协方差的计算公式可得

$$\begin{aligned}E[X(X+Y-2)]&=\mathrm{Cov}(X,X+Y-2)+EX\cdot E(X+Y-2)\\&=\mathrm{Cov}(X,X)+\mathrm{Cov}(X,Y-2)+EX\cdot(EX+EY-2)\\&=DX+EX\cdot(EX+EY-2)=5.\end{aligned}$$

15.【答】应选 A.

【解】方法一：

由题设知 (X,Y) 的概率分布如表 4－12 所列.

表 4－12

X	Y		
	0	1	2
0	$\frac{1}{9}$	$\frac{2}{9}$	$\frac{1}{9}$
1	$\frac{2}{9}$	$\frac{2}{9}$	0
2	$\frac{1}{9}$	0	0

由此分布律可得 $EX=EY=\frac{2}{3}, DX=DY=\frac{4}{9}, E(XY)=\frac{2}{9}$,从而

$$\mathrm{Cov}(X,Y)=E(XY)-EX\cdot EY=-\frac{2}{9},$$

所以 X 与 Y 的相关系数为

$$\rho=\frac{\mathrm{Cov}(X,Y)}{\sqrt{DX}\cdot\sqrt{DY}}=-\frac{1}{2},$$

故选 A.

方法二：

由题意知 $X\sim B\left(2,\frac{1}{3}\right), Y\sim B\left(2,\frac{1}{3}\right), X+Y\sim B\left(2,\frac{2}{3}\right)$,从而 $DX=DY=\frac{4}{9}$,以及 $D(X+Y)=\frac{4}{9}$. 再由 $D(X+Y)=DX+DY+2\mathrm{Cov}(X,Y)$,可得 $\mathrm{Cov}(X,Y)=-\frac{2}{9}$,所以 X 与 Y 的相关系数为

$$\rho=\frac{\mathrm{Cov}(X,Y)}{\sqrt{DX}\cdot\sqrt{DY}}=-\frac{1}{2},$$

故选 A.

方法三：

设 $X_i=\begin{cases}1, & 第\ i\ 次试验中\ A_1\ 发生\\0, & 其他\end{cases}$，$Y_i=\begin{cases}1, & 第\ i\ 次试验中\ A_2\ 发生\\0, & 其他\end{cases}$ $(i=1,2)$，则 $X=X_1+X_2, Y=Y_1+Y_2$，从而

$$\begin{aligned}\mathrm{Cov}(X,Y)&=\mathrm{Cov}(X_1+X_2,Y_1+Y_2)\\&=\mathrm{Cov}(X_1,Y_1)+\mathrm{Cov}(X_1,Y_2)+\mathrm{Cov}(X_2,Y_1)+\mathrm{Cov}(X_2,Y_2),\end{aligned}$$

当 $i\neq j$ 时，X_i 与 Y_j 相互独立，故 $\mathrm{Cov}(X_i,Y_j)=0$；当 $i=j$ 时，

$$\mathrm{Cov}(X_i,Y_j)=\mathrm{Cov}(X_i,Y_i)=E(X_iY_i)-EX_i\cdot EY_i=-\frac{1}{9}.$$

因此 $\mathrm{Cov}(X,Y)=-\frac{2}{9}$. 又 $DX=D(X_1+X_2)=DX_1+DX_2=\frac{4}{9}$，$DY=\frac{4}{9}$，所以 X 与 Y 的相关系数为

$$\rho=\frac{\mathrm{Cov}(X,Y)}{\sqrt{DX}\cdot\sqrt{DY}}=-\frac{1}{2},$$

故选 A.

方法四：

记 Z 表示 2 次试验中结果 A_3 发生的次数. 一方面，由于 $X+Y+Z=2$，从而 X 与 $Y+Z$ 的相关系数为 $\rho_{X,(Y+Z)}=-1$. 另一方面，由题设知 $DX=DY=DZ=D(Y+Z)$，$\mathrm{Cov}(X,Y)=\mathrm{Cov}(X,Z)$，从而 $\rho_{X,Y}=\rho_{X,Z}$，并且

$$\begin{aligned}\rho_{X,(Y+Z)}&=\frac{\mathrm{Cov}(X,Y+Z)}{\sqrt{DX}\cdot\sqrt{D(Y+Z)}}=\frac{\mathrm{Cov}(X,Y)+\mathrm{Cov}(X,Z)}{\sqrt{DX}\cdot\sqrt{D(Y+Z)}}\\&=\rho_{X,Y}+\rho_{X,Z},\end{aligned}$$

所以 $\rho_{X,Y}=-\frac{1}{2}$，故选 A.

16.【答】应选 C.

【解】由题设知 $EX=EY=1, DX=2, DY=4$，从而

$$E(X^2)=DX+(EX)^2=3, E(Y^2)=DY+(EY)^2=5,$$

又由于 X 与 Y 相互独立，所以

$$D(XY)=E(X^2Y^2)-[E(XY)]^2=E(X^2)E(Y^2)-(EX\cdot EY)^2=14,$$

故选 C.

17.【答】应选 C.

【解】由多维正态分布的性质知，题中给出的 4 个选项均服从正态分布，要确定其确切分布，只需求出数学期望与方差. 由题设，$E(X)=E(Y)=0, D(X)=1, D(Y)=4$，$X$ 与 Y 的相关系数为 $\rho_{XY}=-\frac{1}{2}$，因此有

$$\begin{aligned}E(X+Y)&=E(X)+E(Y)=0,\\D(X+Y)&=D(X)+D(Y)+2\mathrm{Cov}(X,Y)\\&=1+4+2\times\left(-\frac{1}{2}\right)\times\sqrt{1}\times\sqrt{4}=3,\end{aligned}$$

从而得 $X+Y$ 服从正态分布 $N(0,3)$，于是知 $\dfrac{X+Y}{\sqrt{3}}=\dfrac{\sqrt{3}}{3}(X+Y)$ 服从标准正态分布. 由正态分布的性质知，X 与 $\dfrac{\sqrt{3}}{3}(X+Y)$ 的联合分布为二维正态分布，因此它们相互独立等价于它们不相关. 由于

$$\mathrm{Cov}\left(X,\frac{\sqrt{3}}{3}(X+Y)\right)=\frac{\sqrt{3}}{3}[\mathrm{Cov}(X,X)+\mathrm{Cov}(X,Y)]=0,$$

所以 X 与 $\dfrac{\sqrt{3}}{3}(X+Y)$ 相互独立. 故选 C.

18.【答】应选 C.

【解】$X\sim U(0,3)$，$D(X)=\dfrac{(3-0)^2}{12}=\dfrac{3}{4}$；$Y\sim P(2)$，$D(Y)=2$，因此

$$\begin{aligned}D(2X-Y+1)&=4D(X)+D(Y)-2\mathrm{Cov}(2X,Y)\\&=4\times\frac{3}{4}+2-4\times(-1)=9,\end{aligned}$$

综上，应选 C.

19.【答】应选 D.

【解】方法一：

由题知，X 的概率密度为 $f_X(x)=\dfrac{1}{\sqrt{2\pi}}e^{-\frac{x^2}{2}}$，当 $X=x$ 时，Y 的条件概率密度为 $f_{Y|X}(y|x)=\dfrac{1}{\sqrt{2\pi}}e^{-\frac{(y-x)^2}{2}}$，所以 (X,Y) 的概率密度为

$$f(x,y)=\frac{1}{2\pi}e^{-\frac{x^2}{2}-\frac{(y-x)^2}{2}}=\frac{1}{2\pi}e^{-x^2+xy-\frac{y^2}{2}},$$

由正二维态分布的概率密度

$$f(x,y)=\frac{1}{2\pi\sigma_1\sigma_2\sqrt{1-\rho^2}}e^{-\frac{1}{2(1-\rho^2)}\left[\frac{(x-\mu_1)^2}{\sigma_1^2}-\frac{2\rho(x-\mu_1)(y-\mu_2)}{\sigma_1\sigma_2}+\frac{(y-\mu_2)^2}{\sigma_2^2}\right]}$$

可知，$(X,Y)\sim N\left(0,0;1,2;\dfrac{\sqrt{2}}{2}\right)$.

方法二：

$$\begin{aligned}EY&=\int_{-\infty}^{+\infty}\int_{-\infty}^{+\infty}yf(x,y)\,dx\,dy=\int_{-\infty}^{+\infty}f_X(x)\,dx\int_{-\infty}^{+\infty}yf_{Y|X}(y\mid x)\,dy\\&=\int_{-\infty}^{+\infty}\frac{1}{\sqrt{2\pi}}e^{-\frac{x^2}{2}}E(Y\mid X=x)\,dx=\int_{-\infty}^{+\infty}\frac{x}{\sqrt{2\pi}}e^{-\frac{x^2}{2}}\,dx=0.\end{aligned}$$

$$\begin{aligned}E(XY)&=\int_{-\infty}^{+\infty}\int_{-\infty}^{+\infty}xyf(x,y)\,dx\,dy\\&=\int_{-\infty}^{+\infty}xf_X(x)\,dx\int_{-\infty}^{+\infty}yf_{Y|X}(y\mid x)\,dy\\&=\int_{-\infty}^{+\infty}\frac{1}{\sqrt{2\pi}}xe^{-\frac{x^2}{2}}E(Y\mid X=x)\,dx\end{aligned}$$

$$=\int_{-\infty}^{+\infty}\frac{x^2}{\sqrt{2\pi}}e^{-\frac{x^2}{2}}dx=E(X^2)=1.$$

$$E(Y^2)=\int_{-\infty}^{+\infty}\int_{-\infty}^{+\infty}y^2f(x,y)dxdy$$

$$=\int_{-\infty}^{+\infty}f_X(x)dx\int_{-\infty}^{+\infty}y^2f_{Y|X}(y\mid x)dy$$

$$=\int_{-\infty}^{+\infty}\frac{1}{\sqrt{2\pi}}e^{-\frac{x^2}{2}}E(Y^2\mid X=x)dx$$

$$=\int_{-\infty}^{+\infty}\frac{x^2+1}{\sqrt{2\pi}}e^{-\frac{x^2}{2}}dx=E(X^2+1)=2.$$

故 $\mathrm{Cov}(X,Y)=1,D(Y)=2$,所以 $\rho=\frac{\mathrm{Cov}(X,Y)}{\sqrt{DX}\sqrt{DY}}=\frac{1}{\sqrt{2}}$,故选 D.

20.【答】应选 D.

【解】由题知,$D(X)=4,D(Y)=3\times\frac{1}{3}\times\frac{2}{3},\mathrm{Cov}(X,Y)=0$,则

$$D(X-3Y+1)=D(X-3Y)=D(X)+9D(Y)=4+9\times\frac{2}{3}=10,$$

故选 D.

21.【答】应选 B.

【解】令事件 $A=\{\max\{X,Y\}=2\},B=\{\min\{X,Y\}=1\}$,则

$$P(A)=P(X=-1,Y=2)+P(X=1,Y=2)=0.1+b,$$

$$P(B)=P(X=1,Y=1)+P(X=1,Y=2)=0.1+0.1=0.2,$$

$$P(AB)=P(X=1,Y=2)=0.1,$$

由于事件 A 与事件 B 相互独立,故 $P(AB)=P(A)P(B)$,即 $0.2(0.1+b)=0.02+0.2b=0.1$,由分布律的性质可知,$0.4+a+b=1$,综上,解得 $a=0.2,b=0.4$,则 (X,Y) 的概率分布如表 4-13 所列.

表 4-13

X	Y		
	0	1	2
−1	0.1	0.1	0.4
1	0.2	0.1	0.1

$E(X)=0.4-0.6=-0.2,E(Y)=0.2+1=1.2,$

$E(XY)=0\times0.3+(-1)\times0.1+(-2)\times0.4+1\times0.1+2\times0.1=-0.6,$

$\mathrm{Cov}(X,Y)=E(XY)-E(X)E(Y)=-0.6+0.24=-0.36.$

故应选 B.

三、解答题

1.【解】以 X 表示一周 5 天内机器发生故障的天数，则 X 服从参数为(5,0.2)的二项分布，即 $P\{X=k\}=C_5^k\cdot 0.2^k\cdot 0.8^{5-k}(k=0,1,2,3,4,5)$. 于是

$$P\{X=0\}=0.8^5=0.328;P\{X=1\}=C_5^1\cdot 0.2\cdot 0.8^4=0.410;$$

$$P\{X=2\}=C_5^2\cdot 0.2^2\cdot 0.8^3=0.205;$$

$$P\{X\geqslant 3\}=1-P\{x=0\}-P\{x=1\}-P\{x=2\}=0.057.$$

以 Y 表示所获利润，则

$$Y=f(X)=\begin{cases}10, & X=0\\ 5, & X=1\\ 0, & X=2\\ -2, & X\geqslant 3\end{cases},$$

所以 $EY=10\times 0.328+5\times 0.410+0\times 0.205-2\times 0.057=5.216$(万元).

2.【解】已知 X 在[0,60]上服从均匀分布，则其密度为

$$X\sim f(x)=\begin{cases}\dfrac{1}{60}, & 0\leqslant x\leqslant 60\\ 0, & 其他\end{cases}.$$

设 Y 是游客等候电梯的时间(单位：min)，则

$$Y=g(X)=\begin{cases}5-X, & 0<X\leqslant 5\\ 25-X, & 5<X\leqslant 25\\ 55-X, & 25<X\leqslant 55\\ 60-X+5, & 55<X\leqslant 60\end{cases}.$$

因此，

$$EY=E[g(X)]=\int_{-\infty}^{+\infty}g(x)\cdot f(x)\mathrm{d}x=\frac{1}{60}\int_0^{60}g(x)\mathrm{d}x$$

$$=\frac{1}{60}\left[\int_0^5(5-x)\mathrm{d}x+\int_5^{25}(25-x)\mathrm{d}x+\int_{25}^{55}(55-x)\mathrm{d}x+\int_{55}^{60}(65-x)\mathrm{d}x\right]$$

$$=\frac{1}{60}[12.5+200+450+37.5]\approx 11.67.$$

3.【解】方法一：

令 $Z=X-Y$. 由于 $X\sim N\left(0,\left(\frac{1}{\sqrt{2}}\right)^2\right)$，$Y\sim N\left(0,\left(\frac{1}{\sqrt{2}}\right)^2\right)$，且 X 和 Y 相互独立，故 $Z\sim N(0,1)$. 因为

$$D|X-Y|=D|Z|=E|Z|^2-(E|Z|)^2=E(Z^2)-(E|Z|)^2,$$

而

$$E(Z^2)=1,$$

$$E|Z|=\int_{-\infty}^{+\infty}|z|\frac{1}{\sqrt{2\pi}}\mathrm{e}^{-\frac{z^2}{2}}\mathrm{d}z=\frac{2}{\sqrt{2\pi}}\int_0^{+\infty}z\mathrm{e}^{-\frac{z^2}{2}}\mathrm{d}z=\sqrt{\frac{2}{\pi}},$$

所以 $D|X-Y|=1-\frac{2}{\pi}$.

方法二：

X,Y 概率密度分别为 $f_X(x)=\frac{1}{\sqrt{\pi}}e^{-x^2}$，$f_Y(y)=\frac{1}{\sqrt{\pi}}e^{-y^2}$，由于 X,Y 相互独立，故 X,Y 的联合概率密度函数为：

$$f(x,y)=\frac{1}{\pi}e^{-(x^2+y^2)},-\infty<x<\infty,-\infty<y<\infty.$$

因此，

$$\begin{aligned}&E|X-Y|\\&=\frac{1}{\pi}\left[\iint\limits_{y<x}(x-y)e^{-(x^2+y^2)}dxdy+\iint\limits_{y>x}(y-x)e^{-(x^2+y^2)}dxdy\right]\\&=\frac{1}{\pi}\left[\int_{-\infty}^{\infty}dx\int_{-\infty}^{x}(x-y)e^{-(x^2+y^2)}dy+\int_{-\infty}^{\infty}dy\int_{-\infty}^{y}(y-x)e^{-(x^2+y^2)}dx\right]\\&=\frac{2}{\pi}\left[\int_{-\infty}^{\infty}dx\int_{-\infty}^{x}(x-y)e^{-(x^2+y^2)}dy\right]\\&=\frac{2}{\pi}\left[\int_{-\infty}^{\infty}xe^{-x^2}dx\int_{-\infty}^{x}e^{-y^2}dy-\int_{-\infty}^{\infty}e^{-x^2}dx\int_{-\infty}^{x}ye^{-y^2}dy\right]\\&=\frac{2}{\pi}\int_{-\infty}^{\infty}e^{-2x^2}dx=\sqrt{\frac{2}{\pi}}.\end{aligned}$$

4.【解】设 Z 表示商店每周所得的利润，如图 4-1 所示，当 $Y\leqslant X$ 时，$Z=1\,000Y$；当 $Y>X$ 时，$Z=1\,000X+500(Y-X)=500(X+Y)$，即

$$Z=\begin{cases}1\,000Y, & Y\leqslant X\\500(X+Y), & Y>X\end{cases}.$$

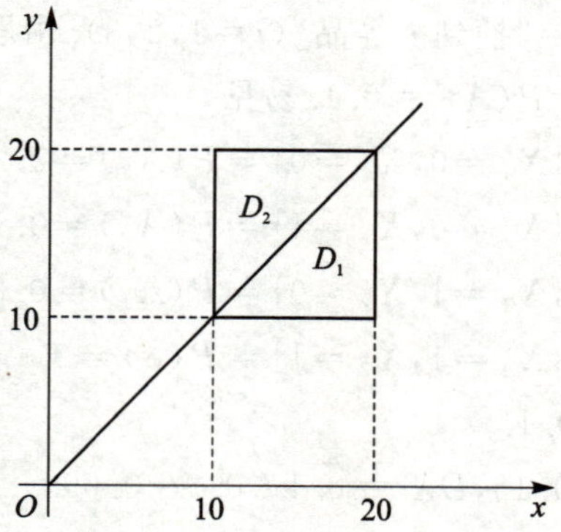

图 4-1

由于 X 与 Y 的联合概率密度为：

$$\varphi(x,y)=\begin{cases}\frac{1}{100}, & 10\leqslant x\leqslant 20,10\leqslant y\leqslant 20\\0, & 其他\end{cases},$$

所以
$$EZ=\iint_{D_1}1\ 000y\times\frac{1}{100}\mathrm{d}x\mathrm{d}y+\iint_{D_2}500(x+y)\times\frac{1}{100}\mathrm{d}x\mathrm{d}y$$
$$=10\int_{10}^{20}\mathrm{d}y\int_{y}^{20}y\mathrm{d}x+5\int_{10}^{20}\mathrm{d}y\int_{10}^{y}(x+y)\mathrm{d}x$$
$$=10\int_{10}^{20}y(20-y)\mathrm{d}y+5\int_{10}^{20}\left(\frac{3}{2}y^2-10y-50\right)\mathrm{d}y$$
$$=\frac{20\ 000}{3}+5\times1\ 500\approx14\ 166.67(\text{元}).$$

5.【解】设进货数量为 a，则利润为
$$M_a=\begin{cases}500a+(X-a)300, & a<X\leqslant30\\500X-(a-X)100, & 10\leqslant X\leqslant a\end{cases}$$
$$=\begin{cases}300X+200a, & a<X\leqslant30\\600X-100a, & 10\leqslant X\leqslant a\end{cases},$$
期望利润为
$$EM_a=\int_{10}^{30}\frac{1}{20}\cdot M_a\mathrm{d}x$$
$$=\frac{1}{20}\int_{10}^{a}(600x-100a)\mathrm{d}x+\frac{1}{20}\int_{a}^{30}(300x+200a)\mathrm{d}x$$
$$=\frac{1}{20}\left(600\cdot\frac{x^2}{2}-100ax\right)\Bigg|_{10}^{a}+\frac{1}{20}\left(300\cdot\frac{x^2}{2}+200ax\right)\Bigg|_{a}^{30}$$
$$=-7.5a^2+350a+5250.$$

依题意，有 $-7.5a^2+350a+5250\geqslant9\ 280$，即 $7.5a^2-350a+4\ 030\leqslant0$. 解得 $20\frac{2}{3}\leqslant a\leqslant26$. 故利润期望值不少于 9 280 元的最少进货量为 21 单位.

6.【解】(1) 设事件 A_i="抽到 i 等品"($i=1,2,3$). 由题意知 A_1,A_2,A_3 两两互不相容. $P(A_1)=0.8, P(A_2)=P(A_3)=0.1$. 易见，
$$P\{X_1=0,X_2=0\}=P(A_3)=0.1,$$
$$P\{X_1=0,X_2=1\}=P(A_2)=0.1,$$
$$P\{X_1=1,X_2=0\}=P(A_1)=0.8,$$
$$P\{X_1=1,X_2=1\}=P(\phi)=0.$$

(2) $EX_1=0.8, EX_2=0.1$.

$DX_1=0.8\times0.2=0.16, DX_2=0.1\times0.9=0.09$,

$E(X_1X_2)=0\times0\times0.1+0\times1\times0.1+1\times0\times0.8+1\times1\times0=0$.

$\mathrm{Cov}(X_1X_2)=E(X_1X_2)-EX_1\cdot EX_2=0-0.8\times0.1=-0.08$.

$$\rho=\frac{\mathrm{Cov}(X_1,X_2)}{\sqrt{DX_1\cdot DX_2}}=\frac{-0.08}{\sqrt{0.16\times0.09}}=-\frac{2}{3}.$$

7.【解】由题设可得
$$P\{X>Y\}=\frac{1}{4}, P\{X>2Y\}=\frac{1}{2},$$

$$P\{Y<X\leqslant 2Y\}=\frac{1}{4}.$$

(1) 如图 4-2 所示，(U,V)有 4 个可能值：(0,0),(0,1),(1,0),(1,1).

$$P\{U=0,V=0\}=P\{X\leqslant Y,X\leqslant 2Y\}=P\{X\leqslant Y\}\mid=\frac{1}{4};$$

$$P\{U=0,V=1\}=P\{X\leqslant Y,X>2Y\}=0;$$

$$P\{U=1,V=0\}=P\{X>Y,X\leqslant 2Y\}=P\{Y<X\leqslant 2Y\}=\frac{1}{4};$$

$$P\{U=1,V=1\}=1-\left(\frac{1}{4}+\frac{1}{4}\right)=\frac{1}{2}.$$

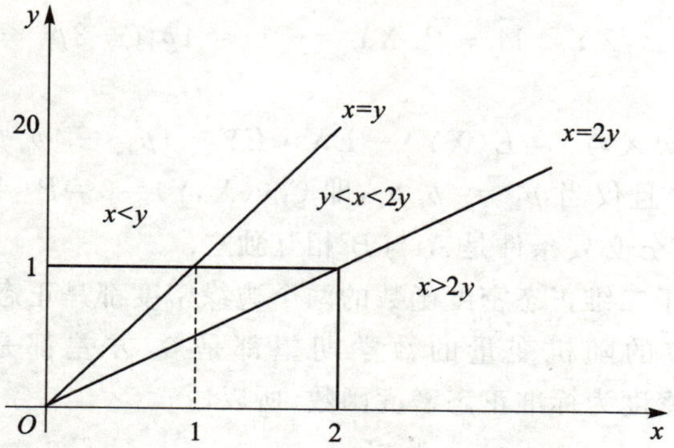

图 4-2

(2) 由以上可见 UV 及 U 和 V 的分布为：$UV\sim\begin{bmatrix}0 & 1\\ \frac{1}{2} & \frac{1}{2}\end{bmatrix}$，$U\sim\begin{bmatrix}0 & 1\\ \frac{1}{4} & \frac{3}{4}\end{bmatrix}$，$V\sim\begin{bmatrix}0 & 1\\ \frac{1}{2} & \frac{1}{2}\end{bmatrix}$. 于是有

$$EU=\frac{3}{4},DU=\frac{3}{16};EV=\frac{1}{2},DV=\frac{1}{4};$$

$$E(UV)=\frac{1}{2};\mathrm{Cov}(U,V)=E(UV)-EU\cdot EV=\frac{1}{8};$$

$$r=\frac{\mathrm{Cov}(U,V)}{\sqrt{DU\cdot DV}}=\frac{1}{\sqrt{3}}.$$

8.【解】记 $q=1-p$，X 的概率分布为 $P\{X=i\}=q^{i-1}p$，$i=1,2,\cdots$ 则 X 的数学期望为

$$E(X)=\sum_{i=1}^{\infty}iq^{i-1}p=p\sum_{i=1}^{\infty}(q^i)'=p(\sum_{i=1}^{\infty}q^i)'=p\left(\frac{q}{1-q}\right)'=\frac{1}{p}.$$

因为　$$E(X^2)=\sum_{i=1}^{\infty}i^2q^{i-1}p=p[q\sum_{i=1}^{\infty}(q^i)']'=p\left[\frac{q}{(1-q)^2}\right]'=\frac{2-p}{p^2}.$$

所以 X 的方差为

$$D(X)=E(X^2)-[E(X)]^2=\frac{2-p}{p^2}-\frac{1}{p^2}=\frac{1-p}{p^2}.$$

9.【解】证明的目标是 $\mathrm{Cov}(X,Y)=0\Leftrightarrow P(AB)=P(A)\cdot P(B)$. 记

$$P(A)=p_1,P(B)=p_2,P(AB)=p_{12},$$

由数学期望定义,可见

$$EX=P(A)-P(\overline{A})=2p_1-1,EY=2p_2-1.$$

由于 XY 只有两个可能值 1 和 -1,所以

$$P\{XY=1\}=P(AB)+P(\overline{A}\ \overline{B})=2p_{12}-p_1-p_2+1,$$

$$P\{XY=-1\}=1-P\{XY=1\}=p_1+p_2-2p_{12},$$

从而

$$E(XY)=P\{XY=1\}-P\{XY=-1\}=4p_{12}-2p_1-2p_2+1,$$

从而

$$\mathrm{Cov}(X,Y)=E(XY)-EX\cdot EY=4p_{12}-4p_1p_2,$$

因此,$\mathrm{Cov}(X,Y)=0$ 当且仅当 $p_{12}=p_1p_2$,即 $\mathrm{Cov}(X,Y)=0\Leftrightarrow P(AB)=P(A)\cdot P(B)$. 故 X 和 Y 不相关的充分必要条件是 A 与 B 相互独立.

10.【解】(1) 由于二维正态密度函数的两个边缘密度都是正态密度函数,根据题意,它们的边缘密度对应的随机变量的数学期望都是 0,方差都是 1,因此 $\varphi_1(x,y)$,$\varphi_2(x,y)$ 的两个边缘密度为标准正态密度函数,所以

$$f_1(x)=\int_{-\infty}^{+\infty}f(x,y)\mathrm{d}y=\frac{1}{2}\left[\int_{-\infty}^{+\infty}\varphi_1(x,y)\,\mathrm{d}y+\int_{-\infty}^{+\infty}\varphi_2(x,y)\,\mathrm{d}y\right]$$

$$=\frac{1}{2}\left[\frac{1}{\sqrt{2\pi}}\mathrm{e}^{-\frac{x^2}{2}}+\frac{1}{\sqrt{2\pi}}\mathrm{e}^{-\frac{x^2}{2}}\right]=\frac{1}{\sqrt{2\pi}}\mathrm{e}^{-\frac{x^2}{2}}.$$

同理,$f_2(y)=\frac{1}{\sqrt{2\pi}}\mathrm{e}^{-\frac{y^2}{2}}$. 由于 $X\sim N(0,1),Y\sim N(0,1)$,所以 $EX=EY=0,DX=DY=1$. 随机变量 X 和 Y 的相关系数

$$\rho=\int_{-\infty}^{+\infty}\int_{-\infty}^{+\infty}xyf(x,y)\mathrm{d}x\mathrm{d}y$$

$$=\frac{1}{2}\left[\int_{-\infty}^{+\infty}\int_{-\infty}^{+\infty}xy\varphi_1(x,y)\mathrm{d}x\mathrm{d}y+\int_{-\infty}^{+\infty}\int_{-\infty}^{+\infty}xy\varphi_2(x,y)\mathrm{d}x\mathrm{d}y\right]$$

$$=\frac{1}{2}\left(\frac{1}{3}-\frac{1}{3}\right)=0.$$

(2) 由二维正态分布的密度函数可知

$$f(x,y)=\frac{3}{4\pi\sqrt{2}}\left[\mathrm{e}^{-\frac{9}{16}(x^2-\frac{2}{3}xy+y^2)}+\mathrm{e}^{-\frac{9}{16}(x^2+\frac{2}{3}xy+y^2)}\right],$$

而 $f_1(x)\cdot f_2(y)=\frac{1}{2\pi}\mathrm{e}^{-\frac{x^2}{2}}\cdot\mathrm{e}^{-\frac{y^2}{2}}=\frac{1}{2\pi}\mathrm{e}^{-\frac{(x^2+y^2)}{2}}$,$f(x,y)\neq f_1(x)\cdot f_2(y)$,所以 X 和 Y 不独立.

11.【解】方法一:

根据题意,三角形区域为 $G=\{(x,y):0\leqslant x\leqslant 1,0\leqslant y\leqslant 1,x+y\geqslant 1\}$;由于随机变量 X 和 Y 的联合分布在 G 上服从均匀分布,因此随机变量 X 和 Y 的联合密度为:

$$f(x,y)=\begin{cases}2, & (x,y)\in G\\0, & (x,y)\notin G\end{cases}.$$

令 $f_1(x)$ 表示 X 的概率密度，则当 $x\leqslant 0$ 或 $x\geqslant 1$ 时，$f_1(x)=0$；当 $0<x<1$ 时，有

$$f_1(x)=\int_{-\infty}^{\infty}f(x,y)\mathrm{d}y=\int_{1-x}^{1}2\mathrm{d}y=2x,\text{即 } f_1(x)=\begin{cases}2x, & 0<x<1\\0, & \text{其他}\end{cases}.$$

因此，

$$EX=\int_0^1 2x^2\mathrm{d}x=\frac{2}{3};E(X^2)=\int_0^1 2x^3\mathrm{d}x=\frac{1}{2};$$

$$DX=E(X^2)-(EX)^2=\frac{1}{2}-\frac{4}{9}=\frac{1}{18}.$$

同理可得 $EY=\frac{2}{3}$；$DY=\frac{1}{18}$. 下面求 X 和 Y 的协方差：

$$E(XY)=\iint_G 2xy\mathrm{d}x\mathrm{d}y=2\int_0^1 x\mathrm{d}x\int_{1-x}^1 y\mathrm{d}y=\frac{5}{12};$$

$$\mathrm{Cov}(X,Y)=E(XY)-EX\cdot EY=\frac{5}{12}-\frac{4}{9}=-\frac{1}{36}.$$

于是

$$DU=D(X+Y)=DX+DY+2\mathrm{Cov}(X,Y)=\frac{1}{18}+\frac{1}{18}-\frac{2}{36}=\frac{1}{18}.$$

方法二：

根据题意，三角形区域为 $G=\{(x,y):0\leqslant x\leqslant 1,0\leqslant y\leqslant 1,x+y\geqslant 1\}$；由于随机变量 X 和 Y 的联合分布在 G 上服从均匀分布，因此随机变量 X 和 Y 的联合密度为：

$$f(x,y)=\begin{cases}2, & (x,y)\in G\\0, & (x,y)\notin G\end{cases}.$$

令 $f(u)$ 表示 $U=X+Y$ 的概率密度，则当 $u<1$ 或 $u>2$ 时，显然 $f(u)=0$. 设 $1\leqslant u\leqslant 2$，当 $0\leqslant x\leqslant 1$ 且 $0\leqslant u-x\leqslant 1$ 时，$f(x,u-x)=2$，否则 $f(x,u-x)=0$. 由随机变量之和的概率密度公式，有

$$f(u)=\int_{-\infty}^{+\infty}f(x,u-x)\mathrm{d}x=\int_{u-1}^{1}2\mathrm{d}x=2(2-u).$$

因此，

$$E(X+Y)=EU=\int_{-\infty}^{\infty}uf(u)\mathrm{d}u=2\int_1^2 u(2-u)\mathrm{d}u=\frac{4}{3};$$

$$E(X+Y)^2=E(U^2)=\int_1^2 u^2f(u)\mathrm{d}u=2\int_1^2 u^2(2-u)\mathrm{d}u=\frac{11}{6};$$

$$DU=D(X+Y)=E(X+Y)^2-[E(X+Y)]^2=\frac{11}{6}-\frac{16}{9}=\frac{1}{18}.$$

12.【解】方法一：

由于

$$P\left\{X>\frac{\pi}{3}\right\}=1-P\left\{X\leqslant\frac{\pi}{3}\right\}=1-\int_{-\infty}^{\frac{\pi}{3}}f(x)\mathrm{d}x=1-\int_0^{\frac{\pi}{3}}\frac{1}{2}\cos\frac{x}{2}\mathrm{d}x$$

$$=1-\left[\sin\frac{x}{2}\right]_0^{\frac{\pi}{3}}=1-\sin\frac{\pi}{6}=\frac{1}{2},$$

所以 $Y\sim B\left(4,\frac{1}{2}\right)$，从而

$$EY=np=4\times\frac{1}{2}=2,$$

$$DY=npq=4\times\frac{1}{2}\times\left(1-\frac{1}{2}\right)=1,$$

所以 $E(Y^2)=DY+(EY)^2=1+2^2=5$.

方法二：

由于 $P\left\{X>\frac{\pi}{3}\right\}=\int_{\frac{\pi}{3}}^{\pi}\frac{1}{2}\cos\frac{x}{2}\mathrm{d}x=\frac{1}{2}$，$Y\sim B\left(4,\frac{1}{2}\right)$，故 Y 的概率分布如表 4－14 所列.

表 4－14

Y	0	1	2	3	4
P	$\frac{1}{16}$	$\frac{4}{16}$	$\frac{6}{16}$	$\frac{4}{16}$	$\frac{1}{16}$

所以 $E(Y^2)=\frac{1}{16}(0\times1+1\times4+2^2\times6+3^2\times4+4^2\times1)=5$.

13.【解】(1) 乙箱中次品件数 X 是个随机变量，X 的取值为 0，1，2，3. X 的概率分布为 $P\{X=k\}=\frac{C_3^kC_3^{3-k}}{C_6^3}$，如表 4－15 所列.

表 4－15

X	0	1	2	3	
P	$\frac{1}{20}$	$\frac{9}{20}$	$\frac{9}{20}$	$\frac{1}{20}$	

因此 $EX=0\times\frac{1}{20}+1\times\frac{9}{20}+2\times\frac{9}{20}+3\times\frac{1}{20}=\frac{3}{2}$.

(2) 设 A 表示事件“从乙箱中任取一件产品是次品”，由全概率公式有

$$P(A)=\sum_{k=0}^{3}P\{X=k\}P\{A\mid X=k\}$$

$$=\frac{1}{20}\times0+\frac{9}{20}\times\frac{1}{6}+\frac{9}{20}\times\frac{2}{6}+\frac{1}{20}\times\frac{3}{6}=\frac{1}{4}.$$

14.【解】(1) 由 ρ 的定义，可见 $\rho=0$ 当且仅当 $P(AB)-P(A)P(B)=0$，而这恰好是两事件 A 和 B 独立的定义，即 $\rho=0$ 是 A 和 B 独立的充分必要条件.

(2) 考虑随机变量 X 和 Y：

$X=\begin{cases}1, & 若 A 出现\\0, & 若 A 不出现\end{cases}$，$Y=\begin{cases}1, & 若 B 出现\\0, & 若 B 不出现\end{cases}$，由条件知，$X$ 和 Y 都服从(0－1)分布：

$$X \sim \begin{bmatrix} 0 & 1 \\ 1-P(A) & P(A) \end{bmatrix}, Y \sim \begin{bmatrix} 0 & 1 \\ 1-P(B) & P(B) \end{bmatrix},$$

易见 $EX=P(A), EY=P(B); DX=P(A)P(\overline{A}), DY=P(B)P(\overline{B})$. 由 X,Y 的分布可知，$XY\sim\begin{bmatrix} 0 & 1 \\ 1-P(AB) & P(AB) \end{bmatrix}$，从而随机变量 X,Y 的相关系数为

$$\rho_{XY}=\frac{\operatorname{Cov}(X,Y)}{\sqrt{DX\cdot DY}}=\frac{P(AB)-P(A)P(B)}{\sqrt{P(A)P(\overline{A})\cdot P(B)P(\overline{B})}}=\rho,$$

因此，事件 A 和 B 的相关系数就是随机变量 X 和 Y 的相关系数. 于是由二随机变量相关系数的基本性质，可知 $|\rho|\leqslant 1$.

15.【解】(1) Y 的分布函数为 $F_Y(y)=P\{Y\leqslant y\}=P\{X^2\leqslant y\}$.

当 $y\leqslant 0$ 时，$F_Y(y)=0, f_Y(y)=0$；

当 $0<y<1$ 时，

$$\begin{aligned} F_Y(y)&=P\{-\sqrt{y}\leqslant X\leqslant\sqrt{y}\} \\ &=P\{-\sqrt{y}\leqslant X<0\}+P\{0\leqslant X\leqslant\sqrt{y}\} \\ &=\frac{1}{2}\sqrt{y}+\frac{1}{4}\sqrt{y}=\frac{3}{4}\sqrt{y}, \end{aligned}$$

$$f_Y(y)=\frac{3}{8\sqrt{y}};$$

当 $1\leqslant y<4$ 时，

$$F_Y(y)=P\{-1\leqslant X<0\}+P\{0\leqslant X\leqslant\sqrt{y}\}=\frac{1}{2}+\frac{1}{4}\sqrt{y},$$

$$f_Y(y)=\frac{1}{8\sqrt{y}};$$

当 $y\geqslant 4$ 时，$F_Y(y)=1, f_Y(y)=0$. 故 Y 的概率密度为

$$f_Y(y)=\begin{cases} \dfrac{3}{8\sqrt{y}}, & 0<y<1 \\ \dfrac{1}{8\sqrt{y}}, & 1\leqslant y<4 \\ 0, & \text{其他} \end{cases}.$$

(2) $EX=\int_{-\infty}^{+\infty}xf_X(x)\mathrm{d}x=\int_{-1}^{0}\frac{1}{2}x\,\mathrm{d}x+\int_{0}^{2}\frac{1}{4}x\,\mathrm{d}x=\frac{1}{4}$,

$$EY=E(X^2)=\int_{-\infty}^{+\infty}x^2f_X(x)\mathrm{d}x=\int_{-1}^{0}\frac{1}{2}x^2\mathrm{d}x+\int_{0}^{2}\frac{1}{4}x^2\mathrm{d}x=\frac{5}{6},$$

$$E(XY)=\int_{-\infty}^{+\infty}x^3f_X(x)\mathrm{d}x=\int_{-1}^{0}\frac{1}{2}x^3\mathrm{d}x+\int_{0}^{2}\frac{1}{4}x^3\mathrm{d}x=\frac{7}{8},$$

故

$$\operatorname{Cov}(X,Y)=E(XY)-EX\cdot EY=\frac{2}{3}.$$

(3) $F\left(-\frac{1}{2},4\right)=P\left\{X\leqslant-\frac{1}{2},Y\leqslant 4\right\}=P\left\{X\leqslant-\frac{1}{2},X^2\leqslant 4\right\}$

$$=P\left\{X\leqslant-\frac{1}{2},-2\leqslant X\leqslant2\right\}=P\left\{-2\leqslant X\leqslant-\frac{1}{2}\right\}$$

$$=P\left\{-1<X\leqslant-\frac{1}{2}\right\}=\frac{1}{4}.$$

16.【解】(1) (U,V)有 3 个可能值：$(1,1),(2,1),(2,2)$，而

$$P\{U=1,V=1\}=P\{X=1,Y=1\}=P\{X=1\}\cdot P\{Y=1\}=\frac{4}{9};$$

$$P\{U=2,V=1\}=P\{X=2,Y=1\}+P\{X=1,Y=2\}$$

$$=P\{X=2\}\cdot P\{Y=1\}+P\{X=1\}\cdot P\{Y=2\}=\frac{4}{9};$$

$$P\{U=2,V=2\}=P\{X=2,Y=2\}=P\{X=2\}\cdot P\{Y=2\}=\frac{1}{9},$$

故(U,V)的概率分布如表 4－16 所列.

表 4－16

Y	V	
	1	2
1	$\frac{4}{9}$	0
2	$\frac{4}{9}$	$\frac{1}{9}$

(2) 因为 $EU=\frac{14}{9},EV=\frac{10}{9},E(UV)=E(XY)=\frac{16}{9}$，所以

$$\mathrm{Cov}(U,V)=E(UV)-EU\cdot EV=\frac{4}{81}.$$

17.【解】根据题意，进行再加工后，产品的合格率 $p=0.96+0.04\times0.75\times0.8=0.984$，记 X 为 n 件产品中的合格产品数，$T(n)$为 n 件产品的利润，则 $X\sim B(n,p)$，$EX=np=0.984n$，$T(n)=80X-20(n-X)$，$E[T(n)]=100EX-20n=78.4n$，要 $E[T(n)]\geqslant20\ 000$，则 $n\geqslant256$，即该企业每天至少应生产 256 件产品.

18.【解】(1) 随机变量(X,Y)的概率分布如表 4－17 所列.

表 4－17

X	Y		
	0	1	2
0	$\frac{1}{5}$	$\frac{2}{5}$	$\frac{1}{15}$
1	$\frac{1}{5}$	$\frac{2}{15}$	0

(2) $P\{X=0\}=\frac{2}{3},P\{X=1\}=\frac{1}{3},EX=0\times\frac{2}{3}+1\times\frac{1}{3}=\frac{1}{3},$

$$P\{Y=0\}=\frac{2}{5},P\{Y=1\}=\frac{8}{15},P\{Y=2\}=\frac{1}{15},$$

$$EY=0\times\frac{2}{5}+1\times\frac{8}{15}+2\times\frac{1}{15}=\frac{2}{3},E(XY)=1\times1\times\frac{2}{15}=\frac{2}{15}.$$

$$\text{Cov}(X,Y)=E(XY)-EX\cdot EY=\frac{2}{15}-\frac{1}{3}\times\frac{2}{3}=-\frac{4}{45}.$$

19.【解】(1) 由 $P\{X^2=Y^2\}=1$，得 $P\{X^2\neq Y^2\}=0$，所以

$$P\{X=0,Y=-1\}=P\{X=0,Y=1\}=P\{X=1,Y=0\}=0.$$

再利用 X,Y 的边缘概率分布即得 (X,Y) 的概率分布，如表 4-18 所列.

表 4-18

X	Y		
	-1	0	1
0	0	$\frac{1}{3}$	0
1	$\frac{1}{3}$	0	$\frac{1}{3}$

(2) $Z=XY$ 的可能取值为 $-1,0,1$. 由 (X,Y) 的概率分布可得 $Z=XY$ 的概率分布，如表 4-19 所列.

表 4-19

Z	-1	0	1
P	$\frac{1}{3}$	$\frac{1}{3}$	$\frac{1}{3}$

(3) 由 X,Y 及 Z 的概率分布计算可得

$$EX=\frac{2}{3},DX=\frac{2}{9};EY=0,DY=\frac{2}{3};EZ=E(XY)=0,$$

所以 $\text{Cov}(X,Y)=0,\rho_{XY}=0$.

20.【解】(1) $P\{X=2Y\}=P\{X=0,Y=0\}+P\{X=2,Y=1\}=\frac{1}{4}$.

(2) 方法一：

由 (X,Y) 的概率分布可得，X,Y,XY 的概率分布分别如表 4-20、表 4-21、表 4-22 所列.

表 4-20

X	0	1	2
P	$\frac{1}{2}$	$\frac{1}{3}$	$\frac{1}{6}$

表 4-21

Y	0	1	2
P	$\frac{1}{3}$	$\frac{1}{3}$	$\frac{1}{3}$

表 4-22

XY	0	1	2
P	$\frac{7}{12}$	$\frac{1}{3}$	$\frac{1}{12}$

所以 $EX=\frac{2}{3},EY=1,E(Y^2)=\frac{5}{3},DY=\frac{2}{3},E(XY)=\frac{2}{3},\text{Cov}(X,Y)=E(XY)-EX\cdot EY=0$，故

$$\text{Cov}(X-Y,Y)=\text{Cov}(X,Y)-DY=-\frac{2}{3}.$$

方法二：

$$\begin{aligned}\text{Cov}(X-Y,Y)&=E[(X-Y)Y]-E(X-Y)\cdot EY\\&=E(XY)-E(Y^2)-EX\cdot EY+(EY)^2\end{aligned}$$

$$=\frac{2}{3}-\frac{5}{3}-\frac{2}{3}\times 1+1=-\frac{2}{3}.$$

方法三：

由(X,Y)的概率分布可得表 4－23、表 4－24、表 4－25、表 4－26 所列.

表 4－23

$X-Y$	Y		
	0	1	2
-2	0	0	$\frac{1}{4}$
0	$\frac{1}{4}$	$\frac{1}{3}$	$\frac{1}{12}$
2	$\frac{1}{12}$	0	0

表 4－24

$(X-Y)Y$	-4	0
P	$\frac{1}{4}$	$\frac{3}{4}$

表 4－25

$X-Y$	-2	0	2
P	$\frac{1}{4}$	$\frac{2}{3}$	$\frac{1}{12}$

表 4－26

Y	0	1	2
P	$\frac{1}{3}$	$\frac{1}{3}$	$\frac{1}{3}$

所以 $\mathrm{Cov}(X-Y,Y)=E[(X-Y)Y]-E(X-Y)\cdot EY=-1-\left(-\frac{1}{3}\right)\times 1=-\frac{2}{3}$.

21.【解】(1) X 与 Y 的分布函数均为 $F(x)=\begin{cases}1-\mathrm{e}^{-x}, & x\geqslant 0\\ 0, & x<0\end{cases}$，根据 X 与 Y 的相互独立性，$V=\min\{X,Y\}$ 的分布函数为

$$\begin{aligned}F_V(v)&=P\{\min\{X,Y\}\leqslant v\}=1-P\{\min\{X,Y\}>v\}\\&=1-P\{X>v,Y>v\}=1-[1-F(v)]^2\\&=\begin{cases}1-\mathrm{e}^{-2v}, & v\geqslant 0\\ 0, & v<0\end{cases},\end{aligned}$$

故 V 的概率密度为 $f_V(v)=F'_V(v)=\begin{cases}2\mathrm{e}^{-2v}, & v>0\\ 0, & v\leqslant 0\end{cases}$.

(2) 方法一：

$U=\max\{X,Y\}$ 的分布函数为

$$\begin{aligned}F_U(u)&=P\{\max\{X,Y\}\leqslant u\}=P\{X\leqslant u,Y\leqslant u\}=F^2(u)\\&=\begin{cases}(1-\mathrm{e}^{-u})^2, & u\geqslant 0\\ 0, & u<0\end{cases},\end{aligned}$$

故 U 的概率密度为 $f_U(u)=F'_U(u)=\begin{cases}2\mathrm{e}^{-u}(1-\mathrm{e}^{-u}), & u>0\\ 0, & u\leqslant 0\end{cases}$.

所以

$$\begin{aligned}E(U+V)&=EU+EV\\&=\int_0^{+\infty}2u\mathrm{e}^{-u}(1-\mathrm{e}^{-u})\mathrm{d}u+\int_0^{+\infty}2u\mathrm{e}^{-2t}\mathrm{d}u\\&=\int_0^{+\infty}2u\mathrm{e}^{-x}\mathrm{d}u=2.\end{aligned}$$

方法二：

因为 $U+V=\max\{X,Y\}+\min\{X,Y\}=X+Y$，故

$$E(U+V)=E(X+Y)=EX+EY=2.$$

方法三：

(U,V)的联合密度函数为

$$f_{U,V}(u,v)=2f_X(u)f_X(v)=2e^{-(u+v)},0<v<u,$$

所以
$$E(U+V)=\int_{-\infty}^{+\infty}\int_{-\infty}^{+\infty}(u+v)f_{U,V}(u,v)\mathrm{d}u\mathrm{d}v$$
$$=\int_0^{+\infty}\mathrm{d}u\int_0^{\infty}(u+v)\cdot 2\mathrm{e}^{-(u+v)}\mathrm{d}v=2.$$

方法四：

$T=U+V$ 的密度函数为

$$f_{U+V}(t)=\int_{-\infty}^{+\infty}f_{U,V}(u,t-u)\mathrm{d}u=\int_{\frac{t}{2}}^{t}2\mathrm{e}^{-t}\mathrm{d}u=t\mathrm{e}^{-t},t>0,$$

所以
$$E(U+V)=\int_{-\infty}^{+\infty}tf_{U+V}(t)\mathrm{d}t=\int_0^{+\infty}t^2\mathrm{e}^{-t}\mathrm{d}t=2.$$

22.【解】(1) 方法一：

$$\begin{aligned}F_Y(y)&=P\{Y\leqslant y\}\\&=P\{X=1\}P\{Y\leqslant y\mid X=1\}+P\{X=2\}P\{Y\leqslant y\mid X=2\}\\&=\frac{1}{2}P\{Y\leqslant y\mid X=1\}+\frac{1}{2}P\{Y\leqslant y\mid X=2\}.\end{aligned}$$

当 $y<0$ 时，$F_Y(y)=0$；

当 $0\leqslant y<1$ 时，$F_Y(y)=\frac{3}{4}y$；

当 $1\leqslant y<2$ 时，$F_Y(y)=\frac{1}{2}+\frac{y}{4}$；

当 $y\geqslant 2$ 时，$F_Y(y)=1$，所以 Y 的分布函数为

$$F_Y(y)=\begin{cases}0, & y<0\\ \frac{3}{4}y, & 0\leqslant y<1\\ \frac{1}{2}+\frac{y}{4}, & 1\leqslant y<2\\ 1, & y\geqslant 2\end{cases}.$$

方法二：

由题设知在 $X=1$ 的条件下，Y 的条件概率密度为

$$f(y\mid X=1)=\begin{cases}1, & 0<y<1\\ 0, & 其他\end{cases},$$

在 $X=2$ 的条件下，Y 的条件概率密度为

$$f(y\mid X=2)=\begin{cases}\frac{1}{2}, & 0<y<2\\ 0, & 其他\end{cases},$$

所以 Y 的概率密度为

$$f_Y(y)=P\{X=1\}f(y|X=1)+P\{X=2\}f(y|X=2)$$
$$=\begin{cases}\dfrac{3}{4}, & 0<y<1,\\ \dfrac{1}{4}, & 1\leqslant y<2,\\ 0, & \text{其他}.\end{cases}$$

从而 Y 的分布函数为

$$F_Y(y)=\int_{-\infty}^{y}f_Y(t)\mathrm{d}t=\begin{cases}0, & y<0\\ \dfrac{3}{4}y, & 0\leqslant y<1\\ \dfrac{1}{2}+\dfrac{y}{4}, & 1\leqslant y<2\\ 1, & y\geqslant 2\end{cases}.$$

(2) 方法一：

随机变量 Y 的概率密度为

$$f_Y(y)=\begin{cases}\dfrac{3}{4}, & 0<y<1\\ \dfrac{1}{4}, & 1\leqslant y<2\\ 0, & \text{其他}\end{cases},$$

因此 $EY=\int_{-\infty}^{+\infty}yf_Y(y)\mathrm{d}y=\int_0^1\dfrac{3}{4}y\mathrm{d}y+\int_1^2\dfrac{1}{4}y\mathrm{d}y=\dfrac{3}{4}.$

方法二：

由题设知在 $X=1$ 的条件下，Y 的条件期望为 $E(Y|X=1)=\dfrac{1}{2}$，在 $X=2$ 的条件下，Y 的条件期望为 $E(Y|X=2)=1$，所以

$$EY=P\{X=1\}E(Y|X=1)+P\{X=2\}E(Y|X=2)=\frac{3}{4}.$$

23.【解】(1) 设 (X,Y) 的概率分布如表 4-27 所列.

表 4-27

X	Y	
	0	1
0	a	b
1	c	d

由题设条件知 $EX=EY=\dfrac{2}{3}$，$DX=DY=\dfrac{2}{3}\left(1-\dfrac{2}{3}\right)=\dfrac{2}{9}$，$\mathrm{Cov}(X,Y)=E(XY)-EX\cdot EY=P\{X=1,Y=1\}-\dfrac{4}{9}$.

由 $\rho_{XY}=\dfrac{\mathrm{Cov}(X,Y)}{\sqrt{DX\cdot DY}}=\dfrac{P\{X=1,Y=1\}-\frac{4}{9}}{\frac{2}{9}}=\dfrac{1}{2}$,解得

$$d=P\{X=1,Y=1\}=\frac{1}{9}+\frac{4}{9}=\frac{5}{9},$$

由此可得 $c=b=\dfrac{2}{3}-d=\dfrac{1}{9}$,$a=\dfrac{1}{3}-b=\dfrac{2}{9}$. 所以$(X,Y)$的概率分布如表 4-28 所列.

表 4-28

X	Y	
	0	1
0	$\frac{2}{9}$	$\frac{1}{9}$
1	$\frac{1}{9}$	$\frac{5}{9}$

(2) $P\{X+Y\leqslant 1\}=1-P\{X+Y>1\}=1-P\{X=1,Y=1\}=\dfrac{4}{9}$.

24.【解】(1) $EY=\displaystyle\int_{-\infty}^{+\infty}yf(y)\mathrm{d}y=\int_0^1 2y^2\mathrm{d}y=\frac{2}{3}$,

$$P\{Y\leqslant EY\}=P\left\{Y\leqslant\frac{2}{3}\right\}=\int_0^{\frac{2}{3}}2y\mathrm{d}y=\frac{4}{9}.$$

(2) Z 的分布函数记为 $F_Z(z)$,那么

$$\begin{aligned}F_Z(z)&=P\{Z\leqslant z\}=P\{X+Y\leqslant z\}\\&=P\{X=0\}P\{X+Y\leqslant z\,|\,X=0\}+\\&\quad P\{X=2\}P\{X+Y\leqslant z\,|\,X=2\}\\&=\frac{1}{2}P\{Y\leqslant z\}+\frac{1}{2}P\{Y\leqslant z-2\}.\end{aligned}$$

当 $z<0$ 时,$F_Z(z)=0$;

当 $0\leqslant z<1$ 时,$F_Z(z)=\dfrac{1}{2}P\{Y\leqslant z\}=\dfrac{z^2}{2}$;

当 $1\leqslant z<2$ 时,$F_Z(z)=\dfrac{1}{2}$;

当 $2\leqslant z<3$ 时,$F_Z(z)=\dfrac{1}{2}+\dfrac{1}{2}P\{Y\leqslant z-2\}=\dfrac{1}{2}+\dfrac{1}{2}(z-2)^2$;

当 $z\geqslant 3$ 时,$F_Z(z)=1$.

所以 Z 的概率密度为

$$f_Z(z)=\begin{cases}z, & 0\leqslant z<1\\ z-2, & 2\leqslant z<3.\\ 0, & \text{其他}\end{cases}$$

25.【解】(1) 由题设可得 $EX=(-1)\times\dfrac{1}{2}+1\times\dfrac{1}{2}=0$,

$$E(XZ)=E(X^2Y)=E(X^2)\cdot EY=\lambda,$$

所以 $\mathrm{Cov}(X,Z)=E(XZ)-EX\cdot EZ=\lambda$.

(2) Z 的所有可能取值为全体整数值，且 $P\{Z=0\}=P\{Y=0\}=\mathrm{e}^{-\lambda}$；对于 $n=\pm1,\pm2,\cdots$，有

$$P\{Z=n\}=P\{XY=n\}=P\left\{X=\frac{n}{|n|},Y=|n|\right\}$$
$$=P\left\{X=\frac{n}{|n|}\right\}P\{Y=|n|\}=\mathrm{e}^{-\lambda}\ \frac{\lambda^{|n|}}{2\cdot|n|!}.$$

26.【解】(1) Z 的分布函数为

$$\begin{aligned}F_Z(z)&=P\{XY\leqslant z\}\\&=P\{XY\leqslant z,Y=-1\}+P\{XY\leqslant z,Y=1\}\\&=P\{XY\leqslant z\mid Y=-1\}P\{Y=-1\}+\\&\quad P\{XY\leqslant z\mid Y=1\}P\{Y=1\}\\&=pP\{X\geqslant -z\}+(1-p)P\{X\leqslant z\},\end{aligned}$$

从而当 $z<0$ 时，$F(z)=pP\{X\geqslant -z\}+(1-p)\cdot 0=p\mathrm{e}^z$；

当 $z\geqslant 0$ 时，$F(z)=p+(1-p)P\{X\leqslant z\}=1-(1-p)\mathrm{e}^{-z}$，则 Z 的概率密度为

$$f(z)=F_Z'(z)=\begin{cases}p\mathrm{e}^z, & z<0\\(1-p)\mathrm{e}^{-z}, & z\geqslant 0\end{cases}.$$

(2) 根据已知条件可知 $D(X)=1,E(Y)=1-2p$，从而

$$\begin{aligned}\mathrm{Cov}(X,Z)&=E(XZ)-E(X)E(Z)=E(X^2Y)-E(X)E(XY)\\&=E(X^2)E(Y)-E^2(X)E(Y)=D(X)E(Y)=1-2p.\end{aligned}$$

令 $\mathrm{Cov}(X,Z)=0$，得 $p=\frac{1}{2}$，所以当 $p=\frac{1}{2}$ 时，X 与 Z 不相关.

(3) 方法一：

由(2)知当 $p\neq\frac{1}{2}$ 时，X 和 Z 相关，从而不独立；当 $p=\frac{1}{2}$ 时，

$$\begin{aligned}P\left\{X\leqslant\frac{1}{2},Z\leqslant\frac{1}{2}\right\}&=P\left\{X\leqslant\frac{1}{2},XY\leqslant\frac{1}{2}\right\}\\&=\frac{1}{2}P\left\{X\leqslant\frac{1}{2},X\geqslant-\frac{1}{2}\right\}+\frac{1}{2}P\left\{X\leqslant\frac{1}{2},X\leqslant\frac{1}{2}\right\}\\&=\frac{1}{2}(1+\mathrm{e}^{\frac{1}{2}}-2\mathrm{e}^{-\frac{1}{2}}),\end{aligned}$$

而 $P\left\{X\leqslant\frac{1}{2}\right\}=1-\mathrm{e}^{-\frac{1}{2}}$，

$$P\left\{Z\leqslant\frac{1}{2}\right\}=\frac{1}{2}P\left\{X\leqslant\frac{1}{2}\right\}+\frac{1}{2}P\left\{X\geqslant-\frac{1}{2}\right\}=\frac{1}{2}(1+\mathrm{e}^{\frac{1}{2}}-\mathrm{e}^{-\frac{1}{2}}),$$

显然 $P\left\{X\leqslant\frac{1}{2},Z\leqslant\frac{1}{2}\right\}\neq P\left\{X\leqslant\frac{1}{2}\right\}P\left\{Z\leqslant\frac{1}{2}\right\}$，即 X,Z 不独立. 从而 X,Z 不独立.

方法二：

因为 $P\{X\leqslant1,Z\leqslant-1\}=P\{X\leqslant1,XY\leqslant-1\}=0$，$P\{X\leqslant1\}>0$，$P\{Z\leqslant-1\}>0$，

所以 $P\{X\leqslant 1,Z\leqslant -1\}\neq P\{X\leqslant 1\}P\{Z\leqslant -1\}$，故 X,Z 不相互独立.

方法三：

$$P\{X\leqslant 1,Z\geqslant 1\}=P\{X\geqslant 1,XY\geqslant 1\}$$
$$=P\{X\geqslant 1,Y=1\}=(1-p)\mathrm{e}^{-1},$$
$$P\{X\geqslant 1\}=\mathrm{e}^{-1},P\{Z\geqslant 1\}=P\{X\geqslant 1\}P\{Y=1\}=(1-p)\mathrm{e}^{-1},$$

因此 $P\{X\geqslant 1,Z\geqslant 1\}\neq P\{X\geqslant 1\}P\{Z\geqslant 1\}$，故 X,Z 不相互独立.

注：此处提供的解法只是给出了一种说明 X 与 Z 不相互独立的方式. 有很多种方式说明 X 与 Z 不相互独立. 更一般地，只要选取两个区间 I 和 J，使得 $P\{X\in I,Z\in J\}\neq P\{X\in I\}P\{Z\in J\}$，便可说明 X,Z 不相互独立.

27.【解】(1) (Z_1,Z_2)的所有可能取值为$(0,0),(0,1),(1,0),(1,1)$，并且

$$P\{Z_1=0,Z_2=0\}=P\{X-Y\leqslant 0,X+Y\leqslant 0\}=\frac{1}{4},$$
$$P\{Z_1=0,Z_2=1\}=P\{X-Y\leqslant 0,X+Y>0\}=\frac{1}{2},$$
$$P\{Z_1=1,Z_2=0\}=P\{X-Y>0,X+Y\leqslant 0\}=0,$$
$$P\{Z_1=1,Z_2=1\}\{X-Y>0,X+Y>0\}=\frac{1}{4},$$

即得随机变量(Z_1,Z_2)的概率分布，如表 4-29 所列.

表 4-29

Z_1	Z_2	
	0	1
0	$\frac{1}{4}$	$\frac{1}{2}$
1	0	$\frac{1}{4}$

(2) $E(Z_1)=\frac{1}{4},D(Z_1)=\frac{3}{16},$

$E(Z_2)=\frac{3}{4},D(Z_2)=\frac{3}{16},$

$E(Z_1,Z_2)=\frac{1}{4},$

$\mathrm{Cov}(Z_1,Z_2)=E(Z_1Z_2)-E(Z_1)\cdot E(Z_2)=\frac{1}{16}.$

Z_1 与 Z_2 的相关系数 $\rho=\dfrac{\frac{1}{16}}{\sqrt{\frac{3}{16}}\sqrt{\frac{3}{16}}}=\frac{1}{3}.$

28.【解】(1) 由于 $P(AB)=P(A)P(B|A)=\frac{1}{12},P(B)=\dfrac{P(AB)}{P(A|B)}=\frac{1}{6}$，所以

$$P\{X=1,Y=1\}=P(AB)=\frac{1}{12},$$

$$P\{X=1,Y=0\}=P(A\overline{B})=P(A)-P(AB)=\frac{1}{6},$$

$$P\{X=0,Y=1\}=P(\overline{A}B)=P(B)-P(AB)=\frac{1}{12},$$

$$P\{X=0,Y=0\}=P(\overline{A}\ \overline{B})$$

$$=1-P(A+B)=1-P(A)-P(B)+P(AB)=\frac{2}{3}.$$

或 $P\{X=0,Y=0\}=1-\frac{1}{12}-\frac{1}{6}-\frac{1}{12}=\frac{2}{3}$，故$(X,Y)$的概率分布如表 4－30 所列.

表 4－30

X	Y	
	0	1
0	$\frac{2}{3}$	$\frac{1}{12}$
1	$\frac{1}{6}$	$\frac{1}{12}$

(2) X,Y 的概率分布分别如表 4－31、表 4－32 所列.

表 4－31

X	0	1
P	$\frac{3}{4}$	$\frac{1}{4}$

表 4－32

Y	0	1
P	$\frac{5}{6}$	$\frac{1}{6}$

则 $EX=\frac{1}{4},DX=\frac{3}{16},DY=\frac{5}{36},E(XY)=\frac{1}{12}$，故

$$\mathrm{Cov}(X,Y)=E(XY)-EX\cdot EY=\frac{1}{24},$$

从而 $\rho_{XY}=\frac{\mathrm{Cov}(X,Y)}{\sqrt{DX}\cdot\sqrt{DY}}=\frac{\sqrt{15}}{15}$.

(3) Z 的可能取值为 0,1,2，且

$$P\{Z=0\}=P\{X=0,Y=0\}=\frac{2}{3},$$

$$P\{Z=1\}=P\{X=0,Y=1\}+P\{X=1,Y=0\}=\frac{1}{4},$$

$$P\{Z=2\}=P\{X=1,Y=1\}=\frac{1}{12},$$

即 Z 的概率分布如表 4－33 所列.

表 4－33

Z	0	1	2
P	$\frac{2}{3}$	$\frac{1}{4}$	$\frac{1}{12}$

第 5 章　大数定律和中心极限定理

知识扫描

大数定律和中心极限定理与概率和极限联系紧密.这一章节考点少,难度低,主要掌握一些基本结论即可.读者在复习时,可借助思维导图和列举的要点着重掌握.

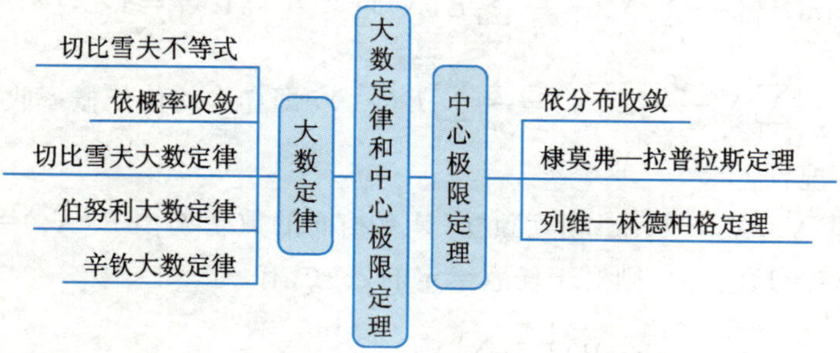

1. 了解切比雪夫不等式.

2. 了解切比雪夫大数定律、伯努利大数定律和辛钦大数定律(独立同分布随机变量序列的大数定律).

3. 了解棣莫弗—拉普拉斯定理(二项分布以正态分布为极限分布)和列维—林德伯格定理(独立同分布随机变量序列的中心极限定理).

第 1 节　大数定律

一、切比雪夫不等式

设随机变量 X 的数学期望 $E(X)$ 及方差 $D(X)$ 存在,则对任意给定的 $\varepsilon>0$,总有

$$P\{|X-E(X)|\geqslant\varepsilon\}\leqslant\frac{D(X)}{\varepsilon^2} \text{ 或 } P\{|X-E(X)|<\varepsilon\}\geqslant 1-\frac{D(X)}{\varepsilon^2}.\ (★★★)$$

实质:切比雪夫不等式实际上在说 X 在 $(EX-\varepsilon,EX+\varepsilon)$ 内取值的概率不小于

$$1-\frac{DX}{\varepsilon^2}.$$

二、大数定律

1. 依概率收敛(★★)

(1) 定义:

设 $X_1,X_2,\cdots,X_n$ 是一个随机变量序列,a 为常数.对任意给定的 $\varepsilon>0$,若有

$\lim\limits_{n\to\infty}P\{|X_n-a|<\varepsilon\}=1$，则称此随机变量序列依概率收敛于 a，记为 $X_n\xrightarrow{P}a$.

(2) 性质：

若 $X_n\xrightarrow{P}a$，$Y_n\xrightarrow{P}b$，$g(x,y)$ 在 (a,b) 点连续，则 $g(X_n,Y_n)\xrightarrow{P}g(a,b)$.

2. 切比雪夫大数定律(★★)

(1) 定理：

设随机变量 $X_1,X_2,\cdots,X_n$ 相互独立，数学期望 $E(X_i)$ 均存在，方差 $D(X_i)$ 也均存在，且一致有上界(有共同的上界)，则对于任意给定的 $\varepsilon>0$，有

$$\lim_{n\to\infty}P\left\{\left|\frac{1}{n}\sum_{i=1}^{n}X_i-\frac{1}{n}\sum_{i=1}^{n}E(X_i)\right|<\varepsilon\right\}=1.\ (i=1,2,\cdots).$$

实质：$\overline{X}=\frac{1}{n}\sum\limits_{i=1}^{n}X_i\xrightarrow{P}\overline{E(X)}=\frac{1}{n}\sum\limits_{i=1}^{n}E(X_i)$，即样本均值依概率收敛于期望均值.

(2) 特殊情况：

设随机变量 $X_1,X_2,\cdots,X_n$ 相互独立，具有相同的数学期望 $E(X_i)=\mu$ 和相同的方差 $D(X_i)=\sigma^2(i=1,2,\cdots)$，则对于任意给定的 $\varepsilon>0$，有

$$\lim_{n\to\infty}P\left\{\left|\frac{1}{n}\sum_{i=1}^{n}X_i-\mu\right|<\varepsilon\right\}=1.$$

实质：$\overline{X}=\frac{1}{n}\sum\limits_{i=1}^{n}X_i\xrightarrow{P}\mu$，即样本均值依概率收敛于共同期望.

3. 伯努利大数定律(★)

设 n_A 是在 n 次独立重复试验中事件 A 发生的次数，p 是事件 A 在每次实验中发生的概率，则对 $\forall\varepsilon>0$，有

$$\lim_{n\to\infty}P\left\{\left|\frac{n_A}{n}-p\right|<\varepsilon\right\}=1.$$

实质：$\frac{n_A}{n}\xrightarrow{P}p$，即频率依概率收敛于概率.

4. 辛钦大数定律(★)

设随机变量 $X_1,X_2,\cdots,X_n$ 相互独立，服从同一分布，且具有同一数学期望 μ，则对 $\forall\varepsilon>0$，总有

$$\lim_{n\to\infty}P\left\{\left|\frac{1}{n}\sum_{i=1}^{n}X_i-\mu\right|<\varepsilon\right\}=1.$$

实质：$\overline{X}=\frac{1}{n}\sum\limits_{i=1}^{n}X_i\xrightarrow{P}\mu$，即样本均值依概率收敛于共同期望.

注意：相互独立⇒两两(相互)独立⇒两两不相关.

分类习题 5-1

设随机变量 X 的数学期望 $EX=\mu$，方差 $DX=\sigma^2$，则由切比雪夫不等式，有

$P\{|X-\mu|\geqslant 3\sigma\}\leqslant$ ________.

【答】应填$\frac{1}{9}$.

【析】考查切比雪夫不等式.

【解】因 $EX=\mu, DX=\sigma^2$，故由切比雪夫不等式，有

$$P\{|X-\mu|\geqslant 3\sigma\}\leqslant \frac{\sigma^2}{(3\sigma)^2}=\frac{1}{9}.$$

第 2 节　中心极限定理

一、依分布收敛

设随机变量 $X, X_1, X_2, \cdots, X_n$，的分布函数依次是 $F(x), F_1(x), F_2(x), \cdots, F_n(x)$，如果对于 $F(x)$ 的每一个连续点 x，都有 $\lim\limits_{n\to\infty}F_n(x)=F(x)$，则称随机变量序列 $X_1, X_2, \cdots, X_n$ 依分布收敛于 X，记作 $X_n \xrightarrow{L} X$.（★）

二、两个中心极限定理

1. 列维—林德伯格中心极限定理(独立同分布的中心极限定理)

设随机变量 $X_1, X_2, \cdots, X_n$ 相互独立，服从同一分布，具有同一数学期望和方差：$E(X_i)=\mu, D(X_i)=\sigma^2\neq 0, i=1,2\cdots$，则对于任意实数 x，有

$$\lim_{n\to\infty}P\left\{\frac{\sum\limits_{i=1}^{n}X_i-n\mu}{\sqrt{n}\sigma}\leqslant x\right\}=\int_{-\infty}^{x}\frac{1}{\sqrt{2\pi}}e^{-\frac{t^2}{2}}dt=\Phi(x).$$

实质：独立同分布以正态分布为极限分布，即

$$Y_n=\frac{\sum\limits_{i=1}^{n}X_i-n\mu}{\sqrt{n}\sigma}=\frac{\overline{X}-\mu}{\sigma/\sqrt{n}}\xrightarrow{L}u, u\sim N(0,1),$$

$$Y=\sum_{i=1}^{n}X_i=n\overline{X}\xrightarrow{L}X, X\sim N(n\mu, n\sigma^2).$$

2. 棣莫弗—拉普拉斯中心极限定理(二项分布的中心极限定理)

设随机变量 $Y_n\sim B(n,p)(0<p<1, n=1,2,\cdots)$，则对于任意实数 x，有

$$\lim_{n\to\infty}P\left\{\frac{Y_n-np}{\sqrt{np(1-p)}}\leqslant x\right\}=\int_{-\infty}^{x}\frac{1}{\sqrt{2\pi}}e^{-\frac{t^2}{2}}dt=\Phi(x).$$

实质：二项分布以正态分布为极限分布，即

$$Y=\frac{Y_n-np}{\sqrt{np(1-p)}}\xrightarrow{L}u, u\sim N(0,1), Y_n\xrightarrow{L}X, X\sim N(np, np(1-p)).$$

分类习题 5-2

某保险公司多年的统计资料表明，在索赔户中被盗索赔占 20%，且 X 表示在随意抽查的 100 个索赔户中因被盗向保险公司索赔的户数. 表 5-1 为设(x)是标准正态分布函数.

(1) 写出 X 的概率分布；

(2) 利用棣莫弗—拉普拉斯定理，求出索赔户不少于 14 户且不多于 30 户的概率的近似值.

表 5-1

X	0	0.5	1.0	1.5	2.0	2.5	3.0
$\Phi(x)$	0.500	0.692	0.841	0.933	0.977	0.994	0.999

【析】考查二项分布与棣莫弗—拉普拉斯中心极限定理.

【解】(1) X 服从二项分布，参数 $n=100, p=0.2$，其概率分布为

$$P\{X=k\}=C_{100}^{k}0.2^{k}0.8^{100-k}\ (k=0,1,\cdots,100).$$

(2) 由 $X\sim B(n,p)$ 知，$E(X)=np=20, D(X)=np(1-p)=16$.

根据棣莫弗—拉普拉斯中心极限定理有

$$\begin{aligned}P\{14\leqslant X\leqslant 30\}&=P\left\{\frac{14-20}{\sqrt{16}}\leqslant\frac{X-20}{\sqrt{16}}\leqslant\frac{30-20}{\sqrt{16}}\right\}\\&=P\left\{-1.5\leqslant\frac{X-20}{4}\leqslant 2.5\right\}\\&=\Phi(2.5)-\Phi(-1.5)\\&=\Phi(2.5)-[1-\Phi(1.5)]\\&\approx 0.994-(1-0.933)=0.927.\end{aligned}$$

因此，索赔户不少于 14 户且不多于 30 户的概率近似值为 0.927.

小试牛刀

一、填空题

1. 设随机变量 X 的方差为 2，则根据切比雪夫不等式 $P\{|X-E(X)|\geqslant 2\}\leqslant$ ________.

2. 设随机变量 X,Y 的数学期望分别是 2 和 -2，方差分别为 1 和 4，而相关系数为 -0.5. 则根据切比雪夫不等式 $P\{|X+Y|\geqslant 6\}\leqslant$ ________.

3. 设随机变量 X,Y 的数学期望都是 2，方差分别为 1 和 4，而相关系数为 0.5. 则根据切比雪夫不等式 $P\{|X-Y|\geqslant 6\}\leqslant$ ________.

4. 设总体 X 服从参数为 2 的指数分布，$X_1,X_2,\cdots,X_n$ 来自总体 X 的简单随机样本，则当 $n\to\infty$ 时，$Y_n=\dfrac{1}{n}\sum\limits_{i=1}^{n}X_i^2$ 依赖概率收敛于________.

二、选择题

1. 设随机变量 $X_1,X_2,\cdots,X_n$ 相互独立，$S_n=X_1+X_2+\cdots+X_n$，则根据列维—林德伯格中心极限定理，当 n 充分大时，S_n 近似服从正态分布，只要 $X_1,X_2,\cdots,X_n$（　　）.

A. 有相同的数学期望　　B. 有相同的方差

C. 服从统一指数分布　　D. 服从同一离散型分布

2. 设 $X_1,X_2,\cdots,X_n$ 为独立同分布的随机变量列，且均服从参数为 $\lambda(\lambda>1)$ 的指数分布，记 $\Phi(x)$ 为标准正态分布函数，则（　　）.

A. $\lim\limits_{n\to 0}P\left\{\dfrac{\sum\limits_{i=1}^{n}X_i-n\lambda}{\lambda\sqrt{n}}\leqslant x\right\}=\Phi(x)$

B. $\lim\limits_{n\to 0}P\left\{\dfrac{\sum\limits_{i=1}^{n}X_i-n\lambda}{\sqrt{n\lambda}}\leqslant x\right\}=\Phi(x)$

C. $\lim\limits_{n\to 0}P\left\{\dfrac{\lambda\sum\limits_{i=1}^{n}X_i-n}{\sqrt{n}}\leqslant x\right\}=\Phi(x)$

D. $\lim\limits_{n\to 0}P\left\{\dfrac{\sum\limits_{i=1}^{n}X_i-\lambda}{\sqrt{n\lambda}}\leqslant x\right\}=\Phi(x)$

3. 设 $X_1,X_2,\cdots,X_{100}$ 为来自总体 X 的简单随机样本，其中 $P(X=0)=P(X=1)=\dfrac{1}{2}$. $\Phi(x)$ 表示标准正态分布函数，则利用中心极限定理可得 $P\left\{\sum\limits_{i=1}^{100}X_i\leqslant 55\right\}$ 的近似值为（　　）.

A. $1-\Phi(1)$　　B. $\Phi(1)$　　C. $1-\Phi(0,2)$　　D. $\Phi(0,2)$

4. 设随机变量 $X_1,X_2,\cdots,X_n$ 独立同分布，且 X_1 的 4 阶矩存在，记 $\mu_k=E(X_1^k)(k=1,2,3,4)$，则由切比雪夫不等式，则对任意 $\varepsilon>0$，有 $P\left\{\left|\dfrac{1}{n}\sum\limits_{i=1}^{n}X_i^2-\mu_2\right|\geqslant\varepsilon\right\}\leqslant$（　　）.

A. $\dfrac{\mu_4-\mu_2^2}{n\varepsilon^2}$　　B. $\dfrac{\mu_4-\mu_2^2}{\sqrt{n}\varepsilon^2}$　　C. $\dfrac{\mu_2-\mu_1^2}{n\varepsilon^2}$　　D. $\dfrac{\mu_2-\mu_1^2}{\sqrt{n}\varepsilon^2}$

5. 设随机变量序列 $X_1,X_2,\cdots X_n$ 独立同分布，且 X_1 的概率密度为 $f(x)=\begin{cases}1-|x|, & |x|<1\\ 0, & \text{其他}\end{cases}$，则当 $n\to\infty$ 时，$\dfrac{1}{n}\sum\limits_{i=1}^{n}X_i^2$ 依概率收敛于（　　）.

A. $\dfrac{1}{8}$　　B. $\dfrac{1}{6}$　　C. $\dfrac{1}{3}$　　D. $\dfrac{1}{2}$

三、解答题

1. 设 $X_1,X_2,\cdots,X_n$ 独立且与 X 同分布，$EX^k=\alpha_k(k=1,2,3,4)$. 证明：当 n 充分

大时，$Z_n=\frac{1}{n}\sum_{i=1}^{n}X_i{}^2$ 近似服从正态分布，并求出其分布参数.

2. 一生产线生产的产品成箱包装，每箱的重量是随机的，假设每箱平均重 50 kg，标准差为 5 kg. 若用最大载重量为 5 t 的汽车承运，试利用中心极限定理说明每辆车最多可以装多少箱，才能保障不超载的概率大于 0.977($\Phi(2)=0.977$，其中 $\Phi(x)$ 是标准正态分布函数).

小试牛刀参考答案与解析

一、填空题

1. 【答】应填$\frac{1}{2}$.

【解】切比雪夫不等式为：对于任意 $\varepsilon>0$，$P\{|X-E(X)|\geqslant\varepsilon\}\leqslant\frac{DX}{\varepsilon^2}$，令 $\varepsilon=2$，$DX=2$，则 $P\{|X-E(X)|\geqslant2\}\leqslant D(X)/2^2=\frac{1}{2}$.

2. 【答】应填$\frac{1}{12}$.

【解】由切比雪夫不等式，对于任意 $\varepsilon>0$，$P\{|X-EX|\geqslant\varepsilon\}\leqslant\frac{DX}{\varepsilon^2}$. 由于

$$E(X+Y)=EX+EY=2-2=0,$$

$$\begin{aligned}D(X+Y)&=DX+DY+2\rho_{XY}\sqrt{DX}\cdot\sqrt{DY}\\&=1+4-2\times0.5\times\sqrt{1\times4}=3,\end{aligned}$$

令 $\varepsilon=1$，则 $P\{|(X+Y)-E(X+Y)|\geqslant6\}\leqslant\frac{D(X+Y)}{36}=\frac{3}{36}=\frac{1}{12}$.

3. 【答】应填$\frac{1}{12}$.

【解】由切比雪夫不等式，对于任意 $\varepsilon>0$，$P\{|X-EX|\geqslant\varepsilon\}\leqslant\frac{DX}{\varepsilon^2}$. 由于

$$E(X-Y)=EX-EY=2-2=0,$$

$$\begin{aligned}D(X-Y)&=DX+DY-2\rho_{XY}\sqrt{DX}\cdot\sqrt{DY}\\&=1+4-2\times0.5\times\sqrt{1\times4}=3,\end{aligned}$$

令 $\varepsilon=1$，则 $P\{|(X-Y)-E(X-Y)|\geqslant6\}\leqslant\frac{D(X-Y)}{36}=\frac{3}{36}=\frac{1}{12}$.

4. 【答】应填$\frac{1}{2}$.

【解】因 $X_1,X_2,\cdots,X_n$ 是来自总体 X 的简单随机样本，故 $X_1,X_2,\cdots,X_n$ 相互独立且与总体 X 同分布，并可以推出 $X_1^2,X_2^2,\cdots,X_n^2$ 也相互独立且同分布. 又由于 X 服从参数为 2 的指数分布，所以

$$EX_i = EX = \frac{1}{2}, DX_i = DX = \frac{1}{4}, (i = 1, 2, \cdots, n),$$

于是有

$$E(X_i^2) = DX_i + (EX_i)^2 = \frac{1}{4} + \left(\frac{1}{2}\right)^2 = \frac{1}{2}, (i = 1, 2, \cdots, n).$$

因而根据独立同分布大数定律知，$\frac{1}{n}\sum_{i=1}^{n} X_i^2$ 依概率收敛于$\frac{1}{2}$.

二、选择题

1.【答】应选 C.

【解】显然 A、B、C、D 4 个选项中只有 C 满足列维－林德伯格中心极限定理的条件：$X_1, X_2, \cdots, X_n$ 独立同分布，且 EX_i 和 DX_i 都存在($i=1,2,\cdots,n$). 事实上，对于选项 A 和 B，虽然 X_i 有相同的数学期望或方差，但未见得同分布；而对于选项 D，虽然 X_1，$X_2, \cdots, X_n$ 服从同一离散型分布，但却未必存在数学期望与方差，故都应排除. 对于选项 C，由 $X_1, X_2, \cdots, X_n$ 服从同一指数分布，知 X_i 的期望和方差都存在，又题干中已知 X_1，$X_2, \cdots, X_n$ 相互独立，故满足列维－林德伯格定理的全部条件，因而须选 C.

2.【答】应选 C.

【解】列维－林德伯格中心极限定理：设随机变量 $X_1, X_2, \cdots, X_n$ 相互独立，服从同一分布，具有数学期望和方差 $E(X_n) = \mu, D(X_n) = \sigma^2 > 0, n = 1, 2, \cdots$，则对于任意实数 x，有

$$\lim_{n\to\infty} P\left\{\frac{\sum_{i=1}^{n} X_i - n\mu}{\sqrt{n}\sigma} \leqslant x\right\} = \Phi(x).$$

本题中 $\mu = \frac{1}{\lambda}, \sigma^2 = \frac{1}{\lambda^2}$，代入上式可知应选 C.

3.【答】应选 B.

【解】由总体的概率分布易得总体的期望，方差分别为 $E(X) = \frac{1}{2}, D(X) = \frac{1}{4}$. 又由简单随机样本的概念知 $X_1, X_2, \cdots, X_{100}$ 独立同分布，再由中心极限定理并结合总体的期望，方差可得 $\dfrac{\sum_{i=1}^{100} X_i - 50}{\sqrt{100} \times \sqrt{\frac{1}{4}}}$ 近似服从标准正态分布，即 $\dfrac{\sum_{i=1}^{100} X_i - 50}{5}$ 近似服从标准正态分布，所以

$$P\left\{\sum_{i=1}^{100} X_i \leqslant 55\right\} = P\left\{\frac{\sum_{i=1}^{100} X_i - 50}{5} \leqslant \frac{55 - 50}{5}\right\} \approx \Phi(1).$$

也可以这样做：由中心极限定理，$\sum_{i=1}^{100} X_i$ 近似服从正态分布 $N(50, 25)$，从而有

$$P\left\{\sum_{i=1}^{100} X_i \leqslant 55\right\} \approx \Phi\left(\frac{55-50}{\sqrt{25}}\right)=\Phi(1).$$

因此，应选 B.

4.【答】应选 A.

【解】$E\left(\frac{1}{n}\sum_{i=1}^{n} X_i^2\right)=\frac{1}{n}\sum_{i=1}^{n} E(X_i^2)=E(X_1^2)=\mu_2$,

$$D\left(\frac{1}{n}\sum_{i=1}^{n} X_i^2\right)=\frac{1}{n^2}\sum_{i=1}^{n} D(X_i^2)=\frac{1}{n^2}\sum_{i=1}^{n}(E(X_i^4)-[E(X_i^2)]^2)$$

$$=\frac{1}{n}(\mu_4-\mu_2^2),$$

根据切比雪夫不等式，

$$P\left\{\left|\frac{1}{n}\sum_{i=1}^{n} X_i^2-\mu_2\right| \geqslant \varepsilon\right\} \leqslant \frac{D\left(\frac{1}{n}\sum_{i=1}^{n} X_i^2\right)}{\varepsilon^2}=\frac{\mu_4-\mu_2^2}{n\varepsilon^2}.$$

因此，应选 A.

5.【答】应选 B.

【解】由随机变量序列 $X_1,X_2,\cdots X_n$ 独立同分布，则 $X_1^2,X_2^2,\cdots X_n^2$ 亦独立同分布，根据辛钦大数定律，当 $n\to\infty$ 时，$\frac{1}{n}\sum_{i=1}^{n} X_i^2$ 依概率收敛于 $E\left(\frac{1}{n}\sum_{i=1}^{n} X_i^2\right)=E(X^2)$.

$$E(X^2)=\int_{-\infty}^{+\infty} x^2 f(x)\,\mathrm{d}x=\int_{-1}^{1} x^2(1-|x|)\,\mathrm{d}x=2\int_0^1 x^2(1-x)\,\mathrm{d}x=\frac{1}{6}.$$

因此，应选 B.

三、解答题

1.【解】依题意，$X_1,X_2,\cdots,X_n$ 独立同分布，于是 $X_1^2,X_2^2,\cdots,X_n^2$ 也独立同分布. 由 $E(X^k)=\alpha_k(k=1,2,3,4)$，有

$$E(X_i^2)=\alpha_2,D(X_i^2)=E(X_i^4)-(EX_i^2)^2=\alpha_4-\alpha_2^2;$$

$$EZ_n=\frac{1}{n}\sum_{n=1}^{n} E(X_i^2)=\alpha_2,DZ_n=\frac{1}{n^2}\sum_{i=1}^{n} D(X_i^2)=\frac{1}{n}(\alpha_4-\alpha_2^2).$$

根据列维—林德伯格中心极限定理得：$U_n=\dfrac{Z_n-\alpha_2}{\sqrt{(\alpha_4-\alpha_2^2)/n}}$ 的极限分布是标准正态分布，即当 n 充分大时，Z_n 近似服从参数为 $\left(\alpha_2,\dfrac{\alpha_4-\alpha_2^2}{n}\right)$ 的正态分布.

2.【解】设 $X_i(i=1,2,\cdots,n)$ 是装运的第 i 箱的重量(单位：kg)，n 是所求箱数. 由条件可以把 $X_1,X_2,\cdots,X_n$ 视为独立同分布随机变量，且 n 箱的总重量 $T_n=X_1+X_2+\cdots+X_n$ 是独立同分布随机变量之和. 由条件知 $EX_i=50,\sqrt{DX_i}=5;ET_n=50n,\sqrt{DT_n}=5\sqrt{n}$(单位：kg).

根据列维—林德伯格中心极限定理，T_n 近似服从正态分布 $N(50n,25n)$. 箱数 n 决定于条件

$$P\{T_n \leqslant 5\ 000\} = P\left\{\frac{T_n - 50n}{5\sqrt{n}} \leqslant \frac{5\ 000 - 50n}{5\sqrt{n}}\right\}$$

$$\approx \Phi\left(\frac{1\ 000 - 10n}{\sqrt{n}}\right) > 0.977 = \Phi(2),$$

由此可见$\dfrac{1\ 000-10n}{\sqrt{n}}>2$,从而 $n<98.019\ 9$,即最多可以装 98 箱.

第 6 章　样本及样本函数的分布

知识扫描

样本及样本函数的分布是全书的重点，与随机变量的数字特征联系紧密. 这一章节概念较多、考点较少、难度不大，需要着重掌握一些基本概念和性质. 读者在复习时，可借助思维导图和列举的要点着重掌握.

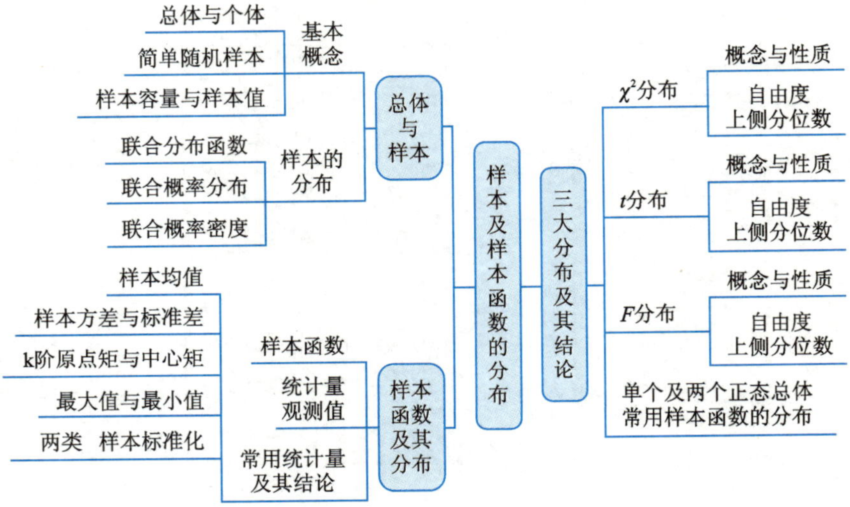

1. 理解总体、简单随机样本、统计量、样本均值、样本方差及样本矩的概念，其中样本方差定义为：$S^2=\dfrac{1}{n-1}\sum\limits_{i=1}^{n}(X_i-\overline{X})^2$.

2. 了解 χ^2 分布、t 分布和 F 分布的概念及性质，了解上侧分位数的概念并会查表计算.

3. 了解正态总体的常用抽样分布.

第 1 节　总体与样本

一、基本概念

1. 总　体(★★)

所研究对象的某项数量指标取值的全体称为总体，用 X 表示. X 是一个随机变量，它的分布函数和数字特征分别称为总体的分布函数和数字特征.

总体中的每个元素称为个体. 每个个体是一个实数.

2. 样　本(★★)

从总体 X 中抽取的部分 $X_1, X_2, \cdots, X_n$ 称为样本,样本中所含的样品数 n 称为样本容量.

在一般情况下,总是把样本看成是 n 个相互独立的且与总体有相同分布的随机变量,这样的样本称为简单随机样本,简称为样本.

样本的观察值 $x_1, x_2, \cdots, x_n$ 称为样本值,又称为 X 的 n 个独立的观察值.

二、样本的分布

1. 样本与随机变量的对应

把样本 $X_1, X_2, \cdots, X_n$ 视为 n 维随机变量 $(X_1, X_2, \cdots, X_n)$,则它的所有可能的取值是 n 维空间或 n 维空间的一个子集,以样本值 $x_1, x_2, \cdots, x_n$ 为坐标的点 $(x_1, x_2, \cdots, x_n)$ 是其上的一个点.

2. 样本的分布(★★)

设总体 X 的分布函数为 $F_X(x)$,则样本 $(X_1, X_2, \cdots, X_n)$ 的联合分布函数为

$$F(x_1, x_2, \cdots, x_n) = \prod_{i=1}^{n} F_X(x_i).$$

(1) 当总体 X 是离散型随机变量时,若其分布为 $P\{X = x\} = p_X(x)$,则样本 $(X_1, X_2, \cdots, X_n)$ 的联合概率分布是

$$P\{X_1 = x_1, X_2 = x_2, \cdots, X_n = x_n\} = \prod_{i=1}^{n} p_X(x_i), (i = 1, 2, \cdots, n).$$

(2) 当总体 X 为连续型随机变量时,若其概率密度为 $f_X(x)$,则样本 $X_1, X_2, \cdots, X_n$ 的联合概率密度为

$$f(x_1, x_2, \cdots, x_n) = f_X(x_1) f_X(x_2) \cdots f_X(x_n) = \prod_{i=1}^{n} f_X(x_i).$$

第 2 节　样本函数及其分布

一、样本函数与统计量

1. 样本函数(★★)

设 $X_1, X_2, \cdots, X_n$ 是来自总体 X 的一个样本,$g(t_1, t_2, \cdots, t_n)$ 是 n 元函数,则称 $g(X_1, X_2, \cdots, X_n)$ 为样本 $X_1, X_2, \cdots, X_n$ 的函数,简称为样本函数.

2. 统计量及其观察值(★★★)

如果 $g(t_1,t_2,\cdots,t_n)$ 中不含任何未知参数,则称 $g(X_1,X_2,\cdots,X_n)$ 为一个统计量.

若 $x_1,x_2,\cdots,x_n$ 是相应于样本 $X_1,X_2,\cdots,X_n$ 的样本值,则称 $g(x_1,x_2,\cdots,x_n)$ 为统计量 $g(X_1,X_2,\cdots,X_n)$ 的观察值(观测值).

二、常用的一些统计量

设 $X_1,X_2,\cdots,X_n$ 是来自总体 X 的一个样本,$g(t_1,t_2,\cdots,t_n)$ 是 n 元函数,且总体 X 的 k 阶原点矩 $E(X^k)$ 存在,总体 X 的分布函数为 $F(x)$,记 $X_{(n)},X_{(1)}$ 的分布函数分别为 $F_{\max}(x),F_{\min}(x)$.

在单个正态总体样本标准化中,设总体 $X\sim N(\mu,\sigma^2)$;

在两个正态总体样本标准化中,总体 $X\sim N(\mu_1,\sigma_1^2),Y\sim N(\mu_2,\sigma_2^2)$.

常用的一些统计量及其相关结论(★★★)如表 6-1 所列.

表 6-1

名称		表达式	性质
样本均值		$\overline{X}=\dfrac{1}{n}\sum\limits_{i=1}^{n}X_i$	若 $E(x)=\mu,D(X)=\sigma^2$, 则 $E(\overline{X})=\mu,D(\overline{X})=\dfrac{\sigma^2}{n}$.
样本差	样本方差	$S^2=\dfrac{1}{n-1}\sum\limits_{i=1}^{n}(X_i-\overline{X})^2$	$S^2=\dfrac{1}{n-1}(\sum\limits_{i=1}^{n}X_i^2-n\overline{X}^2)$ $=\dfrac{n}{n-1}(\overline{X^2}-\overline{X}^2)$ $E(S^2)=D(X)=\sigma^2$
	样本标准差	$S=S\sqrt{S^2}$	—
样本矩	样本 k 阶原点矩	$A_k=\dfrac{1}{n}\sum\limits_{i=1}^{n}X_i^k$ $(k=1,2,\cdots,n)$	$A_1=\overline{X},A_k\xrightarrow{P}\mu_k=E(X^k)$ $g(A_1,A_2,\cdots,A_n)\xrightarrow{P}g(\mu_1,\mu_2,\cdots,\mu_n)$
	样本 k 阶中心矩	$B_k=\dfrac{1}{n}\sum\limits_{i=1}^{n}(X_i-\overline{X})^k$ $(k=1,2,\cdots,n)$	$B_1=0,B_2=\left(1-\dfrac{1}{n}\right)S^2$

增补的两组统计量及其相关结论(★★★)如表 6-2 所列.

表 6 - 2

名　称		表达式	性　质
样本最值	最大值	$M=\max(X_1,X_2,\cdots,X_n)$	$F_{\max}(x)=P\{M\leqslant x\}$ $=P\{X_1\leqslant x,X_2\leqslant x,\cdots,X_n\leqslant x\}$ $=P\{X_1\leqslant x\}P\{X_2\leqslant x\}P\{X_n\leqslant x\}$ $=[F(x)]^n$
	最小值	$N=\min(X_1,X_2,\cdots,X_n)$	$F_{\min}(x)=P\{N\leqslant x\}=1-P\{N>x\}$ $=1-P\{X_1>x,X_2>x,\cdots,X_n>x\}$ $=1-P\{X_1>x\}P\{X_2>x\}P\{X_n>x\}$ $=1-[1-F(x)]^n$
样本标准化	单个正态总体	$u=\dfrac{\overline{X}-\mu}{\sigma/\sqrt{n}}$	$\overline{X}=\dfrac{1}{n}\sum\limits_{i=1}^{n}X_i\sim N\left(\mu,\dfrac{\sigma^2}{n}\right),\mu\sim N(0,1)$
	两个正态总体	$u=\dfrac{\overline{X}-\overline{Y}-(\mu_1-\mu_2)}{\sqrt{\dfrac{\sigma_1^2}{n_1}+\dfrac{\sigma_2^2}{n_2}}}$	$u\sim N(0,1)$

第 3 节　三大分布及其结论

三大分布（★★★）如表 6 - 3 所列.

表 6 - 3

种　类	χ^2 分布	t 分布	F 分布
定义	设 $u_i(1,2,\cdots,n)$ 相互独立同总体，称 $\chi^2=u_1^2+u_2^2+\cdots+u_n^2\sim\chi^2(n)$	设 $u,\chi^2(n)$ 相互独立，称 $t=\dfrac{1}{\sqrt{\chi^2(n)/n}}\sim t(n)$	设 $\chi^2(n_1),\chi^2(n_2)$ 相互独立，称 $F=\dfrac{\chi^2(n_1)/n_1}{\chi^2(n_2)/n_2}\sim F(n_1,n_2)$
自由度	n	n	(n_1,n_2)
上 α 分位点(数)	满足 $P\{\chi^2>\chi_\alpha^2(n)\}=\alpha$ 的点 $\chi_\alpha^2(0<\alpha<1)$	满足 $P\{t>t_\alpha(n)\}=\alpha$ 的点 $\chi_\alpha^2(0<\alpha<1)$	满足 $P\{F>F_\alpha(n_1,n_2)\}=\alpha$ 的点 $F_\alpha(n_1,n_2)(0<\alpha<1)$
性质	设 $\chi^2(n_1),\chi^2(n_2)$ 相互独立，则 $\chi^2(n_1)+\chi^2(n_2)\sim\chi^2(n_1+n_2)$，$E(\chi^2)=n,D(\chi^2)=2n,\chi^2(n)\xrightarrow{L}N(n,2n),\dfrac{\chi^2(n)-n}{\sqrt{2n}}\xrightarrow{L}N(0,1)$	概率密度：先增后减，偶函数； $t(n)\xrightarrow{L}u$； $-t_{1-\alpha}(n)=t_\alpha(n)\approx u_\alpha$	$\dfrac{1}{F}\sim F(n_2,n_1)$； $F_{1-\alpha}(n_1,n_2)=\dfrac{1}{F_\alpha(n_2,n_1)}$

备注：u 是服从标准正态分布的统计量；此处分布和统计量不加以细致区分.

正态总体常用样本函数的分布（★★★）如表 6 - 4 所列.

表 6-4

种　类	常用样本函数的分布
单个正态总体	$\overline{X},S^2$ 相互独立，且$\dfrac{(n-1)S^2}{\sigma^2}\sim\chi^2(n-1)$
	$\dfrac{1}{\sigma^2}\sum\limits_{i=1}^{n}(X_i-\mu)^2\sim\chi^2(n)$
	$\dfrac{\overline{X}-\mu}{S/\sqrt{n}}\sim t(n-1)$
两正态总体	若 $\sigma_1^2=\sigma_2^2$，则$\dfrac{\overline{X}-\overline{Y}-(\mu_1-\mu_2)}{S_w\sqrt{\dfrac{1}{n_1}+\dfrac{1}{n_2}}}\sim t(n_1+n_2-2)$ 其中，$S_w=\sqrt{\dfrac{(n_1-1)S_1^2+(n_2-1)S_2^2}{n_1+n_2-2}}$
	$\dfrac{n_2\sigma_2^2}{n_1\sigma_1^2}\cdot\dfrac{\sum\limits_{i=1}^{n_1}(X_i-\mu_1)^2}{\sum\limits_{j=1}^{n_2}(Y_j-\mu_2)^2}\sim F(n_1,n_2)$
	$\dfrac{\sigma_2^2S_1^2}{\sigma_1^2S_2^2}\sim F(n_1-1,n_2-1)$

分类习题 6-1

设 $X_1,X_2,\cdots,X_n$ 是来自正态总体 $N(\mu,\sigma^2)$ 的简单随机样本，$\overline{X}$ 是样本均值，记

$$S_1{}^2=\frac{1}{n-1}\sum_{i=1}^{n}(X_i-\overline{X})^2,$$

$$S_2{}^2=\frac{1}{n}\sum_{i=1}^{n}(X_i-\overline{X})^2,$$

$$S_3{}^2=\frac{1}{n-1}\sum_{i=1}^{n}(X_i-\mu)^2,$$

$$S_4{}^2=\frac{1}{n}\sum_{i=1}^{n}(X_i-\mu)^2,$$

则服从自由度为 $n-1$ 的 t 分布的随机变量是(　　).

A. $\dfrac{\overline{X}-\mu}{S_1/\sqrt{n-1}}$　　B. $\dfrac{\overline{X}-\mu}{S_2/\sqrt{n-1}}$　　C. $\dfrac{\overline{X}-\mu}{S_3/\sqrt{n}}$　　D. $\dfrac{\overline{X}-\mu}{S_4/\sqrt{n}}$

【答】应选 B.

【析】考查样本函数的分布、抽样分布理论及三大分布.

【解】因 $X_1,X_2,\cdots,X_n$ 为来自总体 $N(\mu,\sigma^2)$ 的简单随机样本，$\overline{X}$ 为样本均值，故由正态总体抽样分布理论，知

$$U=\frac{\overline{X}-\mu}{\frac{\sigma}{\sqrt{n}}}\sim N(0,1),$$

$$V=\frac{\sum_{i=1}^{n}(X_i-\overline{X})^2}{\sigma^2}=\frac{nS_2^2}{\sigma^2}\sim\chi^2(n-1),$$

且 U,V 相互独立,故

$$\frac{U}{\sqrt{\frac{V}{(n-1)}}}=\frac{\overline{X}-\mu}{\frac{S_2}{\sqrt{n-1}}}\sim t(n-1).$$

因此,应选 B.

小试牛刀

一、填空题

1. 设随机变量 X 和 Y 相互独立且都服从正态分布 $N(0,3^2)$,而 $X_1,X_2,\cdots,X_9$ 和 $Y_1,Y_2,\cdots,Y_9$ 分别是来自总体 X 和 Y 的简单随机样本,则统计量 $U=\frac{X_1+X_2+\cdots+X_9}{\sqrt{Y_1{}^2+\cdots+Y_9{}^2}}$ 服从________分布,参数为________.

2. 设 X_1,X_2,X_3,X_4 是来自正态总体 $N(0,2^2)$ 的简单随机样本,$X=a(X_1-2X_2)^2+b(3X_3-4X_4)^2$,则当 $a=$________,$b=$________时,统计量 X 服从 χ^2 分布,其自由度为________.

3. 在天平上重复称量一重为 a 的物品,假设各次称量结果相互独立且同服从正态分布 $N(a,0.2^2)$,若以 $\overline{X_n}$ 表示 n 次称量结果的算术平均值,则为使 $P\{|\overline{X_n}-a|<0.1\}\geqslant 0.95$,$n$ 的最小值应不小于自然数________.

4. 设总体 X 服从正态分布 $N(0,2^2)$,而 $X_1,X_2,\cdots,X_{15}$ 是来自总体 X 的简单随机样本,则随机变量 $Y=\frac{X_1{}^2+X_2{}^2+\cdots+X_{10}{}^2}{2(X_{11}{}^2+X_2{}^2+\cdots+X_{15}{}^2)}$ 服从________分布,参数为________.

5. 设总体 X 服从正态分布 $N(\mu_1,\sigma^2)$,总体 Y 服从正态分布 $N(\mu_2,\sigma^2)$,$X_1,X_2,\cdots,X_{n_1}$ 和 $Y_1,Y_2,\cdots,Y_{n_2}$ 分别是来自总体 X 和 Y 的简单随机样本,则 $E\left[\frac{\sum_{i=1}^{n_1}(X_i-\overline{X})^2+\sum_{j=1}^{n_2}(Y_j-\overline{Y})^2}{n_1+n_2-2}\right]=$________.

6. 设总体 X 的概率密度为 $f(x)=\frac{1}{2}e^{-|x|}(-\infty<x<+\infty)$,$X_1,X_2,\cdots,X_n$ 为总体 X 的简单随机样本,其样本方差为 S^2,则 $E(S^2)=$________.

7. 设 $X_1,X_2,\cdots,X_m$ 为来自二项分布总体 $B(n,p)$ 的简单随机样本,$\overline{X}$ 和 S^2 分别为样本均值和样本方差.若统计量 $T=\overline{X}-S^2$,则 $ET=$________.

8. 设 $X_1,X_2,\cdots,X_n$ 是来自总体 $N(\mu,\sigma^2)(\sigma>0)$ 的简单随机样本，记统计量 $T=\frac{1}{n}\sum_{i=1}^{n}X_i^2$，则 $ET=$________.

二、选择题

1. 在电炉上安装 4 个温控器，其显示器的误差是随机的，在使用过程中，只要有两个温控器显示的温度不低于临界温度 t_0，电炉就断电，以 E 表示事件“电炉断电”，而 $T_{(1)}\leqslant T_{(2)}\leqslant T_{(3)}\leqslant T_{(4)}$ 为 4 个温控器显示的按递增顺序排列的温度值，则事件 E 等于(　　).

A. $\{T_{(1)}\geqslant t_0\}$　　B. $\{T_{(2)}\geqslant t_0\}$　　C. $\{T_{(3)}\geqslant t_0\}$　　D. $\{T_{(4)}\geqslant t_0\}$

2. 设随机变量 X 和 Y 都服从标准正态分布，则(　　).

A. $X+Y$ 服从正态分布　　B. X^2+Y^2 服从 χ^2 分布

C. X^2 和 Y^2 都服从 χ^2 分布　　D. X^2/Y^2 服从 F 分布

3. 设随机变量 $X\sim t(n)(n>1)$，$Y=\frac{1}{X^2}$，则(　　).

A. $Y\sim\chi^2(n)$　　B. $Y\sim\chi^2(n-1)$

C. $Y\sim F(n,1)$　　D. $Y\sim B(1,n)$

4. 设 $X_1,X_2,\cdots,X_n(n\geqslant2)$ 为来自总体 $N(0,1)$ 的简单随机样本，$\overline{X}$ 为样本均值，S^2 为样本方差，则(　　).

A. $\overline{nX}\sim N(0,1)$　　B. $nS^2\sim X^2(n)$

C. $\frac{(n-1)\overline{X}}{S}\sim t(n-1)$　　D. $\frac{(n-1)X_1^2}{\sum_{i=2}^{n}X_i^2}\sim F(1,n-1)$

5. 设总体 X 服从参数为 $\lambda(\lambda>0)$ 的泊松分布，$X_1,X_2,\cdots,X_n(n\geqslant2)$ 为来自该总体的简单随机样本，则对于统计量 $T_1=\frac{1}{n}\sum_{i=1}^{n}X_i$ 和 $T_2=\frac{1}{n-1}\sum_{i=1}^{n-1}X_i+\frac{1}{n}X_n$，有(　　).

A. $ET_1>ET_2,DT_1>DT_2$　　B. $ET_1>ET_2,DT_1<DT_2$

C. $ET_1<ET_2,DT_1>DT_2$　　D. $ET_1<ET_2,DT_1<DT_2$

6. 设 X_1,X_2,X_3,X_4 为来自总体 $N(1,\sigma^2)(\sigma>0)$ 的简单随机样本，则统计量 $\frac{X_1-X_2}{|X_3+X_4-2|}$ 的分布为(　　).

A. $N(0,1)$　　B. $t(1)$　　C. $\chi^2(1)$　　D. $F(1,1)$

7. 设随机变量 $X\sim t(n)$，$Y\sim F(1,n)$，给定 $\alpha(0<\alpha<0.5)$，常数 c 满足 $P\{X>c\}=\alpha$，则 $P\{Y>c^2\}=$(　　).

A. α　　B. $1-\alpha$　　C. 2α　　D. $1-2\alpha$

8. 设 X_1,X_2,X_3 为来自正态总体 $N(0,\sigma^2)$ 的简单随机样本，则统计量 $S=\frac{X_1-X_2}{\sqrt{2}|X_3|}$ 服从的分布为(　　).

A. $F(1,1)$　　B. $F(2,1)$　　C. $t(1)$　　D. $t(2)$

9. 设总体 $X \sim B(m,\theta)$，$X_1,X_2,\cdots,X_n$ 为来自该总体的简单随机样本，$\overline{X}$ 为样本均值，则 $E\left[\sum_{i=1}^{n}(X_i-\overline{X})^2\right]=($　　$)$.

A. $(m-1)n\theta(1-\theta)$　　B. $m(n-1)\theta(1-\theta)$

C. $(m-1)(n-1)\theta(1-\theta)$　　D. $mn\theta(1-\theta)$

10. 设 $X_1,X_2,\cdots,X_n$ $(n \geqslant 2)$ 为来自总体 $N(\mu,1)$ 的简单随机样本，记 $\overline{X}=\frac{1}{n}\sum_{i=1}^{n}X_i$，则下列结论中不正确的是(　　).

A. $\sum_{i=1}^{n}(X_i-\mu)^2$ 服从 χ^2 分布　　B. $2(X_n-X_1)^2$ 服从 χ^2 分布

C. $\sum_{i=1}^{n}(X_i-\overline{X})^2$ 服从 χ^2 分布　　D. $n(\overline{X}-\mu)^2$ 服从 χ^2 分布

11. 设 $X_1,X_2,\cdots,X_n(n \geqslant 2)$ 为来自总体 $N(\mu,\sigma^2)(\sigma>0)$ 的简单随机样本. 令 $\overline{X}=\frac{1}{n}\sum_{i=1}^{n}X_i$，$S=\sqrt{\frac{1}{n-1}\sum_{i=1}^{n}(X_i-\overline{X})^2}$，$S^*=\sqrt{\frac{1}{n}\sum_{i=1}^{n}(X_i-\mu)^2}$，则(　　).

A. $\frac{\sqrt{n}(\overline{X}-\mu)}{S} \sim t(n)$　　B. $\frac{\sqrt{n}(\overline{X}-\mu)}{S} \sim t(n-1)$

C. $\frac{\sqrt{n}(\overline{X}-\mu)}{S^*} \sim t(n)$　　D. $\frac{\sqrt{n}(\overline{X}-\mu)}{S^*} \sim t(n-1)$

三、解答题

1. 从正态总体 $N(3.4,6^2)$ 中抽取容量为 n 的样本，如果要求其样本均值位于区间 $(1.4,5.4)$ 内的概率不小于 0.95，问样本容量 n 至少应取多大？表 6-5 为标准正态分布 $\Phi(z)=\int_{-\infty}^{z}\frac{1}{\sqrt{2\pi}}e^{-\frac{t^2}{2}}\,dt$.

表 6-5

z	1.28	1.645	1.96	2.33
$\Phi(z)$	0.900	0.950	0.975	0.990

2. 设 $X_1,X_2,\cdots,X_9$ 是来自正态总体 X 的简单随机样本，$Y_1=\frac{1}{6}(X_1+\cdots+X_6)$，$Y_2=\frac{1}{3}(X_7+X_8+X_9)$，$S^2=\frac{1}{2}\sum_{i=7}^{9}(X_i-Y_2)^2$，$Z=\frac{\sqrt{2}(Y_1-Y_2)}{S}$，证明统计量 Z 服从自由度为 2 的 t 分布.

3. 设总体 X 服从正态分布 $N(\mu,\sigma^2)(\sigma>0)$，从该总体中抽取简单随机样本，其样本均值为 $\overline{X}=\frac{1}{2n}\sum_{i=1}^{2n}X_i$，求统计量 $Y=\sum_{i=1}^{n}(X_i+X_{n+i}-2\overline{X})^2$ 数学期望 EY.

4. 设 $X_1,X_2,\cdots,X_n(n>2)$ 为独立同分布的随机变量，且均服从 $N(0,1)$，记 $\overline{X}=\frac{1}{n}\sum_{i=1}^{n}X_i$，$Y_i=X_i-\overline{X}$，$i=1,2,\cdots,n$. 求：

(1) Y_i 的方差 $DY_i, i=1,2,\cdots,n$；

(2) 求 Y_1 与 Y_n 的协方差 $Cov(Y_1,Y_n)$；

(3) $P\{Y_1+Y_n\leqslant 0\}$.

小试牛刀参考答案与解析

一、填空题

1.【答】应填 t，9.

【解】依题意，$X_i\sim N(0,3^2)$，Y_i，$\sim(0,3^2)$，$(i=1,2,\cdots,9)$，且相互独立.

令 $X_i'=\dfrac{X_i}{3}, Y_i'=\dfrac{Y_i}{3}, i=1,2,\cdots,9$，则

$$X_i'\sim N(0,1), Y_i'\sim N(0,1), i=1,2,\cdots,9.$$

$$X'=X_1'+\cdots+X_9'\sim N(0,3^2),$$

$$Y'=Y_1^{2\prime}+\cdots+X_9^{2\prime}\sim \chi^2(9).$$

因此，

$$U=\frac{X_1+\cdots+X_9}{\sqrt{Y_1^2+\cdots+Y_9^2}}=\frac{X_1'+\cdots+X_9'}{\sqrt{Y_1'^2+\cdots+Y_9'^2}}=\frac{X'}{\sqrt{Y'}}=\frac{X'/3}{\sqrt{\dfrac{Y'}{9}}}.$$

由于 $X'/3\sim N(0,1)$，$Y'\sim\chi^2(9)$，根据 t 分布的产生形式可知：$U\sim t(9)$.

2.【答】应填 $a=\dfrac{1}{20}, b=\dfrac{1}{100}$，自由度为 2.

【解】根据 χ^2 分布的定义，若 $Y_1,Y_2,\cdots,Y_m$ 服从标准正态分布，则 $Y=Y_1^2+Y_2^2+\cdots+Y_m^2$ 服从自由度为 m 的 χ^2 分布. 对于本题，若 X 服从 χ^2 分布，则 $m=2$，且须 $\sqrt{a}(X_1-2X_2)\sim N(0,1)$；$\sqrt{b}(3X_3-4X_4)\sim N(0,1)$. 于是

$$D[\sqrt{a}(X_1-2X_2)]=(a+4a)DX_1=5a\cdot 2^2=1，即\ a=\frac{1}{20}.$$

$$D[\sqrt{b}(3X_3-4X_4)]=(9b+16b)DX_1=25b\cdot 2^2=1，即\ b=\frac{1}{100}.$$

3.【答】应填 16.

【解】由于 $\overline{X}_n=\dfrac{1}{n}\sum\limits_{i=1}^{n}X_i\sim N(a,\dfrac{1}{n}\cdot 0.2^2)$，故

$$z=\frac{\overline{X}_n-a}{\dfrac{0.2}{\sqrt{n}}}\sim N(0.1), P\{|z|<1.96\}\geqslant 0.95.$$

因而使

$$P\{|\overline{X}_n-a|<0.1\}=P\left\{\frac{\sqrt{n}\,|\overline{X}_n-a|}{0.2}<\frac{\sqrt{n}}{2}\right\}\geqslant 0.95.$$

令 $\dfrac{\sqrt{n}}{2}\geqslant 1.96$ 即可，从而 $n=16$.

4.【答】Y 服从 F 分布，参数为(10,5).

【解】因 $X_i \sim N(0,2^2)$，则 $\frac{1}{2}X_i \sim N(0,1)$，故

$$U=\frac{1}{4}X_1^2+\cdots+\frac{1}{4}X_{10}^2 \sim \chi^2(10),$$

$$V=\frac{1}{4}X_{11}{}^2+\cdots+\frac{1}{4}X_{15}{}^2 \sim \chi^2(5),$$

因此 $Y=\frac{U/10}{V/5} \sim F(10,5)$.

5.【答】应填 σ^2.

【解】记 $S_1^2=\frac{1}{n_1-1}\sum_{i=1}^{n}(X_i-\overline{X})^2$，$S_2^2=\frac{1}{n_2-1}\sum_{j=1}^{n}(Y_j-\overline{Y})^2$，则 $E(S_1^2)=E(S_2^2)=\sigma^2$，故

$$\text{原式}=E\left[\frac{(n_1-1)S_1^2+(n_2-1)S_2^2}{n_1+n_2-2}\right]$$

$$=\frac{(n_1-1)E(S_1^2)+(n_2-1)E(S_2^2)}{n_1+n_2-2}=\sigma^2.$$

6.【答】应填 2.

【解】因为样本方差的数学期望等于总体的方差，即 $E(S^2)=DX$，而

$$EX=\int_{-\infty}^{+\infty}xf(x)\,\mathrm{d}x=\int_{-\infty}^{+\infty}x\cdot\frac{1}{2}\mathrm{e}^{-|x|}\,\mathrm{d}x=0,$$

$$E(X^2)=\int_{-\infty}^{+\infty}x^2f(x)\,\mathrm{d}x=\int_{0}^{+\infty}x^2\mathrm{e}^{-x}\,\mathrm{d}x=2,$$

故 $E(S^2)=DX=EX^2-(EX)^2=2-0=2$.

7.【答】应填 np^2

【解】$ET=E(\overline{X}-S^2)=\overline{EX}-E(S^2)=np-np(1-p)=np^2$.

8.【答】应填 $\sigma^2+\mu^2$.

【解】因为 $E(X_i^2)=DX_i+(EX_i)^2=\sigma^2+\mu^2$，所以

$$ET=E\left(\frac{1}{n}\sum_{i=1}^{n}X_i^2\right)=\frac{1}{n}\sum_{i=1}^{n}E(X_i^2)=\sigma^2+\mu^2.$$

二、选择题

1.【答】应选 C.

【解】依题意，电炉断电这一事件 E 发生，意味着 4 个温控器至少有两个显示的温度值大于或等于 t_0，即将 4 个温控器上的值 t_1,t_2,t_3,t_4 从小到大排序的话，排在第三的温度一定大于或等于 t_0. 根据顺序统计量的定义：$E=\{T_{(3)}\geqslant t_0\}$. 综上，应选 C.

2.【答】应选 C.

【解】当随机变量 X 和 Y 都服从标准正态分布，且二者相互独立时，A、B、C、D 4 个选项均成立；但当未给出 X 和 Y 相互独立这一条件时，A、B、D 均不一定成立.

3.【答】应选 C.

【解】设 $W\sim N(0,1)$，$Z\sim\chi^2(n)$，且 W,Z 独立，则 $X=\dfrac{W}{\sqrt{Z/n}}\sim t(n)$. 又 $W\sim N(0,1)$，所以 $W^2\sim\chi^2(1)$. 所以 $\dfrac{1}{X^2}=\dfrac{Z/n}{W^2/1}$ 按定义 $F(n,1)$.

4.【答】应选 D.

【解】由于 $n\overline{X}\sim N(0,n)$，所以不能选 A. 由 $(n-1)S^2\sim\chi^2(n-1)$ 知，不能选 B. 已知 $\dfrac{\overline{X}-\mu}{\frac{S}{\sqrt{n}}}=\dfrac{\sqrt{n}\overline{X}}{S}\sim t(n-1)$，而非 $\dfrac{(n-1)\overline{X}}{S}\sim t(n-1)$，故不能选 C.

已知如下结论：设总体 $X\sim N(\mu_1,\sigma_1^2)$，$X_1,X_2,\cdots,X_{n_1}$ 是来自总体 X 的样本；设总体 $Y\sim N(\mu_2,\sigma_2^2)$，$Y_1,Y_2,\cdots,Y_{n_2}$ 是来自总体 Y 的样本，且来自两个总体的样本相互独立，则有

$$F=\frac{n_2\sigma_2^2}{n_1\sigma_1^2}\cdot\frac{\sum\limits_{i=1}^{n_1}(X_i-\mu_1)^2}{\sum\limits_{j=1}^{n_2}(Y_j-\mu_2)^2}\sim F(n_1,n_2),$$

易知本题正确答案为 D.

5.【答】应选 D.

【解】$ET_1=\dfrac{1}{n}\sum\limits_{i=1}^{n}EX_i=\lambda$，$ET_2=\dfrac{1}{n-1}\sum\limits_{i=1}^{n-1}EX_i+\dfrac{1}{n}EX_n=\lambda+\dfrac{\lambda}{n}$，故 $ET_1<ET_2$.

$$DT_1=\frac{1}{n^2}\sum_{i=1}^{n}DX_i=\frac{\lambda}{n},$$

$$DT_2=\frac{1}{(n-1)^2}\sum_{i=1}^{n-1}DX_i+\frac{1}{n^2}DX_n=\frac{\lambda}{n-1}+\frac{\lambda}{n^2},$$

故 $DT_1<DT_2$.

6.【答】应选 B.

【解】由题设知，$X_1-X_2\sim N(0,2\sigma^2)$，$X_3+X_4-2\sim N(0,2\sigma^2)$，即

$$\frac{X_1-X_2}{\sqrt{2}\sigma}\sim N(0,1),\ \frac{X_3+X_4-2}{\sqrt{2}\sigma}\sim N(0,1)$$

且 $\left(\dfrac{X_3+X_4-2}{\sqrt{2}\sigma}\right)^2\sim\chi^2(1)$，所以

$$\frac{X_1-X_2}{|X_3+X_4-2|}=\frac{\dfrac{X_1-X_2}{\sqrt{2}\sigma}}{\left|\dfrac{X_3+X_4-2}{\sqrt{2}\sigma}\right|}\sim t(1).$$

7.【答】应选 C.

【解】因 $X\sim t(n)$，且 $Y\sim F(1,n)$，故 $X=\dfrac{\xi}{\sqrt{\eta/n}}$，且 $Y=\dfrac{\xi^2}{\eta/n}$，其中 $\xi\sim N(0,1)$，$\eta\sim\chi^2(n)$，且 ξ 与 η 相互独立. 由此可见，$Y=X^2$，于是有

$$P\{Y>c^2\}=P\{X^2>c^2\}=P\{X>c\}+P\{X<-c\}=\alpha+P\{X<-c\}.$$

又由 $X\sim t(n)$，知 X 的密度曲线关于 y 轴对称，因而 $P\{X<-c\}=\alpha$，因此 $P\{Y>c^2\}=2\alpha$，故选 C.

8.【答】应选 C.

【解】由正态分布的性质知 $\dfrac{X_1-X_2}{\sqrt{2}\sigma}\sim N(0,1)$. 又 $\dfrac{X_3^2}{\sigma^2}\sim\chi^2(1)$，两者相互独立，因此

$$\frac{X_1-X_2}{\sqrt{2}\,|X_3|}\sim t(1).$$

9.【答】应选 B.

【解】总体 X 的方差为 $DX=m\theta(1-\theta)$，从而样本方差的期望为

$$E\left[\frac{1}{n-1}\sum_{i=1}^{n}(X_i-\overline{X})^2\right]=m\theta(1-\theta),$$

故 $E\left[\sum\limits_{i=1}^{n}(X_i-\overline{X})^2\right]=m(n-1)\theta(1-\theta)$.

10.【答】应选 B.

【解】对选项 A，由于 $X_1,X_2,\cdots,X_n$ 独立同分布于 $N(\mu,1)$，从而 $X_1-\mu,X_2-\mu,\cdots,X_n-\mu$ 独立同分布于 $N(0,1)$，由 χ^2 分布的定义知 $\sum\limits_{i=1}^{n}(X_i-\mu)^2$ 服从 χ^2 分布，其自由度为 n. 因此 A 是正确的.

对选项 B，由题设及正态分布的性质知 $X_n-X_1\sim N(0,2)$，因此 $\dfrac{X_n-X_1}{\sqrt{2}}\sim N(0,1)$，由 χ^2 分布的定义知 $\dfrac{(X_n-X_1)^2}{2}$ 服从 χ^2 分布，其自由度为 1，故 $2(X_n-X_1)^2$ 并不服从 χ^2 分布. 因此 B 是不正确的.

对选项 C，由正态总体的抽样定理知 $\sum\limits_{i=1}^{n}(X_i-\overline{X})^2$ 服从 χ^2 分布，其自由度为 $n-1$. 因此，C 是正确的.

对选项 D，由于 $\overline{X}\sim N\left(\mu,\dfrac{1}{n}\right)$，从而 $\sqrt{n}(\overline{X}-\mu)\sim N(0,1)$，故 $n(\overline{X}-\mu)^2$ 服从 χ^2 分布，其自由度为 1. 因此 D 是正确的.

综上，应选 B.

11.【答】应选 B.

【解】由正态总体的抽样定理知 $\dfrac{\sqrt{n}(\overline{X}-\mu)}{S}\sim t(n-1)$，所以正确的选项是 B. 对选项 C 和 D，由于 $\overline{X}$ 与 S^* 不相互独立，因而 $\dfrac{\sqrt{n}(\overline{X}-\mu)}{S^*}$ 不服从 t 分布，所以选项 C 和 D 都不正确.

三、解答题

1.【解】以 $\overline{X}$ 表示该样本均值，则 $\dfrac{\overline{X}-3.4}{6}\sqrt{n}\sim N(0,1)$. 从而有

$$P\{1.4<\overline{X}<5.4\}=P\{-2<\overline{X}-3.4<2\}$$
$$=P\{|\overline{X}-3.4|<2\}=P\left\{\frac{|\overline{X}-3.4|}{6}\sqrt{n}<\frac{2\sqrt{n}}{6}\right\}$$
$$=2\Phi\left(\frac{\sqrt{n}}{3}\right)-1\geqslant 0.95,$$

故 $\Phi\left(\frac{\sqrt{n}}{3}\right)\geqslant 0.975$，由此得 $\frac{\sqrt{n}}{3}\geqslant 1.96$，即 $n\geqslant(1.96\times 3)^2\approx 34.57$，所以 n 至少应取 35.

2.【解】记 $DX=\sigma^2$（未知）. 易见 $EY_1=EY_2$，$DY_1=\frac{\sigma^2}{6}$，$DY_2=\frac{\sigma^2}{3}$.

由于 Y_1 和 Y_2 独立，可见 $E(Y_1-Y_2)=0$，$D(Y_1-Y_2)=\frac{\sigma^2}{6}+\frac{\sigma^2}{3}=\frac{\sigma^2}{2}$. 从而 $U=\frac{Y_1-Y_2}{\sigma/\sqrt{2}}\sim N(0,1)$. 由正态总体样本方差的性质，知 $\frac{2S^2}{\sigma^2}$ 服从自由度为 2 的 χ^2 分布，由于 Y_1 与 Y_2，Y_1 与 S^2 独立，以及 Y_2 与 S^2 独立，可见 Y_1-Y_2 与 S^2 独立. 于是由服从 t 分布随机变量的结构，知

$$Z=\frac{\sqrt{2}(Y_1-Y_2)}{S}=\frac{U}{\sqrt{\frac{2S^2}{2\sigma^2}}}$$

服从自由度为 2 的 t 分布.

3.【解】方法一：

考虑 $X_1+X_{n+1},X_2+X_{n+2},\cdots,X_n+X_{2n}$，将其视为取自总体 $N(2\mu,2\sigma^2)$ 的简单随机样本，则其样本均值 $\frac{1}{n}\sum_{i=1}^{n}(X_i+X_{n+i})=\frac{1}{n}\sum_{i=1}^{2n}X_i=2\overline{X}$，样本方差为 $\frac{1}{n-1}Y$. 由于 $E\left(\frac{1}{n-1}Y\right)=2\sigma^2$，所以 $E(Y)=2(n-1)\sigma^2$.

方法二：

记 $\overline{X}'=\frac{1}{n}\sum_{i=1}^{n}X_i$，$\overline{X}''=\frac{1}{n}\sum_{i=1}^{n}X_{n+i}$，显然有 $2\overline{X}=\overline{X}'+\overline{X}''$，因此

$$EY=E\left[\sum_{i=1}^{n}(X_i+X_{n+i}-2\overline{X})^2\right]=E\left\{\sum_{i=1}^{n}[(X_i-\overline{X}')+(X_{n+i}-\overline{X}'')]^2\right\}$$
$$=E\left\{\sum_{i=1}^{n}[(X_i-\overline{X}')^2+2(X_i-\overline{X}')(X_{n+i}-\overline{X}'')+(X_{n+i}-\overline{X}'')^2]\right\}$$
$$=E\left[\sum_{i=1}^{n}(X_i-\overline{X}')^2\right]+0+E\left[\sum_{i=1}^{n}(X_{n+i}-\overline{X}'')^2\right]$$
$$=(n-1)\sigma^2+(n-1)\sigma^2=2(n-1)\sigma^2.$$

4.【解】(1) $DY_i=D(X_i-\overline{X})=D\left[\left(1-\frac{1}{n}\right)X_i-\frac{1}{n}\sum_{\substack{k=1\\k\neq i}}^{n}X_k\right]$

$$=\frac{n-1}{n}\sigma^2,\ (i=1,2,\cdots,n).$$

(2) 显然 $EY_i = E(X_i - \overline{X}) = 0$，因此

$$\begin{aligned}
\mathrm{Cov}(Y_1, Y_n) &= E[(Y_1 - EY_1)(Y_n - EY_n)] = E[(X_1 - \overline{X})(X_n - \overline{X})] \\
&= E(X_1 X_n) + E(\overline{X}^2) - E(X_1 \overline{X}) - E(X_n \overline{X}) \\
&= EX_1 EX_n + D\overline{X} - \frac{1}{n}E(X_1^2) - \frac{1}{n}\sum_{k=2}^{n} E(X_1 X_k) - \\
&\quad \frac{1}{n}E(X_n^2) - \frac{1}{n}\sum_{k=1}^{n-1} E(X_k X_n) \\
&= -\frac{1}{n}\sigma^2.
\end{aligned}$$

(3) $Y_1 + Y_n = X_1 - \overline{X} + X_n - \overline{X} = \frac{n-2}{n}X_1 - \frac{2}{n}\sum_{i=2}^{n-1} X_i + \frac{n-2}{n}X_n$，这是相互独立的正态随机变量的线性组合，所以 $Y_1 + Y_n$ 服从正态分布. 由于 $E(Y_1 + Y_n) = 0$，故 $P\{Y_1 + Y_n \leqslant 0\} = \frac{1}{2}$.

第 7 章　参数估计

知识扫描

参数估计是全书的重点，是通过样本对总体的估计. 这一章节概念较多，读者在复习时，可借助思维导图和列举的要点着重掌握.

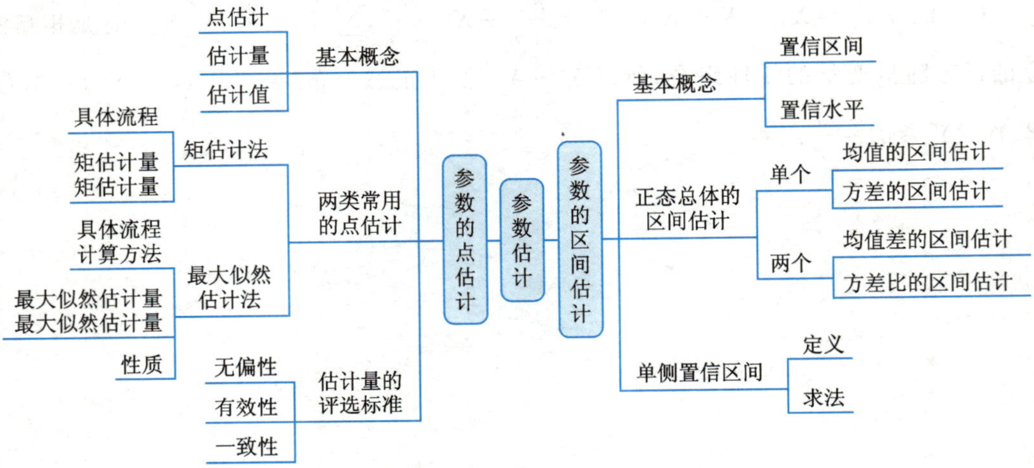

1. 理解参数的点估计、估计量与估计值的概念.

2. 掌握矩估计法(一阶矩、二阶矩)和最大似然估计法.

3. 了解估计量的无偏性、有效性(最小方差性)和一致性(相合性)的概念，并会验证估计量的无偏性.

4. 理解区间估计的概念，会求单个正态总体的均值和方差的置信区间，会求两个正态总体的均值差和方差比的置信区间.

第 1 节　参数的点估计

一、点估计的基本概念

1. 定　义

设总体 X 的分布(分布函数、概率分布或概率密度)的形式已知，但其中的一个或多个参数未知，借助于总体 X 的样本来估计总体分布中未知参数的值的问题，称为参数的点估计问题.

2. 具体流程

设 $X_1, X_2, \cdots, X_n$ 是来自总体 X 的样本，相应的样本值为 $x_1, x_2, \cdots, x_n$，点估计的问题就是构造适当的统计量 $\hat{\theta}(X_1, X_2, \cdots, X_n)$，用它的观察值 $\hat{\theta}(x_1, x_2, \cdots, x_n)$ 来估计未知参数 θ.

称 $\hat{\theta}(X_1, X_2, \cdots, X_n)$ 为 θ 的估计量，称 $\hat{\theta}(x_1, x_2, \cdots, x_n)$ 为 θ 的估计值.

在不致混淆的情况下，将估计量和估计值统称为估计.

二、两类常用的点估计

1. 矩估计法(★★★)

(1) 定义：因为 $A_k \xrightarrow{P} \mu_k$，所以可用样本 k 阶原点矩 $A_k = \frac{1}{n}\sum_{i=1}^{n} X_i^k$ 作为相应的总体 k 阶原点矩 $\mu_k = E(X^k)$ 的估计量，由此即可求得未知参数 $\theta_1, \theta_2, \cdots, \theta_k$ 的估计量. 这种求未知参数的估计量的方法称为矩估计法.

一般情况下，未知参数的数目与估计方程的数目一致.

(2) 具体流程：

① 计算总体各阶原点矩：

设总体 X 为离散型随机变量，其概率分布为 $P\{X = x\} = p(x;\theta_1, \theta_2, \cdots, \theta_k)$，$x \in R_X$，$R_X$ 是 X 可能取值的集合，则总体 X 的各阶原点矩为

$$\mu_l = E(X^l) = \sum_{x \in R_X} x^l p(x;\theta_1, \theta_2, \cdots, \theta_k), l = 1, 2, \cdots, k.$$

设总体 X 为连续型随机变量，其概率密度为 $f(x;\theta_1, \theta_2, \cdots, \theta_k)$，其中 $\theta_1, \theta_2, \cdots, \theta_k$ 为未知参数，则总体 X 的各原点矩为

$$\mu_l = E(X^l) = \int_{-\infty}^{+\infty} x^l f(x;\theta_1, \theta_2, \cdots, \theta_k) dx, l = 1, 2, \cdots, k.$$

② 参数估计：

设总体各阶原点矩均存在，$x_1, x_2, \cdots, x_n$ 是相应于样本 $X_1, X_2, \cdots, X_n$ 的样本值. 令

$$\begin{cases} \mu_1(\theta_1, \theta_2, \cdots, \theta_k) = A_1 \\ \mu_2(\theta_1, \theta_2, \cdots, \theta_k) = A_2 \\ \quad\vdots \\ \mu_k(\theta_1, \theta_2, \cdots, \theta_k) = A_k \end{cases},$$

得 $\theta_1, \theta_2, \cdots, \theta_k$ 的矩估计量

$$\begin{cases} \hat{\theta}_1 = \hat{\theta}_1(A_1, A_2, \cdots, A_k) \\ \hat{\theta}_2 = \hat{\theta}_2(A_1, A_2, \cdots, A_k) \\ \quad\vdots \\ \hat{\theta}_k = \hat{\theta}_k(A_1, A_2, \cdots, A_k) \end{cases}.$$

称矩估计量的观察值 $\begin{cases}\hat{\theta}_1=\hat{\theta}_1(a_1,a_2,\cdots,a_k)\\ \hat{\theta}_2=\hat{\theta}_2(a_1,a_2,\cdots,a_k)\\ \quad\vdots\\ \hat{\theta}_k=\hat{\theta}_k(a_1,a_2,\cdots,a_k)\end{cases}$ 为矩估计值.

2. 最大似然估计法(★★★)

(1) 定义:利用已知的总体的概率密度(或概率分布)及样本,根据概率最大的事件在一次试验中最可能出现的原理,建立样本的观测值概率取最大值的条件方程,求得总体的概率密度(或概率分布)中所包含未知参数的点估计的方法,称为最大似然估计法.

(2) 具体流程:

① 离散型:

如果总体 X 为离散型随机变量,已知其概率分布 $P\{X=x\}=p(x;\theta)(x\in R_X)$ 的形式,θ 为未知参数,其取值范围为 Θ. 设 $X_1,X_2,\cdots,X_n$ 是来自总体 X 的样本,$x_1,x_2,\cdots,x_n$ 为样本值.

令

$$L(\theta)=L(x_1,x_2,\cdots,x_n;\theta)=\prod_{i=1}^{n}p(x_i;\theta),\theta\in\Theta,$$

称 $L(\theta)$ 为样本的似然函数.

取 $\hat{\theta}\in\Theta$,使 $L(x_1,x_2,\cdots,x_n;\hat{\theta})=\max\limits_{\theta\in\Theta}L(x_1,x_2,\cdots,x_n;\theta)$.

这样的 $\hat{\theta}$ 与样本值 $x_1,x_2,\cdots,x_n$ 有关,记为 $\hat{\theta}(x_1,x_2,\cdots,x_n)$,称为参数 θ 的最(或极)大似然估计值,而相应的统计量 $\hat{\theta}(X_1,X_2,\cdots,X_n)$ 称为参数 θ 的最(或极)大似然估计量.

② 连续型:

若总体 X 是连续型随机变量,已知其概率密度 $f(x;\theta)(\theta\in\Theta)$ 的形式,θ 是未知参数,相应于样本 $X_1,X_2,\cdots,X_n$ 的样本值 $x_1,x_2,\cdots,x_n$,似然函数为

$$L(\theta)=L(x_1,x_2,\cdots,x_n;\theta)=\prod_{i=1}^{n}f(x_i;\theta).$$

(3) 计算方法:

在很多情况下,$p(x;\theta)$ 或 $f(x;\theta)$ 关于 θ 可微,这时 $\hat{\theta}$ 常可从方程 $\frac{\mathrm{d}}{\mathrm{d}\theta}L(\theta)=0$ 或 $\frac{\mathrm{d}}{\mathrm{d}\theta}\ln L(\theta)=0$ 中解得.

如果总体 X 的分布中含有多个未知参数 $\theta_1,\theta_2,\cdots,\theta_k$,则似然函数 L 是这些未知参数的函数. 分别令 $\frac{\partial L}{\partial\theta_i}=0,i=1,2,\cdots,k$,或令 $\frac{\partial\ln L}{\partial\theta_i}=0,i=1,2,\cdots,k$,解上述由 k 个方程组成的方程组,即可得到各个未知参数 θ_i 的最大似然估计值 $\hat{\theta}_i(i=1,2,\cdots,k)$.

(4) 最大似然估计值的性质：

设 θ 的函数 $u=u(\theta)(\theta\in\Theta)$ 具有单值反函数 $\theta=\theta(u)$，$u\in U$. 如果 $\hat{\theta}$ 是总体 X 的分布中未知参数 θ 的最大似然估计，则 $\hat{u}=u(\hat{\theta})$ 是 $u(\theta)$ 的最大似然估计.

三、估计量的评选标准

1. 无偏性(★★)

设 $\hat{\theta}=\hat{\theta}(X_1,X_2,\cdots,X_n)$ 是未知参数 θ 的估计量，如果数学期望 $E(\hat{\theta})$ 存在，且有 $E(\hat{\theta})=\theta$，则称 $\hat{\theta}$ 是 θ 的无偏估计量，也称 θ 的估计量 $\hat{\theta}$ 具有无偏性.

样本均值 $\overline{X}$ 是总体均值 $E(X)=\mu$ 的无偏估计，样本方差 S^2 是总体方差 $D(X)=\sigma^2$ 的无偏估计.

如果 $k_1+k_2+\cdots+k_n=1$，则 $\hat{\mu}=k_1X_1+k_2X_2+\cdots+k_nX_n$ 是 μ 的无偏估计.

2. 有效性(★★)

设 $\hat{\theta}_1=\hat{\theta}_1(X_1,X_2,\cdots,X_n)$ 与 $\hat{\theta}_2=\hat{\theta}_2(X_1,X_2,\cdots,X_n)$ 都是 θ 的无偏估计量，如果 $D(\hat{\theta}_1)<D(\hat{\theta}_2)$，则称 $\hat{\theta}_1$ 较 $\hat{\theta}_2$ 有效.

3. 一致性(相合性)(★)

设 $\hat{\theta}=\hat{\theta}(X_1,X_2,\cdots,X_n)$ 为未知参数 θ 的估计量，如果对于任意 $\theta\in\Theta$，$\hat{\theta}=\hat{\theta}(X_1,X_2,\cdots,X_n)$，依概率收敛于 θ，则称 $\hat{\theta}$ 为 θ 的一致估计量或相合估计量.

分类习题 7-1

1. 设总体 X 的概率密度为 $p(x,\lambda)=\begin{cases}\lambda a x^{a-1}\mathrm{e}^{-\lambda x^a}, & x>0\\ 0, & x\leqslant 0\end{cases}$，其中 $\lambda>0$ 是未知参数，$a>0$ 是已知常数. 试根据来自总体 X 的简单随机样本 $X_1,X_2,\cdots,X_n$，求 λ 的最大似然估计量 $\hat{\lambda}$.

【析】考查参数的极大似然估计.

【解】似然函数为

$$L(x_1,x_2,\cdots,x_n;\lambda)=(\lambda a)^n\mathrm{e}^{-\lambda\sum_{i=1}^{n}x_i^a}\prod_{i=1}^{n}x_i^{a-1},$$

对数似然函数为

$$\ln L(x_1,x_2,\cdots,x_n;\lambda)=n\ln(\lambda a)+(a-1)\sum_{i=1}^{n}\ln x_i-\lambda\sum_{i=1}^{n}x_i^a,$$

由对数似然方程，有

$$\frac{\mathrm{d}\ln L}{\mathrm{d}\lambda}=\frac{n}{\lambda}-\sum_{i=1}^{n}x_i^a=0,$$

由此可解得 λ 的最大似然估计量

$$\hat{\lambda}=\frac{n}{\sum_{i=1}^{n} X_i^{\alpha}}.$$

2. 设 n 个随机变量 $X_1,X_2,\cdots,X_n$ 独立同分布，$DX_1=\sigma^2,\overline{X}=\frac{1}{n}\sum_{i=1}^{n}X_i,S^2=\frac{1}{n-1}\sum_{i=1}^{n}(X_i-\overline{X})^2$，则(　　).

A. S 是 σ 的无偏估计量

B. S 是 σ 的最大似然估计量

C. S 是 σ 的相合估计量(即一致估计量)

D. S 与 $\overline{X}$ 相互独立

【答】应选 C.

【析】综合考查极大似然估计、无偏估计、相合估计.

【解】由 S^2 是 σ^2 的无偏估计，知 $E(S^2)=\sigma^2$，因而 $\sigma=\sqrt{E(S^2)}\neq ES$，即 S 不是 σ 的无偏估计量，故应排除选项 A；又因题设条件中并未给出总体的分布律或密度，因而无法写出似然函数，因此也就无法得出最大似然估计量，故应排除选项 B；此外，由于没有总体服从正态分布这样的条件，所以 S^2 与 $\overline{X}$ 未必独立，因而 S 与 $\overline{X}$ 也未必独立，故还应排除选 D，所以只能选 C. 事实上，因 S^2 是 σ^2 的相合估计量，而 $\sqrt{x}$ 是连续函数，因而 $\sqrt{S^2}=S$ 一定是 σ 的相合估计量. 故选 C.

第 2 节　参数的区间估计

一、区间估计的基本概念

1. 定　义

以一定的概率将未知参数包含在某一区间之内的估计未知参数的方法，称为区间估计.

2. 置信区间

设总体 X 的分布中含有一个未知参数 θ. 对于给定值 $\alpha(0<\alpha<1)$，如果由样本 $X_1,X_2,\cdots,X_n$ 确定的统计量 $\theta_1=\theta_1(X_1,X_2,\cdots,X_n)$ 和 $\theta_2=\theta_2(X_1,X_2,\cdots,X_n)$ 满足 $P\{\theta_1<\theta<\theta_2\}=1-\alpha$，则称随机区间 (θ_1,θ_2) 是 θ 的置信水平为 $1-\alpha$ 的双侧置信区间. θ_1,θ_2 分别为置信下限和置信上限，$1-\alpha$ 为置信水平(或置信度).

二、正态总体的区间估计

1. 单个正态总体的均值与方差的置信区间(★★★)

设总体 $X\sim N(\mu,\sigma^2)$，从总体 X 中抽取样本 $X_1,X_2,\cdots,X_n$，样本均值和样本方差分

别为 $\overline{X}$ 和 S^2.

(1) σ^2 为已知，μ 的置信水平为 $1-\alpha$ 的置信区间：

选取统计量：想要估计 μ，应利用已知 σ^2 的选取统计量，此时统计量同时包含 μ 和 σ^2，故可将统计量选为 $u=\dfrac{\overline{X}-\mu}{\sigma/\sqrt{n}}$. 显然，$u\sim N(0,1)$.

确定统计量所在区间：为使在置信水平 $1-\alpha$ 下，置信区间长度最短，统计量取值概率最大，应将 u 所在区间取为 $(-u_{\frac{\alpha}{2}},u_{\frac{\alpha}{2}})$.

求出置信区间：由 $P\left\{-u_{\frac{\alpha}{2}}<u<u_{\frac{\alpha}{2}}\right\}=1-\alpha$ 得

$$P\left\{\overline{X}-\frac{\sigma}{\sqrt{n}}u_{\frac{\alpha}{2}}<\mu<\overline{X}+\frac{\sigma}{\sqrt{n}}u_{\frac{\alpha}{2}}\right\}=1-\alpha.$$

因此，σ^2 为已知，μ 的置信水平为 $1-\alpha$ 的置信区间为

$$\left(\overline{X}-\frac{\sigma}{\sqrt{n}}u_{\frac{\alpha}{2}},\overline{X}+\frac{\sigma}{\sqrt{n}}u_{\frac{\alpha}{2}}\right).$$

(2) σ^2 为未知，μ 的置信水平为 $1-\alpha$ 的置信区间：

选取统计量：想要估计 μ，由于 σ^2 未知，故统计量不可包含 σ^2，但要包含 μ，故可将统计量选为 $t=\dfrac{\overline{X}-\mu}{S/\sqrt{n}}$. 显然，$t\sim t(n-1)$.

确定统计量所在区间：$\left(-t_{\frac{\alpha}{2}}(n-1),t_{\frac{\alpha}{2}}(n-1)\right)$.

求出置信区间：求解方法同上. 结果单个及两个正态总体的区间估计如表 7－1 所列.

表 7－1

类　型	估计量		统计量	置信区间
单个正态总体	μ	σ^2 已知	$u=\dfrac{\overline{X}-u}{\sigma/\sqrt{n}}\sim N(0,1)$	$\left(\overline{X}-\dfrac{\sigma}{\sqrt{n}}u_{\frac{\alpha}{2}},\overline{X}+\dfrac{\sigma}{\sqrt{n}}u_{\frac{\alpha}{2}}\right)$
		σ^2 未知	$t=\dfrac{\overline{X}-u}{S/\sqrt{n}}\sim t(n-1)$	$\left(\overline{X}-\dfrac{S}{\sqrt{n}}t_{\frac{\alpha}{2}}(n-1),\overline{X}+\dfrac{S}{\sqrt{n}}t_{\frac{\alpha}{2}}(n-1)\right)$
	σ^2	μ 已知	$\chi^2=\dfrac{1}{\sigma^2}\sum\limits_{i=1}^{n}(X_i-\mu)^2\sim\chi^2(n)$	$\left(\dfrac{\sum\limits_{i=1}^{n}(X_i-\mu)^2}{\chi^2_{\frac{\alpha}{2}}(n)},\dfrac{\sum\limits_{i=1}^{n}(X_i-\mu)^2}{\chi^2_{1-\frac{\alpha}{2}}(n)}\right)$
		μ 未知	$\chi^2=\dfrac{(n-1)S^2}{\sigma^2}\sim\chi^2(n-1)$	$\left(\dfrac{(n-1)S^2}{\chi^2_{\frac{\alpha}{2}}(n-1)},\dfrac{(n-1)S^2}{\chi^2_{1-\frac{\alpha}{2}}(n-1)}\right)$

续表 7-1

类　型	估计量		统计量	置信区间
两个正态总体	$\mu_1-\mu_2$	σ_1^2,σ_2^2 已知	$u=\dfrac{\overline{X}-\overline{Y}-(\mu_1-\mu_2)}{\sqrt{\dfrac{\sigma_1^2}{n_1}+\dfrac{\sigma_2^2}{n_2}}}\sim N(0,1)$	$\left(\overline{X}-\overline{Y}-\mu_{\frac{\alpha}{2}}\sqrt{\dfrac{\sigma_1^2}{n_1}+\dfrac{\sigma_2^2}{n_2}},\ \overline{X}-\overline{Y}+u_{\frac{\alpha}{2}}\sqrt{\dfrac{\sigma_1^2}{n_1}+\dfrac{\sigma_2^2}{n_2}}\right)$
		$\sigma_1^2=\sigma_2^2$ 未知	$t=\dfrac{\overline{X}-\overline{Y}-(\mu_1-\mu_2)}{S_W\sqrt{\dfrac{1}{n_1}+\dfrac{1}{n_2}}}\sim t(n_1+n_2-2)$	$(\overline{X}-\overline{Y}-A,\overline{X}-\overline{Y}+A)$
	$\dfrac{\sigma_1^2}{\sigma_2^2}$	μ_1,μ_2 已知	$F=\dfrac{n_2}{n_1}\cdot\dfrac{\sigma_2^2}{\sigma_1^2}\cdot\dfrac{\sum\limits_{i=1}^{n_1}(X_i-\mu_1)^2}{\sum\limits_{j=1}^{n_2}(Y_j-\mu_2)^2}\sim F(n_1,n_2)$	$\left(\dfrac{n_2\sum\limits_{i=1}^{n_1}(X-{}_i-\mu_1)^2}{n_1\sum\limits_{j=2}^{n_2}(Y_j-\mu_2)^2}\cdot\dfrac{1}{F_{\frac{\alpha}{2}}(n_1,n_2)},\ \dfrac{n_2\sum\limits_{i=1}^{n_1}(X_i-\mu_1)^2}{n_1\sum\limits_{j=1}^{n_2}(Y_j-\mu_2)^2}\cdot F_{\frac{\alpha}{2}}(n_2,n_1)\right)$
		μ_1,μ_2 未知	$F=\dfrac{\sigma_2^2}{\sigma_1^2}\cdot\dfrac{S_1^2}{S_2^2}\sim F(n_2-1,n_1-1)$	$\left(\dfrac{S_1^2}{S_2^2}\cdot\dfrac{1}{F_{\frac{\alpha}{2}}(n_1-1,n_2-1)},\ \dfrac{S_1^2}{S_2^2}\cdot F_{\frac{\alpha}{2}}(n_2-1,n_1-)\right)$

2. 两个正态总体的均值差与方差比的置信区间(★★)

设总体 $X\sim N(\mu_1,\sigma_1^2)$，$Y\sim N(\mu_2,\sigma_2^2)$，$X$ 和 Y 相互独立.

从总体 X 中抽取样本 $X_1,X_2,\cdots,X_{n1}$，样本均值和样本方差分别为 $\overline{X}$ 和 S_1^2，从总体 Y 中抽取样本 $Y_1,Y_2,\cdots,Y_{n2}$，样本均值和样本方差分别为 $\overline{Y}$ 和 S_2^2，设这两个样本相互独立.

(1) σ_1^2 和 σ_2^2 为已知，$\mu_1-\mu_2$ 的置信水平为 $1-\alpha$ 的置信区间：

选取统计量：$u=\dfrac{\overline{X}-\overline{Y}-(\mu_1-\mu_2)}{\sqrt{\dfrac{\sigma_1^2}{n_1}+\dfrac{\sigma_2^2}{n_2}}}$. 显然，$u\sim N(0,1)$.

确定统计量所在区间：$(-u_{\frac{\alpha}{2}},u_{\frac{\alpha}{2}})$.

求出置信区间：求解方法同上. 如表 7-1 所列.

(2) $\sigma_1^2=\sigma_2^2=\sigma^2$ 为未知，均值差 $\mu_1-\mu_2$ 的置信水平为 $1-\alpha$ 的置信区间：

选取统计量：

$$t=\frac{\overline{X}-\overline{Y}-(\mu_1-\mu_2)}{S_W\sqrt{\dfrac{1}{n_1}+\dfrac{1}{n_2}}},$$

其中 $S_W=\sqrt{\dfrac{(n_1-1)S_1^2+(n_2-1)S_2^2}{n_1+n_2-2}}$. 显然，$t\sim t(n_1+n_2-2)$.

确定统计量所在区间：$(-t_{\frac{\alpha}{2}}(n_1+n_2-2), t_{\frac{\alpha}{2}}(n_1+n_2-2))$.

求出置信区间：求解方法同上. 如表 7-1 所列.

注意：其他的置信区间如表 7-1 所列. 记 $A=t_{\frac{\alpha}{2}}(n_1+n_2-2)S_W\sqrt{\dfrac{1}{n_1}+\dfrac{1}{n_2}}$.

估计 μ 和 $\mu_1-\mu_2$ 时，置信区间分别关于 $\overline{X}$ 和 $\overline{X}-\overline{Y}$ 对称.(★★★)

三、单侧置信区间

1. 定 义

设总体 X 的分布中含有未知参数 θ，从总体 X 中抽取样本 $X_1,X_2,\cdots,X_n$. 对于给定的概率 $1-\alpha(0<\alpha<1)$，如果统计量 $\theta_1=\theta_1(X_1,X_2,\cdots,X_n)$ 满足 $P\{\theta>\theta_1\}=1-\alpha$，则称随机区间 $(\theta_1,+\infty)$ 为 θ 的置信水平为 $1-\alpha$ 的单侧置信区间，θ_1 称为 θ 的置信水平为 $1-\alpha$ 的单侧置信下限.

如果统计量 $\theta_2=\theta_2(X_1,X_2,\cdots,X_n)$ 满足 $P\{\theta<\theta_2\}=1-\alpha$，则称随机区间 $(-\infty,\theta_2)$ 为 θ 的置信水平为 $1-\alpha$ 的单侧置信区间，θ_2 称为 θ 的置信水平为 $1-\alpha$ 的单侧置信上限.

2. 求 法

设 $X\sim N(\mu,\sigma^2)$，X 的均值 μ 与方差 σ^2 都存在，但均未知，从总体 X 中抽取样本 $X_1,X_2,\cdots,X_n$，对于给定的置信水平 $1-\alpha$，我们来求未知参数 μ,σ^2 的单侧置信区间.

(1) μ,σ^2 的单侧置信下限：

显然，$t=\dfrac{\overline{X}-\mu}{S/\sqrt{n}}\sim t(n-1)$. 由 $P\{t<t_\alpha(n-1)\}=1-\alpha$ 得

$$P\left\{\mu>\overline{X}-\frac{S}{\sqrt{n}}t_\alpha(n-1)\right\}=1-\alpha.$$

于是，得到 μ 的置信水平为 $1-\alpha$ 的单侧置信区间为

$$\left(\overline{X}-\frac{S}{\sqrt{n}}t_\alpha(n-1),+\infty\right),$$

因此，μ 的置信水平为 $1-\alpha$ 的单侧置信下限为

$$\mu_1=\overline{X}-\frac{S}{\sqrt{n}}t_\alpha(n-1).$$

类似地，可求出 μ 的置信水平为 $1-\alpha$ 的单侧置信上限.

(2) σ^2 的单侧置信上限：

显然，$\chi^2=\dfrac{(n-1)S^2}{\sigma^2}\sim\chi^2(n-1)$，查 χ^2 分布表可得 $\chi^2_{1-\alpha}(n-1)$.

由 $P\left\{\dfrac{(n-1)S^2}{\sigma^2}>\chi^2_{1-\alpha}(n-1)\right\}=1-\alpha$ 得

$$P\left\{\sigma^2<\frac{(n-1)S^2}{\chi^2_{1-\alpha}(n-1)}\right\}=1-\alpha.$$

于是,σ^2 的置信水平为 $1-\alpha$ 的单侧置信区间为

$$\left(0,\frac{(n-1)S^2}{\chi^2_{1-\alpha}(n-1)}\right),$$

因此,σ^2 的置信水平为的单侧置信上限为

$$\sigma_2^2=\frac{(n-1)S^2}{\chi^2_{1-\alpha}(n-1)}.$$

类似地,可求出 σ^2 的置信水平为 $1-\alpha$ 的单侧置信下限.

分类习题 7-2

设总体 X 的方差为 1,根据来自 X 的容量为 100 的简单随机样本,测得样本均值为 5,则 X 的数学期望的置信度近似等于 0.95 的置信区间为________.

【答】应填(4.804,5.196).

【析】考查参数的区间估计与中心极限定理.

【解】设总体 X 的数学期望与方差分别为 μ,则由题意,知 $\sigma=1$. 又因样本容量 $n=100$(很大),故由中心极限定理,知样本均值 $\overline{X}$ 近似服从 $N(\mu,1)$,于是有 $U=\dfrac{\overline{X}-\mu}{\sigma/\sqrt{n}}$ 近似服从 $N(0,1)$. 所以当置信度 $1-\alpha=0.95$,即 $\alpha=0.05$ 时,查标准正态分布表,得 $u_{\alpha/2}=u_{0.025}=1.96$. 因此 μ 的置信度近似等于 0.95 的置信区间为

$$\left(\bar{x}-\frac{\sigma}{\sqrt{n}}\times u_{\frac{\alpha}{2}},\bar{x}+\frac{\sigma}{\sqrt{n}}\times u_{\frac{\alpha}{2}}\right)$$

$$=\left(5-\frac{1}{\sqrt{100}}\times 1.96,5+\frac{1}{\sqrt{100}}\times 1.96\right)=(4.804,5.196).$$

小试牛刀

一、填空题

1. 设由来自正态总体为 $X\sim N(\mu,0.9^2)$ 的 9 个简单随机样本,得样本均值 $\overline{X}=5$,则未知参数 μ 的置信度为 0.95 的置信区间是________.

2. 设总体 X 的概率密度为 $f(x,\theta)=\begin{cases}e^{-(x-\theta)}, & x\geqslant\theta\\0, & x<\theta\end{cases}$,而 $X_1,X_2,\cdots,X_n$ 是来自总体 X 的简单随机样本,则未知参数 θ 的矩估计量为________.

3. 已知一批零件的长度 X(单位:cm)服从正态分布 $N(\mu,1)$,从中随机地抽取16 个零件,得到长度为 40(cm),则 μ 的置信度为 0.95 的置信区间是________.(注:标准正态分布函数 $\Phi(1.96)=0.975,\Phi(1.645)=0.95$).

4. 设 $X_1,X_2,\cdots,X_m$ 为来自二项分布总体 $B(n,p)$ 的简单随机样本,$\overline{X}$ 和 S^2 分别为样本均值和样本方差. 若 $\overline{X}+kS^2$ 为 np^2 的无偏估计量,则 $k=$________.

5. 设总体 X 的概率密度为 $f(x;\theta)=\begin{cases}\dfrac{2x}{3\theta^2}, & \theta<x<2\theta \\ 0, & 其他\end{cases}$，其中 θ 是未知参数，X_1，X_2，…，X_n 为来自总体 X 的简单随机样本. 若 $c\sum\limits_{i=1}^{n}X_i^2$ 是 θ^2 的无偏估计，则 $c=$________.

6. 设 $x_1,x_2,\cdots x_n$ 为来自总体 $N(\mu,\sigma^2)$ 的简单随机样本，样本均值 $\bar{x}=9.5$，参数 μ 的置信度为 0.95 的双侧置信区间的置信上限为 10.8，则 μ 的置信度为 0.95 的双侧置信区间为________.

二、选择题

1. 设 (X_1,Y_1)，(X_2,Y_2)，…，(X_n,Y_n) 为来自总体 $N(\mu_1,\mu_2;\sigma_1^2,\sigma_2^2;\rho)$ 的简单随机样本，令 $\theta=\mu_1-\mu_2$，$\overline{X}=\dfrac{1}{n}\sum\limits_{i=1}^{n}X_i$，$\overline{Y}=\dfrac{1}{n}\sum\limits_{i=1}^{n}Y_i$，$\hat{\theta}=\overline{X}-\overline{Y}$，则（　　）.

A. $\hat{\theta}$ 是 θ 的无偏差估计，$D(\hat{\theta})=\dfrac{\sigma_1^2+\sigma_2^2}{n}$.

B. $\hat{\theta}$ 不是 θ 的无偏差估计，$D(\hat{\theta})=\dfrac{\sigma_1^2+\sigma_2^2}{n}$.

C. $\hat{\theta}$ 是 θ 的无偏差估计，$D(\hat{\theta})=\dfrac{\sigma_1^2+\sigma_2^2-2\rho\sigma_1\sigma_2}{n}$.

D. $\hat{\theta}$ 不是 θ 的无偏差估计，$D(\hat{\theta})=\dfrac{\sigma_1^2+\sigma_2^2-2\rho\sigma_1\sigma_2}{n}$.

2. 设总体 X 的概率分布为 $P\{X=1\}=\dfrac{1-\theta}{2}$，$P\{X=2\}=P\{X=3\}=\dfrac{1+\theta}{4}$. 利用来自总体 X 的样本值 1，3，2，2，1，3，1，2，可得 θ 的最大似然估计值为（　　）.

A. $\dfrac{1}{4}$　　B. $\dfrac{3}{8}$　　C. $\dfrac{1}{2}$　　D. $\dfrac{5}{8}$

三、解答题

1. 设总体 X 的概率密度为 $f(x)=\begin{cases}(\theta+1)x^{\theta}, & 0<x<1 \\ 0, & 其他\end{cases}$，其中 $\theta>-1$ 是未知参数，$X_1,X_2,\cdots,X_n$ 是来自总体的一个容量为 n 的简单随机样本，分别用矩估计法和极大似然法求 θ 的估计量.

2. 设总体 X 的概率密度为 $f(x)=\begin{cases}\dfrac{6x^2}{\theta^3}(\theta-x), & 0<x<\theta \\ 0, & 其他\end{cases}$，$X_1,X_2,\cdots,X_n$ 是取自总体 X 的简单随机变量.

(1) 求 θ 的矩估计量 $\hat{\theta}$；

(2) 求 $\hat{\theta}$ 的方差 $D(\hat{\theta})$.

3. 设某种元件的使用寿命 X 的概率密度为 $f(x;\theta)=\begin{cases}2e^{-2(x-\theta)}, & x\geqslant\theta\\ 0, & x<\theta\end{cases}$，其中 $\theta>0$ 为未知参数，又设 $x_1,x_2,\cdots,x_n$ 是 X 的一组样本观测值，求参数 θ 的最大似然估计值.

4. 假设 0.50，1.25，0.80，2.00 是来自总体 X 的简单随机样本值. 已知 $Y=\ln X$ 服从正态分布 $N(\mu,1)$.

(1) 求 X 的数学期望 EX（记 EX 为 b）；

(2) 求 μ 的置信度为 0.95 的置信区间；

(3) 利用上述结果求 b 的置信度为 0.95 的置信区间.

5. 设总体 X 的概率分布如表 7－2 所列.

表 7－2

X	0	1	2	3
P	θ^2	$2\theta(1-\theta)$	θ^2	$1-2\theta$

其中 $\theta(0<\theta<1)$ 是未知参数，利用总体 X 的如下样本值 3，1，3，0，3，1，2，3，求 θ 的矩估计值和最大似然估计值.

6. 设总体 X 的概率密度为 $f(x)=\begin{cases}2e^{-2(x-\theta)}, & x>\theta\\ 0, & x\leqslant\theta\end{cases}$，其中 $\theta>0$ 是未知参数，从总体 X 中抽取简单随机样本 $X_1,X_2,\cdots,X_n$，记 $\hat{\theta}=\min(X_1,X_2,\cdots,X_n)$.

(1) 求总体 X 的分布函数 $F(x)$；

(2) 求统计量 $\hat{\theta}$ 的分布函数 $F_{\hat{\theta}}(x)$；

(3) 如果用 $\hat{\theta}$ 作为 θ 的估计量，讨论它是否具有无偏性.

7. 设总体 X 的分布函数为 $F(x,\beta)=\begin{cases}1-\dfrac{1}{x^{\beta}}, & x>1\\ 0, & x\leqslant 1\end{cases}$，其中未知参数 $\beta>1$. $X_1,X_2,\cdots,X_n$ 为来自总体 X 的简单随机样本，求：

(1) β 的矩估计量；

(2) β 的最大似然估计量.

8. 设随机变量的分布函数为 $F(x,\alpha,\beta)=\begin{cases}1-\left(\dfrac{\alpha}{x}\right)^{\beta}, & x>\alpha\\ 0, & x\leqslant\alpha\end{cases}$，其中参数 $\alpha>0,\beta>1$. 设 $X_1,X_2,\cdots,X_n$ 为来自总体 X 的简单随机样本.

(1) 当 $\alpha=1$ 时，求未知参数 β 的矩估计量；

(2) 当 $\alpha=1$ 时，求未知参数 β 的最大似然估计量；

(3) 当 $\beta=2$ 时，求未知参数 α 的最大似然估计量.

9. 设 $X_1,X_2,\cdots,X_n(n>2)$ 为来自总体 $N(0,\sigma^2)$ 的简单随机样本，其样本均值 $\overline{X}$，记 $Y_i=X_i-\overline{X},i=1,2,\cdots,n$.

(1) 求 Y_i 的方差 $DY_i,i=1,2,\cdots,n$；

(2) 求 Y_1 与 Y_n 的协方差 $\mathrm{Cov}(Y_1,Y_n)$；

(3) 若 $c(Y_1+Y_n)^2$ 是 σ^2 的无偏估计量，求常数 c.

10. 设总体 X 的概率密度为

$$f(x;\theta)=\begin{cases}\theta, & 0<x<1\\ 1-\theta, & 1\leqslant x<2,\\ 0, & \text{其他}\end{cases}$$

其中 θ 是未知参数 $(0<\theta<1)$，$X_1,X_2,\cdots,X_n$ 为来自总体 X 的简单随机样本，记 N 为样本值 $x_1,x_2,\cdots,x_n$ 中小于 1 的个数. 求：

(1) θ 的矩估计；

(2) θ 的最大似然估计.

11. 设总体 X 的概率密度为

$$f(x;\theta)=\begin{cases}\dfrac{1}{2\theta}, & 0<x<\theta\\ \dfrac{1}{2(1-\theta)}, & \theta\leqslant x<1,\\ 0, & \text{其他}\end{cases}$$

其中参数 $\theta(0<\theta<1)$ 未知，$X_1,X_2,\cdots,X_n$ 是来自总体 X 的简单随机样本，$\overline{X}$ 是样本均值.

(1) 求参数 θ 的矩估计量 $\hat{\theta}$；

(2) 判断 $4\overline{X}^2$ 是否为 θ^2 的无偏估计量，并说明理由.

12. 设 $X_1,X_2,\cdots,X_n$ 是总体 $N(\mu,\sigma^2)$ 的简单随机样本，记

$$\overline{X}=\frac{1}{n}\sum_{i=1}^{n}X_i, S^2=\frac{1}{n-1}\sum_{i=1}^{n}(X_i-\overline{X})^2, T=\overline{X}^2-\frac{1}{n}S^2.$$

(1) 证明 T 是 μ^2 的无偏估计量；

(2) 当 $\mu=0,\sigma=1$ 时，求 DT.

13. 设总体 X 的概率密度为

$$f(x)=\begin{cases}\lambda^2 x\mathrm{e}^{-\lambda x}, & x>0\\ 0, & \text{其他}\end{cases},$$

其中参数 $\lambda(\lambda>0)$ 未知，$X_1,X_2,\cdots,X_n$ 是来自总体 X 的简单随机样本.

(1) 求参数 λ 的矩估计量；

(2) 求参数 λ 的最大似然估计量.

14. 设总体 X 的概率分布如表 7-3 所列.

表 7-3

X	1	2	3
P	$1-\theta$	$\theta-\theta^2$	θ^2

其中参数 $\theta\in(0,1)$ 未知，以 N_i 表示来自总体 X 的简单随机样本（样本容量为 n）中等于 i 的个数 $(i=1,2,3)$，试求常数 a_1,a_2,a_3，使 $T=\sum_{i=1}^{3}a_iN_i$ 为 θ 的无偏估计量，并求 T 的方差.

15. 设 $X_1,X_2,\cdots,X_n$ 为来自正态总体 $N(\mu_0,\sigma^2)$ 的简单随机样本，其中 μ_0 已知，$\sigma^2>0$ 未知，$\overline{X}$ 和 S^2 分别表示样本均值和样本方差.

(1) 求参数 σ^2 的最大似然估计 $\hat{\sigma}^2$；

(2) 计算 $E(\hat{\sigma}^2)$ 和 $D(\hat{\sigma}^2)$.

16. 设随机变量 X 与 Y 相互独立，且分别服从正态分布 $N(\mu,\sigma^2)$ 与 $N(\mu,2\sigma^2)$，其中 σ 是未知参数且 $\sigma>0$. 记 $Z=X-Y$.

(1) 求 Z 的概率密度 $f(z,\sigma^2)$；

(2) 设 $Z_1,Z_2,\cdots,Z_n$ 为来自总体 Z 的简单随机样本，求 σ^2 的最大似然估计量；

(3) 证明 $\hat{\sigma}^2$ 是 σ^2 的无偏估计量.

17. 设总体 X 的概率密度为

$$f(x,\theta)=\begin{cases}\dfrac{\theta^2}{x^3}\cdot \mathrm{e}^{\frac{\theta}{x}}, & x>0\\ 0, & \text{其他}\end{cases},$$

其中 θ 为未知参数且大于 0，$X_1,X_2,\cdots,X_n$ 为来自总体 X 的简单随机样本.

(1) 求 θ 的矩估计量；

(2) 求 θ 的最大似然估计量.

18. 设总体 X 的分布函数为

$$F(x;\theta)=\begin{cases}1-\mathrm{e}^{\frac{x^2}{\theta}}, & x\geqslant 0,\\ 0, & x<0\end{cases}$$

其中 θ 是未知参数且大于 0，$X_1,X_2,\cdots,X_n$ 为来自总体 X 的简单随机样本.

(1) 求 EX 与 $E(X^2)$；

(2) 求 θ 的最大似然估计量 $\hat{\theta}_n$.

(3) 是否存在实数 a，使得对任何 $\varepsilon>0$，都有 $\lim\limits_{n\to\infty}P\{|\hat{\theta}_n-a|\geqslant\varepsilon\}=0$？

19. 设总体 X 的概率密度为

$$f(x,\theta)=\begin{cases}\dfrac{1}{1-\theta}, & \theta\leqslant x\leqslant 1\\ 0, & \text{其他}\end{cases},$$

其中 θ 为未知参数，$X_1,X_2,\cdots,X_n$ 为来自该总体的简单随机样本.

(1) 求 θ 的矩估计量；

(2) 求 θ 的最大似然估计量.

20. 设总体的概率密度为

$$f(x,\theta)=\begin{cases}\dfrac{3x^2}{\theta^3}, & 0<x<\theta\\ 0, & \text{其他}\end{cases},$$

其中 $\theta\in(0,+\infty)$ 为未知参数，X_1,X_2,X_3 为来自总体 X 的简单随机样本，令 $T=$

$\max\{X_1,X_2,X_3\}$.

(1) 求 T 的概率密度；

(2) 确定 a，使得 aT 为 θ 的无偏估计.

21. 某工程师为了了解一台天平的精度，用该天平对一物体的质量进行 n 次测量，该物体的质量 μ 是已知的，设 n 次测量的结果为 $X_1,X_2,\cdots,X_n$，它们相互独立且服从正态分布 $N(\mu,\sigma^2)$，该工程师记录的是 n 次测量的绝对误差 $Z_i=|X_i-\mu|(i=1,2,\cdots,n)$. 利用 $Z_1,Z_2,\cdots,Z_n$ 估计 σ.

(1) 求 Z_1 的概率密度；

(2) 利用一阶矩求 σ 的矩估计量；

(3) 求 σ 的最大似然估计量.

22. 设总体 X 的概率密度为 $f(x;\sigma)=\dfrac{1}{2\sigma}e^{-\frac{|x|}{\sigma}}$，$-\infty<x<+\infty$，其中 $\sigma\in(0,+\infty)$为未知参数，$X_1,X_2,\cdots,X_n$ 为来自总体 X 的简单随机样本. 记 σ 的最大似然估计量为 $\hat{\sigma}$.

(1) 求 $\hat{\sigma}$；

(2) 求 $E(\hat{\sigma})$和 $D(\hat{\sigma})$.

23. 设总体 X 的概率密度为

$$f(x,\sigma^2)=\begin{cases}\dfrac{A}{\sigma}e^{-\frac{(x-u)^2}{2\sigma^2}}, & x\geqslant\mu,\\ 0, & x<\mu\end{cases}$$

其中 μ 是已知参数，$\sigma>0$ 是未知参数，A 是常数，$X_1,X_2,\cdots,X_n$ 是来自总体 X 的简单随机样本.

(1) 求 A；

(2) 求 σ^2 的最大似然估计量.

24. 设某种元件的使用寿命 T 的分布函数为

$$F(t)=\begin{cases}1-e^{-(\frac{t}{\theta})^m}, & t\geqslant 0,\\ 0, & \text{其他}\end{cases}$$

其中 θ,m 为参数且大于0.

(1) 求概率 $P\{T>t\}$ 与 $P\{T>s+t\,|\,T>s\}$，其中 $s>0,t>0$；

(2) 任取 n 个这种元件做寿命试验，测得它们的寿命分别为 $t_1,t_2,\cdots,t_n$. 若 m 已知，求 θ 的最大似然估计值 $\hat{\theta}$.

25. 设 $X_1,X_2,\cdots,X_n$ 是来自均值为 θ 的指数分布总体的简单随机样本，$Y_1,Y_2,\cdots,Y_n$ 是来自均值为 2θ 的指数分布总体的简单随机样本，且两样本相互独立，其中 $\theta(\theta>0)$是未知参数，利用样本 $X_1,X_2,\cdots,X_n,Y_1,Y_2,\cdots,Y_m$ 求 θ 的极大似然估计 $\hat{\theta}$，并求 $D(\hat{\theta})$.

小试牛刀参考答案与解析

一、填空题

1.【答】应填(4.412,5.588).

【解】因总体 $X\sim N(\mu,0.9^2)$,故 $Z=\dfrac{\overline{X}-\mu}{0.9/\sqrt{9}}\sim N(0,1)$,所以当置信度为 $1-\alpha=0.95$ 时,标准正态分布的分位数 $Z_{\alpha/2}=Z_{0.025}=1.96$,因此 μ 的置信度为 0.95 的置信区间为

$$\left(\overline{X}-\frac{\sigma}{\sqrt{n}}\times u_{\frac{\alpha}{2}},\overline{X}+\frac{\sigma}{\sqrt{n}}\times u_{\frac{\alpha}{2}}\right)=\left(5-\frac{0.9}{\sqrt{9}}\times 1.96,5+\frac{0.9}{\sqrt{9}}\times 1.96\right)$$
$$=(4.412,5.588).$$

2.【答】应填 $\dfrac{1}{n}\sum\limits_{i=1}^{n}X_i-1$(注:答 $\overline{X}-1$ 也对).

【解】由期望的定义可知:

$$EX=\int_{-\infty}^{+\infty}xf(x,\theta)\mathrm{d}x=\int_{\theta}^{+\infty}x\mathrm{e}^{-(x-\theta)}\mathrm{d}x=\theta+1.$$

根据估计量的定义,满足 $EX=\overline{X}$ 的 $\hat{\theta}$ 即为 θ 的矩估计量,因此 $\hat{\theta}=\overline{X}-1$.

3.【答】应填(39.51,40.49).

【解】记 $\overline{X}$ 为样本均值,置信度为 0.95(即 $\alpha=0.05$)的双侧置信区间为

$$\left(\overline{X}-\frac{\sigma}{\sqrt{n}}z_{\frac{\alpha}{2}},\overline{X}+\frac{\sigma}{\sqrt{n}}z_{\frac{\alpha}{2}}\right),$$

由于 $z_{\frac{\alpha}{2}}=z_{0.025}$,$1-0.025=0.975=\Phi(1.96)$,所以 $z_{0.025}=1.96$. 数据代入,得置信区间为

$$\left(40-\frac{1}{\sqrt{16}}\times 1.96,40+\frac{1}{\sqrt{16}}\times 1.96\right)=(39.51,40.49).$$

4.【答】应填-1.

【解】由于 $X_1,X_2,\cdots,X_m$ 为来自二项分布总体 $B(n,p)$ 的简单随机样本,$\overline{X}$ 和 S^2 分别为样本均值和样本方差,故 $E(\overline{X})=np$,$E(S^2)=np(1-p)$,所以由 $E(\overline{X}+kS^2)=np^2$ 知 $np+knp(1-p)=np^2$,解得 $k=-1$.

5.【答】应填$\dfrac{2}{5n}$.

【解】因为 $E(X^2)=\int_0^{2\theta}x^2\cdot\dfrac{2x}{3\theta^2}\mathrm{d}x=\dfrac{5\theta^2}{2}$,从而

$$E\left(c\sum_{n=1}^{n}X_i^2\right)=c\sum_{i=1}^{n}E(X_i^2)=\frac{5nc}{2}\theta^2.$$

由于 $c\sum\limits_{n=1}^{n}X_i^2$ 是 θ^2 的无偏估计,故$\dfrac{5nc}{2}=1$,得 $c=\dfrac{2}{5n}$.

6.【答】应填(8.2,10.8).

【解】参数 μ 的置信度为 $1-\alpha$ 的双侧置信区间为

$$\left(\bar{x}-\frac{s}{\sqrt{n}}t_{\frac{\alpha}{2}}(n-1),\bar{x}+\frac{s}{\sqrt{n}}t_{\frac{\alpha}{2}}(n-1)\right),$$

可见该区间的中心为样本均值 $\bar{x}$. 本题实际上是给出了置信区间的中心为 $\bar{x}=9.5$，以及置信区间的右端点为10.8，由此可得双侧置信区间为(8.2,10.8).

注：以闭区间的形式给出的答案[8.2,10.8]也是正确的，甚至半开半闭的区间[8.2,10.8)，(8.2,10.8]也都是对的.

二、选择题

1.【答】应选 C.

【解】方法一：

由简单随机样本的概念知 $(X_1,Y_1),(X_2,Y_2),\cdots,(X_n,Y_n)$ 相互独立，且均服从二维正态分布 $N(\mu_1,\mu_2;\sigma_1^2,\sigma_2^2;\rho)$，从而有 $E(X_i)=\mu_1,D(X_i)=\sigma_1^2,E(Y_i)=\mu_2,D(Y_i)=\sigma_2^2$，$\mathrm{Cov}(X_i,Y_i)=\rho\sigma_1\sigma_2,i=1,2,\cdots,n$，因此

$$\begin{aligned}E(\hat{\theta})&=E(\overline{X}-\overline{Y})=E(\overline{X})-E(\overline{Y})\\&=\frac{1}{n}\sum_{i=1}^{n}E(X_i)-\frac{1}{n}\sum_{i=1}^{n}E(Y_i)=\mu_1-\mu_2=\theta,\end{aligned}$$

故 $\hat{\theta}$ 是 θ 的无偏估计.

$$D(\hat{\theta})=D(\overline{X}-\overline{Y})=D\left[\frac{1}{n}\sum_{i=1}^{n}(X_i-Y_i)\right]=\frac{1}{n^2}\sum_{i=1}^{n}D(X_i-Y_i),$$

而
$$D(X_i-Y_i)=D(X_i)+D(Y_i)-2\mathrm{Cov}(X_i,Y_i)=\sigma_1^2+\sigma_2^2-2\rho\sigma_1\sigma_2,$$

于是

$$D(\hat{\theta})=\frac{\sigma_1^2+\sigma_2^2-2\rho\sigma_1\sigma_2}{n}.$$

方法二：

令 $Z_i=X_i-Y_i,i=1,2,\cdots,n,\overline{Z}=\frac{1}{n}\sum_{i=1}^{n}Z_i$. 由简单随机样本的概念知 $Z_1,Z_2,\cdots,Z_n$ 独立同分布. 又由 (X_i,Y_i) 服从二维正态分布 $N(\mu_1,\mu_2;\sigma_1^2,\sigma_2^2;\rho)$，从而有

$$E(Z_i)=E(X_i)-E(Y_i)=\mu_1-\mu_2,$$
$$D(Z_i)=D(X_i)+D(Y_i)-2\mathrm{Cov}(X_i,Y_i)=\sigma_1^2+\sigma_2^2-2\rho\sigma_1\sigma_2,$$

故有

$$E(\hat{\theta})=E(\overline{X}-\overline{Y})=E(\overline{Z})=\mu_1-\mu_2=\theta,$$
$$D(\hat{\theta})=D(\overline{X}-\overline{Y})=D(\overline{Z})=\frac{\sigma_1^2+\sigma_2^2-2\rho\sigma_1\sigma_2}{n}.$$

综上，应选 C.

2.【答】应选 A.

【解】似然函数为

$$L(\theta)=P\{X_1=1,X_2=3,X_3=2,X_4=2,X_5=1,X_6=3,X_8=2\}$$
$$=\left(\frac{1-\theta}{2}\right)^3\left(\frac{1+\theta}{4}\right)^3\left(\frac{1+\theta}{4}\right)^2=\frac{1}{2^{13}}(1-\theta)^3(1+\theta)^5.$$

对数似然函数为 $\ln L(\theta)=-13\ln 2+3\ln(1-\theta)+5\ln(1+\theta)$. 令 $\frac{\mathrm{d}[\ln L(\theta)]}{\mathrm{d}\theta}=\frac{3}{1-\theta}+\frac{5}{1+\theta}=0$，解得 $\theta=\frac{1}{4}$，从而 θ 的最大似然估计值为 $\hat{\theta}=\frac{1}{4}$. 故选 A.

三、解答题

1.【解】总体 X 的数学期望为

$$E(X)=\int_{-\infty}^{+\infty}xf(x)\mathrm{d}x=\int_0^1(\theta+1)x^{\theta+1}\mathrm{d}x=\frac{\theta+1}{\theta+2}.$$

设 $\overline{X}=\frac{1}{n}\sum_{i=1}^{n}X_i$ 为样本均值. 令 $\frac{\theta+1}{\theta+2}=\overline{X}$，解得未知参数 θ 的矩估计量为 $\hat{\theta}=\frac{2\overline{X}-1}{1-\overline{X}}$.

设 $x_1,x_2,\cdots,x_n$ 是相应于样本 $X_1,X_2,\cdots,X_n$ 的样本值，则似然函数为

$$L=\begin{cases}(\theta+1)^n\left(\prod_{i=1}^{n}x_i\right)^{\theta}, & 0<x_i<1(i=1,2,\cdots,n)\\ 0, & \text{其他}\end{cases}.$$

当 $0<x_i<1(i=1,2,\cdots,n)$ 时，$L>0$，且

$$\ln L=n\ln(\theta+1)+\theta\sum_{i=1}^{n}\ln x_i,\ \frac{\mathrm{d}\ln L}{\mathrm{d}\theta}=\frac{n}{\theta+1}+\sum_{i=1}^{n}\ln x_i.$$

令 $\frac{\mathrm{d}\ln L}{\mathrm{d}\theta}=0$，解得 θ 的极大似然估计值为 $\hat{\theta}=-1-\frac{n}{\sum_{i=1}^{n}\ln x_i}$，从而得 θ 的极大似然估计量为 $\hat{\theta}=-1-\frac{n}{\sum_{i=1}^{n}\ln X_i}$.

2.【解】(1) $E(X)=\int_{-\infty}^{+\infty}xf(x)\mathrm{d}x=\int_0^{\theta}\frac{6x^2}{\theta^3}(\theta-x)\mathrm{d}x=\frac{\theta}{2}$.

记 $\overline{X}=\frac{1}{n}\sum_{i=1}^{n}X_i$，令 $\frac{\theta}{2}=\overline{X}$，得 θ 的矩估计量为 $\hat{\theta}=2\overline{X}$.

(2) 由于

$$E(X^2)=\int_{-\infty}^{+\infty}x^2f(x)\mathrm{d}x=\int_0^{\theta}\frac{6x^3}{\theta^3}(\theta-x)\mathrm{d}x=\frac{3\theta^2}{10},$$

$$DX=E(X^2)-[E(X)]^2=\frac{3\theta^2}{10}-\left(\frac{\theta}{2}\right)^2=\frac{\theta^2}{20},$$

所以 $\hat{\theta}=2\overline{X}$ 的方差为

$$D(\hat{\theta})=D(2\overline{X})=4D(\overline{X})=\frac{4}{n}D(X)=\frac{\theta^2}{5n}.$$

3.【解】似然函数为

$$L(\theta)=L(x_1,x_2,\cdots,x_n;\theta)=\begin{cases}2^n \mathrm{e}^{-2\sum\limits_{i=1}^{n}(x_i-\theta)}, & x_i\geqslant\theta(i=1,2,\cdots,n),\\ 0, & \text{其他}\end{cases}$$

当 $x_i\geqslant\theta(i=1,2\cdots,n)$ 时，$L(\theta)>0$，取对数，得到

$$\ln L(\theta)=n\ln 2-2\sum_{i=1}^{n}(x_i-\theta),$$

因为 $\dfrac{\mathrm{d}\ln L(\theta)}{\mathrm{d}\theta}=2n>0$，所以 $L(\theta)$ 单调递增. 由于 θ 必须满足 $\theta\leqslant x_i(i=1,2\cdots,n)$，因此当 θ 取 $x_1,x_2,\cdots,x_n$ 中的最小值时，$L(\theta)$ 取最大值，所以 θ 的最大似然估计值为

$$\hat{\theta}=\min(x_1,x_2,\cdots,x_n).$$

4.【解】(1) Y 的概率密度为 $f(y)=\dfrac{1}{\sqrt{2\pi}}\mathrm{e}^{-\frac{(y-\mu)^2}{2}}$，$-\infty<y<+\infty$，于是，令 $t=y-\mu$，则

$$b=EX=E\mathrm{e}^{Y}=\frac{1}{\sqrt{2\pi}}\int_{-\infty}^{+\infty}\mathrm{e}^{y}\mathrm{e}^{-\frac{(y-\mu)^2}{2}}\mathrm{d}y$$

$$=\frac{1}{\sqrt{2\pi}}\int_{-\infty}^{+\infty}\mathrm{e}^{t+\mu}\mathrm{e}^{-\frac{t^2}{2}}\mathrm{d}t=\mathrm{e}^{\mu+\frac{1}{2}}\int_{-\infty}^{+\infty}\frac{1}{\sqrt{2\pi}}\mathrm{e}^{-\frac{(t-1)^2}{2}}\mathrm{d}t=\mathrm{e}^{\mu+\frac{1}{2}}.$$

(2) 当置信度为 $1-\alpha=0.95$ 时，$\alpha=0.05$. 标准正态分布的水平为 $\alpha=0.05$ 的双侧分位数等于 1.96，故由 $\overline{Y}\sim N\left(\mu,\dfrac{1}{4}\right)$，可得参数 μ 的置信度为 0.95 的置信区间为

$$P\left\{\overline{Y}-1.96\times\frac{1}{\sqrt{4}}<\mu<\overline{Y}+1.96\times\frac{1}{\sqrt{4}}\right\}=0.95,$$

其中，$\overline{Y}$ 表示总体 Y 的样本均值，即

$$\overline{Y}=\frac{1}{4}(\ln 0.5+\ln 0.8+\ln 1.25+\ln 2)=\frac{1}{4}\ln 1=0,$$

于是有 $P\{-0.98<\mu<0.98\}=0.95$，从而 $(-0.98,0.98)$ 就是 μ 的置信度为 0.95 的置信区间.

(3) 由(2)的结论及 e^x 的严格递增性，有

$$P\{-0.98<\mu<0.98\}=P\{\mathrm{e}^{-0.48}<\mathrm{e}^{\mu+\frac{1}{2}}<\mathrm{e}^{1.48}\}$$
$$=P\{\mathrm{e}^{-0.48}<b<\mathrm{e}^{1.48}\}=0.95,$$

可见 b 的置信度为 0.95 的置信区间为 $(\mathrm{e}^{-0.48},\mathrm{e}^{1.48})$.

5.【解】$EX=0\times\theta^2+1\times 2\theta(1-\theta)+2\times\theta^2+3\times(1-2\theta)=3-4\theta$，$\bar{x}=\dfrac{1}{8}\times(3+1+3+0+3+1+2+3)=2$.

令 $EX=\bar{x}$，即 $3-4\theta=2$，解得 θ 的矩估计值为 $\tilde{\theta}=\dfrac{1}{4}$. 对于给定的样本值，似然函

数为

$$L(\theta)=4\theta^6(1-\theta)^2(1-2\theta)^4.$$

$$\ln L(\theta)=\ln 4+6\ln\theta+2\ln(1-\theta)+4\ln(1-2\theta),$$

$$\frac{\mathrm{d}(\ln L(\theta))}{\mathrm{d}\theta}=\frac{6}{\theta}-\frac{2}{1-\theta}-\frac{8}{1-2\theta}=\frac{6-28\theta+24\theta^2}{\theta(1-\theta)(1-2\theta)},$$

令$\dfrac{\mathrm{d}\ln L(\theta)}{\mathrm{d}\theta}=0$,解得 $\theta_{1,2}=\dfrac{7\pm\sqrt{13}}{12}$. 因$\dfrac{7+\sqrt{13}}{12}>\dfrac{1}{2}$不合题意,所以 θ 的最大似然估计值为$\hat{\theta}=\dfrac{7-\sqrt{13}}{12}$.

6.【解】(1) 分布函数 $F(x)=\int_{-\infty}^{x}f(t)\mathrm{d}t=\begin{cases}1-\mathrm{e}^{-2(x-\theta)}, & x>\theta\\ 0, & x\leqslant\theta\end{cases}$.

(2) 统计量 $\hat{\theta}$ 的分布函数:

$$\begin{aligned}F_{\hat{\theta}}(x)&=P\{\hat{\theta}\leqslant x\}=P\{\min(X_1,X_2,\cdots,X_n)\leqslant x\}\\&=1-P\{\min(X_1,X_2,\cdots,X_n)>x\}\\&=1-P\{X_1>x,X_2>x,\cdots,X_n>x\}\\&=1-P\{X_1>x\}\cdot P\{X_2>x\}\cdots P\{X_n>x\}\\&=1-[1-F(x)]^n=\begin{cases}1-\mathrm{e}^{-2n(x-\theta)}, & x>\theta\\ 0, & x\leqslant\theta\end{cases}.\end{aligned}$$

(3) $\hat{\theta}$ 的概率密度为 $f_{\hat{\theta}}(x)=F'_{\hat{\theta}}(x)=\begin{cases}2n\mathrm{e}^{-2n(x-\theta)}, & x>\theta\\ 0, & x\leqslant\theta\end{cases}$.

因为 $E\hat{\theta}=\int_{-\infty}^{+\infty}xf_{\hat{\theta}}(x)\mathrm{d}x=\int_{0}^{+\infty}2nx\mathrm{e}^{-2n(x-\theta)}\mathrm{d}x=\theta+\dfrac{1}{2n}\neq\theta$,所以 $\hat{\theta}$ 作为 θ 的估计量不具有无偏性.

7.【解】X 的概率密度为 $f(x,\beta)=\begin{cases}\dfrac{\beta}{x^{\beta+1}}, & x>1\\ 0, & x\leqslant 1\end{cases}$.

(1) 由于

$$EX=\int_{-\infty}^{+\infty}xf(x;\beta)\mathrm{d}x=\int_{1}^{+\infty}x\cdot\frac{\beta}{x^{\beta+1}}\mathrm{d}x=\frac{\beta}{\beta-1},$$

令$\dfrac{\beta}{\beta-1}=\overline{X}$,解得 $\beta=\dfrac{\overline{X}}{\overline{X}-1}$,所以参数 β 的矩估计量为 $\hat{\beta}=\dfrac{\overline{X}}{\overline{X}-1}$.

(2) 似然函数为

$$L(\beta)=\prod_{i=1}^{n}f(x_i;\beta)=\begin{cases}\dfrac{\beta^n}{(x_1x_2\cdots x_n)^{\beta+1}}, & x_i>1(i=1,2,\cdots,n)\\ 0, & \text{其他}\end{cases},$$

当 $x_i>1(i=1,2,\cdots,n)$ 时,$L(\beta)>0$,取对数得

$$\ln L(\beta)=n\ln\beta-(\beta+1)\sum_{i=1}^{n}\ln x_i,$$

两边对 β 求导，得

$$\frac{\mathrm{d}\ln L(\beta)}{\mathrm{d}\beta}=\frac{n}{\beta}-\sum_{i=1}^{n}\ln x_i,$$

令 $\frac{\mathrm{d}\ln L(\beta)}{\mathrm{d}\beta}=0$，可得 $\beta=\frac{n}{\sum\limits_{i=1}^{n}\ln x_i}$，故 β 的最大似然估计量为 $\hat{\beta}=\frac{n}{\sum\limits_{i=1}^{n}\ln X_i}$.

8. 【解】当 $\alpha=1$ 时，X 的概率密度为 $f(x,\beta)=\begin{cases}\frac{\beta}{x^{\beta+1}}, & x>1\\ 0, & x\leqslant 1\end{cases}$.

(1) 由于

$$EX=\int_{-\infty}^{+\infty}xf(x;\beta)\,\mathrm{d}x=\int_{1}^{+\infty}x\cdot\frac{\beta}{x^{\beta+1}}\mathrm{d}x=\frac{\beta}{\beta-1},$$

令 $\frac{\beta}{\beta-1}=\overline{X}$，解得 $\beta=\frac{\overline{X}}{\overline{X}-1}$，所以参数 β 的矩估计量为 $\hat{\beta}=\frac{\overline{X}}{\overline{X}-1}$.

(2) 对于总体 X 的样本值 $x_1,x_2,\cdots,x_n$，似然函数为

$$L(\beta)=\prod_{i=1}^{n}f(x_i;\beta)=\begin{cases}\frac{\beta^n}{(x_1x_2\cdots x_n)^{\beta+1}}, & x_i>1(i=1,2,\cdots,n)\\ 0, & \text{其他}\end{cases},$$

当 $x_i>1(i=1,2,\cdots,n)$ 时，$L(\beta)>0$，取对数得

$$\ln L(\beta)=n\ln\beta-(\beta+1)\sum_{i=1}^{n}\ln x_i,$$

两边对 β 求导，得

$$\frac{\mathrm{d}\ln L(\beta)}{\mathrm{d}\beta}=\frac{n}{\beta}-\sum_{i=1}^{n}\ln x_i,$$

令 $\frac{\mathrm{d}\ln L(\beta)}{\mathrm{d}\beta}=0$，可得 $\beta=\frac{n}{\sum\limits_{i=1}^{n}\ln x_i}$，故 β 的最大似然估计量为 $\hat{\beta}=\frac{n}{\sum\limits_{i=1}^{n}\ln X_i}$.

(3) 当 $\beta=2$ 时，X 的概率密度为

$$f(x,\alpha)=\begin{cases}\frac{2\alpha^2}{x^3}, & x>\alpha\\ 0, & x\leqslant\alpha\end{cases},$$

对于总体 X 的样本值 $x_1,x_2,\cdots,x_n$，似然函数为

$$L(\alpha)=\prod_{i=1}^{n}f(x_i;\alpha)=\begin{cases}\frac{2^n\alpha^{2n}}{(x_1x_2\cdots x_n)^3}, & x_i>\alpha(i=1,2,\cdots,n)\\ 0, & \text{其他}\end{cases}.$$

当 $x_i>\alpha(i=1,2,\cdots,n)$ 时，α 越大，$L(\alpha)$ 越大，因而 α 的最大似然估计值为 $\hat{\alpha}=\min\{x_1,x_2,\cdots,x_n\}$，则 α 的最大似然估计量为 $\hat{\alpha}=\min\{X_1,X_2,\cdots,X_n\}$.

9. 【解】(1) $DY_i=D(X_i-\overline{X})=D\left[\left(1-\frac{1}{n}\right)X_i-\frac{1}{n}\sum\limits_{\substack{k=1\\k\neq i}}^{n}X_k\right]=\frac{n-1}{n}\sigma^2$，$(i=1,2,\cdots,n)$.

(2) 显然 $EY_i=E(X_i-\overline{X})=0$,因此

$$\begin{aligned}\mathrm{Cov}(Y_1,Y_n)&=E[(Y_1-EY_1)(Y_n-EY_n)]=E[(X_1-\overline{X})(X_n-\overline{X})]\\&=E(X_1X_n)+E(\overline{X}^2)-E(X_1\overline{X})-E(X_n\overline{X})\\&=EX_1EX_n+D\overline{X}-\frac{1}{n}E(X_1^2)-\frac{1}{n}\sum_{k=2}^{n}E(X_1X_k)-\\&\quad\frac{1}{n}E(X_n^2)-\frac{1}{n}\sum_{k=1}^{n-1}E(X_kX_n)\\&=-\frac{1}{n}\sigma^2.\end{aligned}$$

(3) 由 $DY_i=\frac{n-1}{n}\sigma^2,\mathrm{Cov}(Y_1,Y_n)=-\frac{1}{n}\sigma^2$ 可得,

$$\begin{aligned}E\,[c\,(Y_1+Y_n)^2]&=cD\,(Y_1+Y_n)=c\,[DY_1+DY_n+2\mathrm{Cov}(Y_1,Y_n)]\\&=c\left[\frac{n-1}{n}+\frac{n-1}{n}-\frac{2}{n}\right]\sigma^2=\frac{2(n-2)}{n}c\sigma^2=\sigma^2,\end{aligned}$$

故 $c=\frac{n}{2(n-2)}$.

10.【解】(1) 由于

$$\begin{aligned}EX&=\int_{-\infty}^{+\infty}xf(x,\theta)\mathrm{d}x=\int_0^1\theta x\,\mathrm{d}x+\int_1^2(1-\theta)x\,\mathrm{d}x\\&=\frac{1}{2}\theta+\frac{3}{2}(1-\theta)=\frac{3}{2}-\theta.\end{aligned}$$

令 $\frac{3}{2}-\theta=\overline{X}$,解得 $\theta=\frac{3}{2}-\overline{X}$,所以参数 θ 的矩估计为 $\hat{\theta}=\frac{3}{2}-\overline{X}$.

(2) 似然函数为

$$L(\theta)=\prod_{i-1}^{n}f(x_i,\theta)=\theta^N(1-\theta)^{n-N},$$

取对数,得 $\ln L(\theta)=N\ln\theta+(n-N)\ln(1-\theta)$,两边对 θ 求导,得

$$\frac{\mathrm{d}\ln L(\theta)}{\mathrm{d}\theta}=\frac{N}{\theta}-\frac{n-N}{1-\theta}.$$

令 $\frac{\mathrm{d}\ln L(\theta)}{\mathrm{d}\theta}=0$,得 $\theta=\frac{N}{n}$,所以 θ 的最大似然估计为 $\hat{\theta}=\frac{N}{n}$.

11.【解】(1) $EX=\int_{-\infty}^{+\infty}xf(x;\theta)\,\mathrm{d}x=\int_0^\theta\frac{x}{2\theta}\mathrm{d}x+\int_\theta^1\frac{x}{2(1-\theta)}\mathrm{d}x=\frac{1}{4}+\frac{\theta}{2}$.

令 $\overline{X}=EX$,即 $\overline{X}=\frac{1}{4}+\frac{\theta}{2}$ 得 θ 的矩估计量为 $\hat{\theta}=2\overline{X}-\frac{1}{2}$.

(2) 因为

$$\begin{aligned}E(4\overline{X}^2)&=4E(\overline{X}^2)=4[D\overline{X}+(E\overline{X})^2]\\&=4\left[\frac{1}{n}DX+\left(\frac{1}{4}+\frac{1}{2}\theta\right)^2\right]=\frac{4}{n}DX+\frac{1}{4}+\theta+\theta^2,\end{aligned}$$

又 $DX\geqslant0,\theta>0$,所以 $E(4\overline{X}^2)>\theta^2$,即 $E(4\overline{X}^2)\neq\theta^2$,因此 $4\overline{X}^2$ 不是 θ^2 的无偏估计量.

12.【解】(1) 因为

$$ET=E\left(\overline{X}^2-\frac{1}{n}S^2\right)=E(\overline{X}^2)-\frac{1}{n}E(S^2)$$

$$=(E\overline{X})^2+D\overline{X}-\frac{1}{n}E(S^2)=\mu^2+\frac{\sigma^2}{n}-\frac{\sigma^2}{n}=\mu^2,$$

所以 T 是 μ^2 的无偏估计量.

(2) 当 $\mu=0,\sigma=1$ 时，由于 $\overline{X}$ 与 S^2 独立，有

$$DT=D\left(\overline{X}^2-\frac{1}{n}S^2\right)=D(\overline{X}^2)+\frac{1}{n^2}D(S^2)$$

$$=\frac{1}{n^2}D(\sqrt{n}\overline{X})^2+\frac{1}{n^2}\cdot\frac{1}{(n-1)^2}D[(n-1)S^2]$$

$$=\frac{1}{n^2}\cdot 2+\frac{1}{n^2}\cdot\frac{1}{(n-1)^2}\cdot 2(n-1)$$

$$=\frac{2}{n^2}\left(1+\frac{1}{n-1}\right)=\frac{2}{n(n-1)}.$$

13.【解】(1) 由题意可得：

$$EX=\int_{-\infty}^{+\infty}xf(x)\mathrm{d}x=\int_0^{+\infty}\lambda^2x^2\mathrm{e}^{-\lambda x}\mathrm{d}x=\frac{2}{\lambda}.$$

令 $\overline{X}=EX$，即 $\overline{X}=\frac{2}{\lambda}$，得 λ 的矩估计量为 $\hat{\lambda}_1=\frac{2}{\overline{X}}$.

(2) 设 $x_1,x_2,\cdots,x_n(x_i>0,i=1,2,\cdots,n)$ 为样本观察值，则似然函数为

$$L(x_1,x_2,\cdots,x_n;\lambda)=\lambda^{2n}\mathrm{e}^{-\lambda\sum\limits_{i=1}^{n}x_i}\prod_{i=1}^{n}x_i,$$

对数似然函数为

$$\ln L=2n\ln\lambda-\lambda\sum_{i=1}^{n}x_i+\sum_{i=1}^{n}\ln x_i,$$

由 $\frac{\mathrm{d}\ln L}{\mathrm{d}\lambda}=\frac{2n}{\lambda}-\sum\limits_{i=1}^{n}x_i=0$，得 λ 的最大似然估计量为 $\hat{\lambda}_2=\frac{2}{\overline{X}}$.

14.【解】记 $p_1=1-\theta,p_2=\theta-\theta^2,p_3=\theta^2$. 由于 $N_i\sim B(n,p_i),i=1,2,3$，故 $EN_i=np_i$. 于是

$$ET=a_1EN_1+a_2EN_2+a_3EN_3$$

$$=n[a_1(1-\theta)+a_2(\theta-\theta^2)+a_3\theta^2].$$

为使 T 是 θ 的无偏估计量，必有 $n[a_1(1-\theta)+a_2(\theta-\theta^2)+a_3\theta^2]=\theta$，因此 $\begin{cases}a_1=0,\\a_2-a_1=\frac{1}{n},\\a_3-a_2=0,\end{cases}$ 由此得 $a_1=0,a_2=a_3=\frac{1}{n}$. 由于 $N_1+N_2+N_3=n$，故

$$T=\frac{1}{n}(N_2+N_3)=\frac{1}{n}(n-N_1)=1-\frac{N_1}{n}.$$

注意到 $N_1\sim B(n,1-\theta)$，故

$$DT=\frac{1}{n^2}DN_1=\frac{n(1-\theta)\theta}{n^2}=\frac{(1-\theta)\theta}{n}.$$

15.【解】(1) 设 $x_1,x_2,\cdots,x_n$ 为样本观察值，则似然函数为

$$L(\sigma^2)=(2\pi\sigma^2)^{-\frac{n}{2}}\cdot e^{-\frac{1}{2\sigma^2}\sum\limits_{i=1}^{n}(x_i-\mu_0)^2},$$

对数似然函数为

$$\ln L(\sigma^2)=-\frac{n}{2}\ln(2\pi\sigma^2)-\frac{1}{2\sigma^2}\sum_{i=1}^{n}(x_i-\mu_0)^2,$$

令 $\frac{d(\ln L)}{d(\sigma^2)}=0$，得 $-\frac{n}{2\sigma^2}+\frac{1}{2\sigma^4}\sum\limits_{i=1}^{n}(x_i-\mu_0)^2=0$，从而得 σ^2 的最大似然估计

$$\hat{\sigma}^2=\frac{1}{n}\sum_{i=1}^{n}(X_i-\mu_0)^2.$$

(2) 方法一：

由于 $\frac{n\hat{\sigma}^2}{\sigma^2}=\frac{1}{\sigma^2}\sum\limits_{i=1}^{n}(X_i-\mu_0)^2\sim\chi^2(n)$，所以

$$E(\hat{\sigma}^2)=\frac{\sigma^2}{n}\cdot n=\sigma^2,D(\hat{\sigma}^2)=\frac{\sigma^4}{n^2}\cdot 2n=\frac{2\sigma^4}{n}.$$

方法二：

$$E(\hat{\sigma}^2)=\frac{1}{n}\sum_{k=1}^{n}E(X_i-\mu_0)^2=\sigma^2,$$

$$D(\hat{\sigma}^2)=\frac{1}{n^2}\sum_{i=1}^{n}D[(X_i-\mu_0)^2]=\frac{1}{n}D[(X_i-\mu_0)^2]$$

$$=\frac{\sigma^4}{n}\left\{E\left(\frac{X_i-\mu_0}{\sigma}\right)^4-\left[E\left(\frac{X_i-\mu_0}{\sigma}\right)^2\right]^2\right\}$$

$$=\frac{2\sigma^4}{n}\left(\text{其中}\frac{X_i-\mu_0}{\sigma}\sim N(0,1)\right).$$

16.【解】(1) 方法一：直接计算法.

因 X 与 Y 相互独立，所以 $Z=X-Y$ 服从正态分布，且 $EZ=0,DZ=DX+DY=3\sigma^2$，故 Z 的概率密度为

$$f(z;\sigma^2)=\frac{1}{\sqrt{6\pi\sigma^2}}e^{-\frac{z^2}{6\sigma^2}},-\infty<z<+\infty.$$

方法 2：卷积公式法.

$$f(z;\sigma^2)=\int_{-\infty}^{+\infty}f_X(z+y)f_Y(y)dy\left(\text{或}\int_{-\infty}^{+\infty}f_X(x)f_Y(x-z)dx\right)$$

$$=\int_{-\infty}^{+\infty}\frac{1}{\sqrt{2\pi\sigma^2}}e^{-\frac{(z+y-\mu)^2}{2\sigma^2}}\frac{1}{\sqrt{4\pi\sigma^2}}e^{-\frac{(y-\mu)^2}{4\sigma^2}}dy$$

$$=\frac{1}{\sqrt{6\pi\sigma^2}}e^{-\frac{z^2}{6\sigma^2}}\int_{-\infty}^{+\infty}\frac{1}{\sqrt{\frac{4}{3}\pi\sigma^2}}e^{-\frac{3(y-\mu+\frac{2}{3}z)^2}{4\sigma^2}}dy$$

$$=\frac{1}{\sqrt{6\pi\sigma^2}}e^{-\frac{z^2}{6\sigma^2}},-\infty<z<+\infty.$$

(2) 设 $z_1,z_2,\cdots,z_n$ 为样本 $Z_1,Z_2,\cdots,Z_n$ 的观测值,则似然函数为

$$L(\sigma^2)=\prod_{i=1}^{n}f(z_i;\sigma^2)=(6\pi\sigma^2)^{-\frac{n}{2}}e^{-\frac{1}{6\sigma^2}\sum_{i=1}^{n}z_i^2},$$

对数似然函数为

$$\ln L(\sigma^2)=-\frac{n}{2}\ln(6\pi\sigma^2)-\frac{1}{6\sigma^2}\sum_{i=1}^{n}z_i^2.$$

令 $\frac{d(\ln L)}{d(\sigma^2)}=-\frac{n}{2\sigma^2}+\frac{1}{6\sigma^4}\sum_{i=1}^{n}z_i^2=0$,解得 $\sigma^2=\frac{1}{3n}\sum_{i=1}^{n}z_i^2$,故 σ^2 的最大似然估计量为 $\hat{\sigma}^2=\frac{1}{3n}\sum_{i=1}^{n}Z_i^2$.

(3) 因 $E(\hat{\sigma}^2)=\frac{1}{3n}\sum_{i=1}^{n}E(Z_i^2)=\frac{1}{3}E(Z^2)=\frac{1}{3}DZ=\sigma^2$,故 $\hat{\sigma}^2$ 是 σ^2 的无偏估计量.

17.【解】(1) 根据题意,可得

$$EX=\int_0^{+\infty}x\frac{\theta^2}{x^3}e^{-\frac{\theta}{x}}dx=\int_0^{+\infty}\frac{\theta^2}{x^2}e^{-\frac{\theta}{x}}dx=\theta.$$

所以 θ 的矩估计量为 $\hat{\theta}=\overline{X}$,其中 $\overline{X}=\frac{1}{n}\sum_{i=1}^{n}X_i$.

(2) 设 $x_1,x_2,\cdots,x_n$ 为样本观测值,则似然函数为

$$L(\theta)=\prod_{i=1}^{n}f(x_i;\theta)=\begin{cases}\frac{\theta^{2n}}{(x_1x_2\cdots x_n)^3}\cdot e^{-\theta\sum_{i=1}^{n}\frac{1}{x_i}}, & x_1,x_2,\cdots,x_n>0,\\ 0, & \text{其他}.\end{cases}$$

当 $x_1,x_2,\cdots,x_n>0$ 时,$\ln L(\theta)=2n\ln\theta-\theta\sum_{i=1}^{n}\frac{1}{x_i}-3\sum_{i=1}^{n}\ln x_i$.

令 $\frac{d\ln L(\theta)}{d\theta}=\frac{2n}{\theta}-\sum_{i=1}^{n}\frac{1}{x_i}=0$,得 θ 的最大似然估计值为 $\hat{\theta}=\frac{2n}{\sum_{i=1}^{n}\frac{1}{x_i}}$. 所以 θ 的最大似然估计量为

$$\hat{\theta}=\frac{2n}{\sum_{i=1}^{n}\frac{1}{X_i}}.$$

18.【解】(1) 总体 X 的概率密度为

$$f(x;\theta)=\begin{cases}\frac{2x}{\theta}e^{-\frac{x^2}{\theta}}, & x\geq 0\\ 0, & x<0\end{cases}.$$

$$EX=\int_0^{+\infty}x\cdot\frac{2x}{\theta}e^{-\frac{x^2}{\theta}}dx=-\int_0^{+\infty}xd(e^{-\frac{x^2}{\theta}})=\int_0^{+\infty}e^{-\frac{x^2}{\theta}}dx$$

$$=\frac{\sqrt{\pi\theta}}{2}\cdot\frac{1}{\sqrt{\pi\theta}}\int_{-\infty}^{+\infty}e^{-\frac{x^2}{\theta}}dx=\frac{\sqrt{\pi\theta}}{2},$$

$$E(X^2)=\int_0^{+\infty}x^2\cdot\frac{2x}{\theta}e^{-\frac{x^2}{\theta}}dx=\theta\int_0^{+\infty}ue^{-u}du=\theta.$$

(2) 设 $x_1,x_2,\cdots,x_n$ 为样本观测值，似然函数为

$$L(\theta)=\prod_{i=1}^{n}f(x_i)=\begin{cases}\frac{2^n x_1x_2\cdots x_n}{\theta^n}e^{-\frac{1}{\theta}\sum\limits_{i=1}^{n}x_i^2}, & x_1,x_2,\cdots,x_n>0,\\ 0, & \text{其他}\end{cases}$$

当 $x_1,x_2,\cdots,x_n>0$ 时，$\ln L(\theta)=n\ln 2+\sum\limits_{i=1}^{n}\ln x_i-n\ln\theta-\frac{1}{\theta}\sum\limits_{i=1}^{n}x_i^2$.

令 $\frac{d\ln L(\theta)}{d\theta}=-\frac{n}{\theta}+\frac{1}{\theta^2}\sum\limits_{i=1}^{n}x_i^2=0$，得 θ 的最大似然估计值为 $\hat{\theta}_n=\frac{1}{n}\sum\limits_{i=1}^{n}x_i^2$，从而 θ 的最大似然估计量为

$$\hat{\theta}_n=\frac{1}{n}\sum_{i=1}^{n}X_i^2.$$

(3) 存在 $a=\theta$. 因为 $\{X_n^2\}$ 是独立同分布的随机变量序列，且 $E(X_i^2)=\theta<+\infty$，所以根据辛钦大数定律，当 $n\to\infty$ 时，$\hat{\theta}_n=\frac{1}{n}\sum\limits_{i=1}^{n}X_i^2$ 依概率收敛于 $E(X_i^2)$，即 θ. 所以对任何 $\varepsilon>0$ 都有 $\lim\limits_{n\to\infty}P\{|\hat{\theta}_n-\theta|\geqslant\varepsilon\}=0$.

19.【解】(1) 由于总体 X 服从区间 $[\theta,1]$ 上的均匀分布，所以 $EX=\frac{1+\theta}{2}$.

令 $\frac{1+\theta}{2}=\overline{X}$，其中 $\overline{X}$ 为样本均值，得 θ 的矩估计量 $\hat{\theta}=2\overline{X}-1$.

(2) 记 $x_1,x_2,\cdots,x_n$ 为样本 $X_1,X_2,\cdots,X_n$ 的观测值，则似然函数为

$$L(\theta)=\prod_{i=1}^{n}f(x_i;\theta)=\begin{cases}\frac{1}{(1-\theta)^n}, & \theta\leqslant x_i\leqslant 1(i=1,2,\cdots,n)\\ 0, & \text{其他}\end{cases}$$

$$=\begin{cases}\frac{1}{(1-\theta)^n}, & \theta\leqslant\min\limits_{1\leqslant i\leqslant n}\{x_i\},\max\limits_{1\leqslant i\leqslant n}\{x_i\}\leqslant 1\\ 0, & \text{其他}\end{cases},$$

由此可知，当 $\theta=\min\{x_1,x_2,\cdots,x_n\}$ 时，$L(\theta)$ 达到最大，故 θ 的最大似然估计量 $\hat{\theta}=\min\{X_1,X_2,\cdots,X_n\}$.

20.【解】(1) 方法一：

总体 X 的分布函数为 $F(x)=\begin{cases}0, & x<0\\ \frac{x^3}{\theta^3}, & 0\leqslant x<\theta\\ 1, & x\geqslant\theta\end{cases}$，从而 T 的分布函数为

$$F_T(t)=[F(t)]^3=\begin{cases}0, & t<0\\ \dfrac{t^9}{\theta^9}, & 0\leqslant t<\theta,\\ 1, & t\geqslant\theta\end{cases}$$

所以 T 的概率密度为 $f_T(t)=\begin{cases}\dfrac{9t^8}{\theta^9}, & 0<t<\theta\\ 0, & \text{其他}\end{cases}$.

方法二：

总体 X 的分布函数为 $F(x)=\begin{cases}0, & x<0\\ \dfrac{x^3}{\theta^3}, & 0\leqslant x<\theta\\ 1, & x\geqslant\theta\end{cases}$,所以 T 的概率密度为

$$f_T(t)=3[F(t)]^2f(t;\theta)=\begin{cases}\dfrac{9t^8}{\theta^9}, & 0<t<\theta\\ 0, & \text{其他}\end{cases}.$$

(2) $ET=\int_{-\infty}^{+\infty}tf_T(t)\mathrm{d}t=\int_0^\theta\dfrac{9t^9}{\theta^9}\mathrm{d}t=\dfrac{9}{10}\theta$,从而 $E(aT)=\dfrac{9}{10}a\theta$.

令 $E(aT)=\theta$,得 $a=\dfrac{10}{9}$.所以当 $a=\dfrac{10}{9}$ 时,aT 为 $a\theta$ 的无偏估计.

21.【解】(1) Z_1 的分布函数为

$$F(z)=P\{Z_1\leqslant z\}=P\{|X_1-\mu|\leqslant z\}=\begin{cases}2\Phi\left(\dfrac{z}{\sigma}\right)-1, & z\geqslant 0\\ 0, & z<0\end{cases},$$

所以 Z_1 的概率密度为 $f(z)=\begin{cases}\dfrac{2}{\sqrt{2\pi}\sigma}\mathrm{e}^{-\frac{z^2}{2\sigma^2}}, & z\geqslant 0\\ 0, & z<0\end{cases}$.

(2) $EZ_1=\int_{-\infty}^{+\infty}zf(z)\mathrm{d}z=\dfrac{2}{\sqrt{2\pi}\sigma}\int_0^{+\infty}z\mathrm{e}^{-\frac{z^2}{2\sigma^2}}\mathrm{d}z=\dfrac{2}{\sqrt{2\pi}}\sigma$,$\sigma=\dfrac{\sqrt{2\pi}}{2}EZ_1$.

令 $\overline{Z}=\dfrac{1}{n}\sum\limits_{i=1}^{n}Z_i$,得 σ 的矩估计量为 $\hat{\sigma}=\dfrac{\sqrt{2\pi}}{2}\overline{Z}$.

(3) 记 $z_1,z_2,\cdots,z_n(z_i\geqslant 0)$为样本 $Z_1,Z_2,\cdots,Z_n$ 的观测值,则似然函数为

$$L(\sigma)=\prod_{i=1}^{n}f(z_i)=\left(\frac{2}{\sqrt{2\pi}}\right)^n\sigma^{-n}\exp\left\{-\frac{1}{2\sigma^2}\sum_{i=1}^{n}z_i^2\right\},$$

对数似然函数为

$$\ln L(\sigma)=n\ln\frac{2}{\sqrt{2\pi}}-n\ln\sigma-\frac{1}{2\sigma^2}\sum_{i=1}^{n}z_i^2.$$

令 $\dfrac{\mathrm{d}[\ln L(\sigma)]}{\mathrm{d}\sigma}=-\dfrac{n}{\sigma}+\dfrac{1}{\sigma^3}\sum\limits_{i=1}^{n}z_i^2=0$,得 σ 的最大似然估计值为 $\hat{\sigma}=\sqrt{\dfrac{1}{n}\sum\limits_{i=1}^{n}z_i^2}$,所

以 σ 的最大似然估计量为 $\hat{\sigma}=\sqrt{\frac{1}{n}\sum_{i=1}^{n}Z_i^2}$.

22.【解】(1) 设 $x_1,x_2,\cdots,x_n$ 为样本观测值,似然函数为

$$L(\sigma)=\prod_{i=1}^{n}f(x_i;\sigma)=\frac{1}{2^n\sigma^n}\mathrm{e}^{-\frac{1}{\sigma}\sum_{i=1}^{n}|x_i|},$$

则对数似然函数为

$$\ln L(\sigma)=-n\ln 2-n\ln\sigma-\frac{1}{\sigma}\sum_{i=1}^{n}|x_i|.$$

令 $\frac{\mathrm{d}[\ln L(\sigma)]}{\mathrm{d}\sigma}=-\frac{n}{\sigma}+\frac{1}{\sigma^2}\sum_{i=1}^{n}|x_i|=0$, 解得 $\sigma=\frac{1}{n}\sum_{i=1}^{n}|x_i|$, 所以 σ 的最大似然估计量为 $\hat{\sigma}=\frac{1}{n}\sum_{i=1}^{n}|X_i|$.

(2) 由于

$$E|X|=\int_{-\infty}^{+\infty}|x|f(x;\sigma)\mathrm{d}x=\int_{-\infty}^{+\infty}|x|\frac{1}{2\sigma}\mathrm{e}^{-\frac{|x|}{\sigma}}\mathrm{d}x$$
$$=\frac{1}{\sigma}\int_{0}^{+\infty}x\mathrm{e}^{-\frac{x}{\sigma}}\mathrm{d}x=\sigma,$$

所以 $E\hat{\sigma}=\frac{1}{n}\sum_{i=1}^{n}E|X_i|=E|X|=\sigma$. 又因为

$$E(|X|^2)=\int_{-\infty}^{+\infty}x^2f(x;\sigma)\mathrm{d}x=\int_{-\infty}^{+\infty}x^2\frac{1}{2\sigma}\mathrm{e}^{-\frac{|x|}{\sigma}}\mathrm{d}x$$
$$=\frac{1}{\sigma}\int_{0}^{+\infty}x^2\mathrm{e}^{-\frac{x}{\sigma}}\mathrm{d}x=2\sigma^2,$$
$$D(|X|)=E(|X|^2)-(E|X|)^2=\sigma^2,$$

所以 $D\hat{\sigma}=\frac{1}{n^2}\sum_{i=1}^{n}D(|X_i|)=\frac{D(|X|)}{n}=\frac{\sigma^2}{n}$.

23.【解】(1) 方法一:

由 $\int_{-\infty}^{+\infty}f(x;\sigma^2)\mathrm{d}x=1$ 得

$$1=\int_{\mu}^{+\infty}\frac{A}{\sigma}\mathrm{e}^{-\frac{(x-\mu)^2}{2\sigma^2}}\mathrm{d}x=A\int_{0}^{+\infty}\mathrm{e}^{-\frac{t^2}{2}}\mathrm{d}t$$
$$=A\cdot\frac{\sqrt{2\pi}}{2}\int_{-\infty}^{+\infty}\frac{1}{\sqrt{2\pi}}\mathrm{e}^{-\frac{t^2}{2}}\mathrm{d}t=\frac{\sqrt{2\pi}}{2}A,$$

从而 $A=\sqrt{\frac{2}{\pi}}$.

方法二:

由 $\int_{-\infty}^{+\infty}\frac{A}{\sigma}\mathrm{e}^{-\frac{(x-\mu)^2}{2\sigma^2}}\mathrm{d}x=1$, 令 $\frac{x-\mu}{\sqrt{2}\sigma}=t$, 则

$$\sqrt{2}A\int_{0}^{+\infty}\mathrm{e}^{-t^2}\mathrm{d}t=\sqrt{2}A\frac{\sqrt{\pi}}{2}=1,$$

从而 $A=\sqrt{\dfrac{2}{\pi}}$.

（2）方法一：

设 $x_1,x_2,\cdots,x_n$ 为 $X_1,X_2,\cdots,X_n$ 的观测值，则似然函数为

$$L(x_1,x_2,\cdots,x_n,\sigma^2)=\prod_{i=1}^{n}f(x_i;\sigma^2)$$

$$=\begin{cases}\left(\dfrac{2}{\pi}\right)^{\frac{n}{2}}(\sigma^2)^{-\frac{n}{2}}e^{-\frac{1}{2\sigma^2}\sum\limits_{i=1}^{n}(x_i-\mu)^2}, & x_1,\cdots,x_n\geqslant\mu.\\ 0, & \text{其他}\end{cases}$$

当 $x_i\geqslant\mu,i=1,2,\cdots,n$ 时，对数似然函数为

$$\ln L(\sigma^2)=\frac{n}{2}\ln\frac{2}{\pi}-\frac{n}{2}\ln\sigma^2-\frac{1}{2\sigma^2}\sum_{i=1}^{n}(x_i-\mu)^2.$$

$\dfrac{d\ln L(\sigma^2)}{d\sigma^2}=-\dfrac{n}{2\sigma^2}+\dfrac{1}{2\sigma^4}\sum\limits_{i=1}^{n}(x_i-\mu)^2$，令 $\dfrac{d\ln L(\sigma^2)}{d\sigma^2}=0$，解得 σ^2 的最大似然估计值为 $\hat{\sigma}^2=\dfrac{1}{n}\sum\limits_{i=1}^{n}(x_i-\mu)^2$，所以 σ^2 的最大似然估计量为 $\hat{\sigma}^2=\dfrac{1}{n}\sum\limits_{i=1}^{n}(X_i-\mu)^2$.

方法二：

令 $\dfrac{d\ln L(\sigma^2)}{d\sigma}=-\dfrac{n}{\sigma}+\dfrac{1}{\sigma^3}\sum\limits_{i=1}^{n}(x_i-\mu)^2=0$，解得 σ 的最大似然估计值为

$$\hat{\sigma}=\left[\frac{1}{n}\sum_{i=1}^{n}(x_i-\mu)^2\right]^{\frac{1}{2}},$$

所以 σ^2 的最大似然估计值为 $\hat{\sigma}^2=\dfrac{1}{n}\sum\limits_{i=1}^{n}(x_i-\mu)^2$，$\sigma^2$ 的最大似然估计量为

$$\hat{\sigma}^2=\frac{1}{n}\sum_{i=1}^{n}(X_i-\mu)^2.$$

24.【解】(1) 由条件知 $P\{T>t\}=e^{-\frac{t^m}{\theta^m}}$，

$$P\{T>s+t\,|\,T>s\}=\frac{P\{T>s+t,T>s\}}{P\{T>s\}}$$

$$=\frac{P\{T>s+t\}}{P\{T>s\}}=\exp\left\{-\frac{(s+t)^m-s^m}{\theta^m}\right\}.$$

(2) 总体 T 的概率密度为

$$f(t;\theta)=\begin{cases}\dfrac{mt^{m-1}}{\theta^m}e^{-\frac{t^m}{\theta^m}}, & t>0,\\ 0, & \text{其他}\end{cases}$$

似然函数为

$$L(\theta)=m^n\theta^{-nm}t_1^{m-1}t_2^{m-1}\cdots\cdot t_n^{m-1}\exp\left\{-\frac{1}{\theta^m}\sum_{i=1}^{n}t_i^m\right\},$$

对数似然函数为

$$\ln L(\theta)=n\ln m-nm\ln\theta+\sum_{i=1}^{n}\ln t_i^{m-1}-\frac{1}{\theta^m}\sum_{i=1}^{n}t_i^m.$$

令 $\dfrac{\mathrm{d}[\ln L(\theta)]}{\mathrm{d}\theta}=0$,得 $-\dfrac{nm}{\theta}+\dfrac{m}{\theta^{m+1}}\sum\limits_{i=1}^{n}t_i^m=0$, 从而 θ 的最大似然估计值为

$$\hat{\theta}=\left(\frac{1}{n}\sum_{i=1}^{n}t_i^m\right)^{\frac{1}{m}}.$$

25.【解】由题知,X 的概率密度函数为

$$f_X(x;\theta)=\begin{cases}\dfrac{1}{\theta}\mathrm{e}^{-\frac{x}{\theta}}, & x>0,\\ 0, & \text{其他}\end{cases}$$

Y 的概率密度函数为

$$f_Y(y;\theta)=\begin{cases}\dfrac{1}{2\theta}\mathrm{e}^{-\frac{y}{2\theta}}, & y>0,\\ 0, & \text{其他}\end{cases}$$

当 $x_i>0,y_i>0,i=1,2,\cdots,n,j=1,2,\cdots,m$ 时,似然函数为

$$L=\prod_{i=1}^{n}f_X(x_i;\theta)\prod_{j=1}^{m}f_Y(y_j;\theta)=\prod_{i=1}^{n}\left(\frac{1}{\theta}\mathrm{e}^{-\frac{x_i}{\theta}}\right)\prod_{j=1}^{m}\left(\frac{1}{2\theta}\mathrm{e}^{-\frac{y_j}{2\theta}}\right),$$

则对数似然函数为

$$\ln(L)=\sum_{i=1}^{n}\left(-\ln\theta-\frac{x_i}{\theta}\right)+\sum_{j=1}^{m}\left(\ln\frac{1}{2}-\ln\theta-\frac{y_j}{2\theta}\right),$$

所以

$$\begin{aligned}\frac{\mathrm{d}\ln(L)}{\mathrm{d}\theta}&=\sum_{i=1}^{n}\left(-\frac{1}{\theta}+\frac{x_i}{\theta^2}\right)+\sum_{j=1}^{m}\left(-\frac{1}{\theta}+\frac{y_j}{2\theta^2}\right)\\&=-\frac{m+n}{\theta}+\sum_{i=1}^{n}\frac{x_i}{\theta^2}+\sum_{j=1}^{m}\frac{y_j}{2\theta^2},\end{aligned}$$

令 $\dfrac{\mathrm{d}\ln(L)}{\mathrm{d}\theta}=0$,解得 $\theta=\dfrac{1}{m+n}\left(\sum\limits_{i=1}^{n}x_i+\dfrac{1}{2}\sum\limits_{j=1}^{m}y_j\right)$, 所以 θ 的最大似然估计量为

$$\hat{\theta}=\frac{1}{m+n}\left(\sum_{i=1}^{n}X_i+\frac{1}{2}\sum_{j=1}^{m}Y_j\right).$$

进一步地,

$$\begin{aligned}D(\hat{\theta})&=\frac{1}{(m+n)^2}\left(\sum_{i=1}^{n}DX_i+\frac{1}{4}\sum_{j=1}^{m}DY_j\right)\\&=\frac{1}{(m+n)^2}\left(nDX+\frac{1}{4}mDY\right)\\&=\frac{1}{(m+n)^2}\left(n\theta^2+\frac{1}{4}m4\theta^2\right)=\frac{\theta^2}{m+n}.\end{aligned}$$

第 8 章　假设检验

知识扫描

假设检验，较少考查，了解即可. 读者在复习时，可借助思维导图和列举的要点着重掌握.

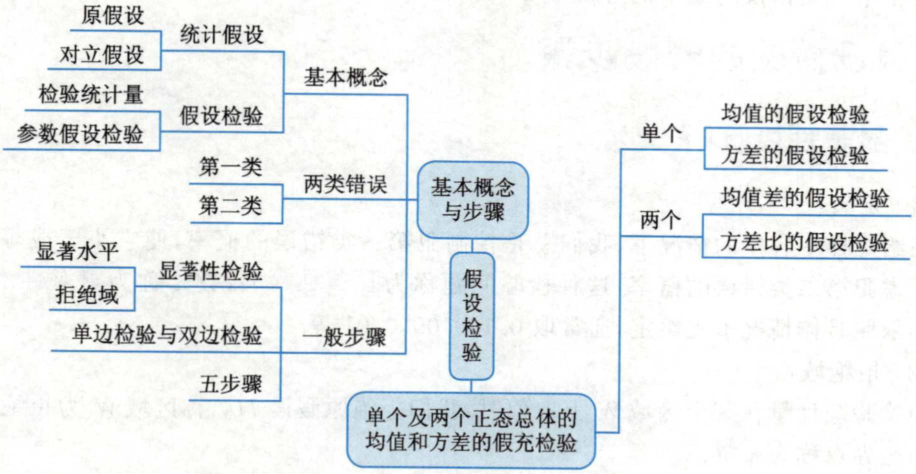

1. 理解显著性检验的基本思想，掌握假设检验的基本步骤，了解假设检验可能产生的两类错误.

2. 掌握单个及两个正态总体的均值和方差的假设检验.

第 1 节　假设检验

一、假设检验的基本概念

1. 定　义(★★)

(1) 统计假设：

关于总体分布的未知参数或总体的未知分布的假设，称为统计假设.

所提出的假设称为零假设(原假设)，记为 H_0；对立于零假设的假设称为对立假设(或备择假设)，记为 H_1.

(2) 假设检验：

假设检验就是根据样本适当构造一个统计量，按照某种规则，决定在 H_0 与 H_1 之中接受其一.

假设检验所使用的统计量称为检验统计量.

仅对总体分布中的未知参数提出假设进行检验的问题，叫作参数假设检验.

2. 两类错误(★★)

(1) 第一类错误：

当原假设 H_0 为真时，作出的决定却是拒绝 H_0，犯第一类错误.

将犯第一类错误的概率记为 α，则 $P\{H_1 | H_0\}=\alpha$.

(2) 第二类错误：

当原假设 H_0 不正确时，作出的决定却是接受 H_0，犯第二类错误.

将犯第二类错误的概率记为 β，则 $P\{H_0 | H_1\}=\beta$.

二、假设检验的一般步骤

1. 显著性检验(★★)

(1) 定义：

在给定样本容量的情况下，我们总是控制犯第一类错误的概率，使它小于或等于 α，而不考虑犯第二类错误的概率，这种检验问题称为显著性检验，数 α 称为显著性水平，α 的大小依照具体情况事先给定，通常取 0.1，0.05，0.01 等.

(2) 拒绝域：

当检验统计量在某个区域 W 上取值时，我们拒绝原假设 H_0，称区域 W 为拒绝域，拒绝域的边界点称为临界点.

称接受原假设 H_0 的检验统计量取值的集合为接受域.

注意：拒绝域是一个半闭或全闭区间，端点处要取等号.

2. 单边检验与双边检验(★)

对于总体分布中的未知参数 θ 进行检验时，对 $H_0: \theta=\theta_0, H_1: \theta\neq\theta_0$ 的假设进行检验，称为双边检验；对 $H_0: \theta=\theta_0$(或 $\theta\geqslant\theta_0$)，$H_1: \theta<\theta_0$ 的假设进行检验，称为左边检验；

对 $H_0: \theta=\theta_0$(或 $\theta\leqslant\theta_0$)，$H_1: \theta>\theta_0$ 的假设进行检验称为右边检验.

左边检验和右边检验统称为单边检验.

3. 假设检验的一般步骤(★)

(1) 根据实际问题的要求，提出原假设 H_0 和备择假设 H_1；

(2) 给出显著性水平 α 和样本容量 n；

(3) 确定检验统计量 T 及拒绝域的形式；

(4) 按犯第一类错误的概率小于等于 α，求出拒绝域 W；

(5) 根据样本值计算检验统计量 T 的观察值 t，当 $t\in W$ 时，拒绝原假设 H_0，否则接受 H_0.

第 2 节　单个及两个正态总体均值和方差的假设检验

设显著性水平为 α，关于单个正态总体 $N(\mu,\sigma^2)$ 的均值 μ 或方差 σ^2，两个正态总 $N(\mu_1,\sigma_1^2)$ 和 $N(\mu_2,\sigma_2^2)$ 的均值差 $\mu_1-\mu_2$ 或方差 σ_1^2 与 σ_2^2 是否相等的假设检验. 单个及两个正态总体均值和方差的假设检验(★★)如表 8－1 所列.

说明：假设检验与区间估计选取统计量的原则异曲同工. 区间估计中统计量的区间和假设检验中的拒绝域相对应.

表 8－1

数　目	原假设 H_0		检验统计量及 H_0 为真时的分布	对立假设 H_1	拒绝域
单个正态总体	$\mu=\mu_0$	σ^2 已知	$u=\dfrac{\overline{X}-\mu_0}{\sigma/\sqrt{n}}\sim N(0,1)$	$\mu>\mu_0$ $\mu<\mu_0$ $\mu\neq\mu_0$	$u\geqslant u_\alpha$ $u\leqslant -u_\alpha$ $\|u\|\geqslant u_{\frac{\alpha}{2}}$
		σ^2 未知	$t=\dfrac{\overline{X}-\mu_0}{S/\sqrt{n}}\sim t(n-1)$	$\mu>\mu_0$ $\mu<\mu_0$ $\mu\neq\mu_0$	$t\geqslant t_\alpha(n-1)$ $t\leqslant -t_\alpha(n-1)$ $\|t\|\geqslant t_{\frac{\alpha}{2}}(n-1)$
两个正态总体	$\sigma^2=\sigma_0^2$	μ 已知	$\chi^2=\dfrac{1}{\sigma_0^2}\sum\limits_{i=1}^{n}(X_i-\mu)^2\sim\chi^2(n)$	$\sigma^2>\sigma_0^2$ $\sigma^2<\sigma_0^2$ $\sigma^2\neq\sigma_0^2$	$\chi^2\geqslant\chi_\alpha^2(n)$ $\chi^2\leqslant\chi_{1-\alpha}^2(n)$ $\chi^2\leqslant\chi_{1-\frac{\alpha}{2}}^2(n)$ 或 $\chi^2\geqslant\chi_{\frac{\alpha}{2}}^2(n)$
		μ 未知	$\chi^2=\dfrac{(n-1)S^2}{\sigma_0^2}\sim\chi^2(n-1)$	$\sigma^2>\sigma_0^2$ $\sigma^2<\sigma_0^2$ $\sigma^2\neq\sigma_0^2$	$\chi^2\geqslant\chi_\alpha^2(n-1)$ $\chi^2\leqslant\chi_{1-\alpha}^2(n-1)$ $\chi^2\leqslant\chi_{1-\frac{\alpha}{2}}^2(n-1)$ 或 $\chi^2\geqslant\chi_{\frac{\alpha}{2}}^2(n-1)$
	$\mu_1-\mu_2=\delta$	σ_1^2,σ_2^2 已知	$u=\dfrac{\overline{X}-\overline{Y}-\delta}{S_w\sqrt{\dfrac{\sigma_1^2}{n_1}+\dfrac{\sigma_2^2}{n_2}}}\sim N(0,1)$	$\mu_1-\mu_2>\delta$ $\mu_1-\mu_2<\delta$ $\mu_1-\mu_2\neq\delta$	$u\geqslant u_\alpha$ $u\leqslant -u_\alpha$ $\|u\|\geqslant u_{\frac{\alpha}{2}}$
		$\sigma_1^2=\sigma_2^2$ 未知	$u=\dfrac{\overline{X}-\overline{Y}-\delta}{S_w\sqrt{\dfrac{1}{n_1}+\dfrac{1}{n_2}}}\sim$ $t(n_1+n_2-2)$	$\mu_1-\mu_2>\delta$ $\mu_1-\mu_2<\delta$ $\mu_1-\mu_2\neq\delta$	$t\geqslant t_\alpha(n_1+n_2-2)$ $t\leqslant -t_\alpha(n_1+n_2-2)$ $\|t\|\geqslant t_{\frac{\alpha}{2}}(n_1+n_2-2)$

续表 8-1

数目	原假设 H_0		检验统计量及 H_0 为真时的分布	对立假设 H_1	拒绝域
两个正态总体	$\sigma_2^1=\sigma_2^2$	μ_1,μ_2 已知	$F=\dfrac{\sum\limits_{i=1}^{n_1}(X_i-\mu_1)^2}{\sum\limits_{j=1}^{n_2}(Y_j-\mu_2)^2}\cdot\dfrac{n_2}{n_1}\sim F(n_1,n_2)$	$\sigma_1^2>\sigma_2^2$ $\sigma_1^2<\sigma_2^2$ $\sigma_1^2\neq\sigma_2^2$	$F\geqslant F_\alpha(n_1,n_2)$ $F\leqslant F_{1-\alpha}(n_1,n_2)$ $F\leqslant F_{1-\frac{\alpha}{2}}(n_1,n_2)$ 或 $F\geqslant F_{\frac{\alpha}{2}}(n_1,n_2)$
		μ_1,μ_2 未知	$F=\dfrac{S_1^2}{S_2^2}\sim F(n_1-1,n_2-1)$	$\sigma_1^2>\sigma_2^2$ $\sigma_1^2<\sigma_2^2$ $\sigma_1^2\neq\sigma_2^2$	$F\geqslant F_\alpha(n_1-1,n_2-1)$ $F\leqslant F_{1-\alpha}(n_1-1,n_2-1)$ $F\leqslant F_{1-\frac{\alpha}{2}}(n_1-1,n_2-1)$ 或 $F\geqslant F_{\frac{\alpha}{2}}(n_1-1,n_2-1)$

分类习题 8-1

设 $X_1,X_2,\cdots,X_n$ 是来自正态分布总体 $N(\mu,\sigma^2)$ 的简单随机样本，其中参数 μ 和 σ^2 未知，记 $\overline{X}=\dfrac{1}{n}\sum\limits_{i=1}^{n}X_i$，$Q^2=\sum\limits_{i=1}^{n}(X_i-\overline{X})^2$，则假设 H_0：$\mu=0$ 的检验统计量 $t=$________.

【答】应填 $\dfrac{\overline{X}}{Q}\sqrt{n(n-1)}$.

【析】考查单个正态总体的双边检验.

【解】因样本方差 $S^2=\dfrac{1}{n-1}\sum\limits_{i=1}^{n}(X_i-\overline{X})^2=\dfrac{Q^2}{n-1}$，故所求统计量为

$$t=\frac{\overline{X}-\mu}{\frac{S}{\sqrt{n}}}=\frac{\overline{X}-0}{\frac{\sqrt{\frac{Q^2}{n-1}}}{\sqrt{n}}}=\frac{\overline{X}}{Q}\sqrt{n(n-1)}.$$

小试牛刀

一、选择题

1. 设总体 X 服从正态分布 $N(\mu,\sigma^2)$. $X_1,X_2,\cdots,X_n$ 是来自总体 X 的简单随机样本，据此样本检验假设：H_0：$\mu=\mu_0$，H_1：$\mu\neq\mu_0$，则(　　).

A. 若在检验水平 $\alpha=0.05$ 下拒绝 H_0，则在检验水平 $\alpha=0.01$ 下拒绝 H_0

B. 若在检验水平 $\alpha=0.05$ 下拒绝 H_0，则在检验水平 $\alpha=0.01$ 下接受 H_0

C. 若在检验水平 $\alpha=0.05$ 下接受 H_0，则在检验水平 $\alpha=0.01$ 下拒绝 H_0

D. 若在检验水平 $\alpha=0.05$ 下接受 H_0，则在检验水平 $\alpha=0.01$ 下接受 H_0

2. 设 $X_1,X_2,\cdots,X_{16}$ 是来自总体 $N(\mu,4)$ 的简单随机样本，考虑假设检验问题：$H_0: \mu\leqslant 10, H_1: \mu>10$. $\Phi(x)$ 表示标准正态分布函数，若该检验问题的拒绝域为 $W=\{\overline{X}>11\}$，其中 $\overline{X}=\dfrac{1}{16}\sum_{i=1}^{16}X_i$，则 $\mu=11.5$ 时，该检验犯第二类错误的概率为(　　).

A. $1-\Phi(0.5)$　　B. $1-\Phi(1)$　　C. $1-\Phi(1.5)$　　D. $1-\Phi(2)$

二、解答题

设某次考试的考生成绩服从正态分布，从中随机抽取 36 位考生的成绩，算得平均成绩为 66.5 分，标准差为 15 分，问在显著性水平 0.05 下，是否可以认为这次考试全体考生的平均成绩为 70 分？并给出检验过程. t 分布表 $P\{t(n)\leqslant t_p(n)\}=p$ 如表 8-2 所列.

表 8-2

n	p	
	0.95	0.975
35	1.689 6	2.030 1
36	1.688 3	2.028 1

小试牛刀参考答案与解析

一、选择题

1.【答】应选 D.

【解】方法一：

在一个假设检验问题中，检验的拒绝域与检验水平有关，α 越小，拒绝域会越小. 本题中检验水平 $\alpha=0.01$ 的拒绝域 W_1 是检验水平 $\alpha=0.05$ 的拒绝域 W_2 的子集，因此若样本 $(x_1,x_2,\cdots,x_n)\in W_1$，则 $(x_1,x_2,\cdots,x_n)\in W_2$ 或者说若样本 $(x_1,x_2,\cdots,x_n)\notin W_2$，则 $(x_1,x_2,\cdots,x_n)\notin W_1$. 对选项 A，在检验水平 $\alpha=0.05$ 下拒绝 H_0，意味着样本 $(x_1,x_2,\cdots,x_n)\in W_2$，但这并不能保证 $(x_1,x_2,\cdots,x_n)\in W_1$，因此 A 是错误的；对选项 B，样本 $(x_1,x_2,\cdots,x_n)\in W_2$，不能保证 $(x_1,x_2,\cdots,x_n)\notin W_1$，因此选项 B 是错误的；对选项 D，由于样本 $(x_1,x_2,\cdots,x_n)\notin W_2$，则必有 $(x_1,x_2,\cdots,x_n)\notin W_1$，因此选项 D 是正确的. 这也看出了选项 C 是错误的. 故正确选项为 D.

方法二：

本题也可以从检验水平 α 的统计意义上对题中 4 个选项做出判断. 检验水平 α 是犯第一类错误概率的上限. 换言之，α 越小，犯第一类错误的概率控制得越小，因此在小的 α 下得出拒绝 H_0 的判断则必定在大的 α 下得出拒绝 H_0 的判断，反之不然. 对应地，在大的 α 下得出接受 H_0 的判断则必定在小的 α 下得出接受 H_0 的判断. 结合本题的问题可知选项 D 是正确的.

方法三：

如果学过检验的 p 值，可利用 p 值对题中 4 个选项做出判断. 对选项 A，在检验水平 $\alpha=0.05$ 下拒绝 H_0，意味着 p 值小于或等于 0.05，但这并不保证 p 值小于或等于 0.01，因此在检验水平 $\alpha=0.01$ 下可能拒绝 H_0 也可能接受 H_0，故选项 A 不是正确选项. 对选项 D，在检验水平 $\alpha=0.05$ 下接受 H_0 意味着 p 值大于 0.05，从而 p 值大于 0.01，故在检验水平 $\alpha=0.01$ 下必接受 H_0，因此 D 是正确的选项.

2.【答】应选 B.

【解】方法一：

$\mu=11.5$ 时，该检验犯第二类错误的概率为 $P\{\overline{X}\leqslant 11|\mu=11.5\}$，当 $\mu=11.5$ 时，$\overline{X}\sim N\left(11.5,\frac{4}{16}\right)$，即 $\overline{X}\sim N\left(11.5,\frac{1}{4}\right)$，从而

$$P\{\overline{X}\leqslant 11\mid\mu=11.5\}=\Phi\left(\frac{11-11.5}{1/2}\right)=\Phi(-1)=1-\Phi(1).$$

故选 B.

方法二：

由 $\overline{X}\sim N\left(\mu,\frac{1}{4}\right)$ 可得该检验的势函数(或功效函数)为

$$\beta(\mu)=P\{\overline{X}>11\}=1-\Phi\left(\frac{11-\mu}{1/2}\right)=1-\Phi(2(11-\mu)).$$

当 $\mu=11.5$ 时，该检验犯第二类错误的概率为

$$1-\beta(11.5)=\Phi(2(11-11.5))=\Phi(-1)=1-\Phi(1).$$

二、解答题

【解】设该次考试的考生成绩为 X，则 $X\sim N(\mu,\sigma^2)$. 把从 X 中抽取的容量为 n 的样本均值记为 $\overline{X}$，样本标准差记为 S. 本题是在显著性水平 $\alpha=0.05$ 下检验假设 $H_0:\mu=70$；$H_1:\mu\neq 70$，拒绝域为 $|t|=\frac{|\bar{x}-70|}{s}\sqrt{n}\geqslant t_{1-\frac{\alpha}{2}}(n-1)$. 由 $n=36$，$\bar{x}=66.5$，$s=15$，$t_{0.975}(36-1)=2.0301$，算得

$$|t|=\frac{|66.5-70|\sqrt{36}}{15}=1.4<2.0301,$$

所以接受假设 $H_0:\mu=70$，即在显著性水平 0.05 下，可以认为这次考试全体考生的平均成绩为 70 分.